U0384524

城市环境总体规划关键技术与实践研究

秦昌波　于雷　张培培　吕红迪　王成新　编著

中国环境出版集团·北京

图书在版编目（CIP）数据

城市环境总体规划关键技术与实践研究/秦昌波等编著.
—北京：中国环境出版集团，2022.9
ISBN 978-7-5111-5185-8

Ⅰ．①城…　Ⅱ．①秦…　Ⅲ．①城市环境—环境规划—
研究—中国　Ⅳ．①X321.2

中国版本图书馆 CIP 数据核字（2022）第 109135 号

出 版 人	武德凯
责任编辑	王　琳
责任校对	薄军霞
封面设计	宋　瑞

出版发行	中国环境出版集团
	（100062　北京市东城区广渠门内大街 16 号）
	网　　址：http://www.cesp.com.cn
	电子邮箱：bjgl@cesp.com.cn
	联系电话：010-67112765（编辑管理部）
	发行热线：010-67125803，010-67113405（传真）
印　　刷	玖龙（天津）印刷有限公司
经　　销	各地新华书店
版　　次	2022 年 9 月第 1 版
印　　次	2022 年 9 月第 1 次印刷
开　　本	787×960　1/16
印　　张	17.25
字　　数	306 千字
定　　价	92.00 元

编　委　会

主　　编：秦昌波　于　雷　张培培　吕红迪　王成新

编　　委：张培培　吕红迪　王成新　熊善高　张南南

　　　　　李　新　张晓婧

编写单位：生态环境部环境规划院

序　言

改革开放 40 多年来，中国城镇化水平翻了 1.5 番，完成了西方国家 200 年才完成的城镇化进程，创造了世界城镇化发展的历史奇迹。与此同时，也带来了生态系统恶化、环境质量下降、水土资源紧缺等资源环境问题。国际、国内通常采用加强环境规划的手段，破解资源环境"瓶颈"，推动可持续发展。

我国环境规划的法律地位偏低，理念、方法相对滞后，尤其是环境空间规划技术缺乏，且时限短、约束弱，对城市发展的约束和引导不足。因此，自 2012 年起，环保部门分三批启动了 30 个城市环境总体规划试点，试图补齐城镇化进程中环保规划制度短板。另外，北京、济南、沈阳、南宁等 10 多个城市也根据工作需要，自主编制了城市环境总体规划。在 40 多个城市的共同努力下，城市环境总体规划的内容和体系逐渐成熟。

"十四五"时期，我国仍然处于城镇化进程中，环保压力持续呈现高压态势。为确保城镇化发展真正实现绿色、健康，有必要充分借鉴城市环境总体规划的经验，对城镇建设的格局、规模和质量进行合理引导和管控。生态环境部环境规划院广泛开展城市环境总体规划实践探索，充分借鉴国际、国内先进经验，不断突破城市环境总体规划的技术"瓶颈"，本书正是对近些年理论研究和实践经验的总结。本书与2014年出版的《城市环境总体规划理论方法探索与实践》和2018年出版的《城乡环境总体规划制度与政策研究》，同为城市环境总体规划系列丛书。

　　本书共12章，整体构架由秦昌波设计，主要观点和报告内容由于雷审定。第1章由于雷、秦昌波执笔；第2章由李新、于雷执笔；第3章由张晓婧、王成新执笔；第4章由张南南、于雷执笔；第5章由张培培、秦昌波执笔；第6章由张培培、张南南执笔；第7章由秦昌波、于雷执笔；第8章由吕红迪、张晓婧执笔；第9章由吕红迪、张培培执笔；第10章由王成新、秦昌波执笔；第11章由王成新、熊善高执笔；第12章由熊善高、王成新执笔。全书由张培培、吕红迪统稿。

　　由于作者水平有限，书中难免存在错误和疏漏，希望广大读者提出宝贵意见和建议。

编委会

2022年6月20日

目　录

第 1 章　城市环境总体规划背景和框架

1.1　内涵与定位

1.1.1　内涵与特点

城市环境总体规划是城市人民政府以当地自然环境、资源条件为基础，以保障辖区环境安全、维护生态系统健康为根本，通过统筹城市经济社会发展目标，合理开发利用土地资源，优化城市经济社会发展空间布局，确保实现城市可持续发展所做出的战略部署。

——城市环境总体规划的核心是对生态环境客观规律的规划表达，是基于生态环境客观规律的一种"留白型"规划。

自然系统是人类社会经济系统最根本的依赖，和谐的社会及和谐的城市结构和功能关系最终来源于人和自然的和谐关系，包括让自然告诉我们适宜的功能布局、适宜的居住地、绿色而快捷的交通方式以及连续而系统的游憩网络，甚至城市的空间形态。国内外生态规划、绿道建设、景观规划等均是对生态优先理念的探索和实践。生态环境系统在结构、功能、系统等方面存在客观规律性，城市环境总体规划应以自然规律为准则，城市开发建设与经济发展应在生态环境系统的客观规律框架内，遵循生态环境系统特征、资源环境承载力约束特征，探索实现城市健康、永续发展之路。

——城市环境总体规划的定位与核心特征应是空间管控型、发展引导型规划，其目标是引导、优化、支撑城市的健康发展。

随着城镇化建设的快速推进，我国城市环境问题发生重大转变。城市发展、产业结构和布局与城市生态环境系统格局、资源环境承载力的冲突是城市环境问题难以解决的主要原因，其实质是在规划和布局源头没有实现环境保护的"三同时"。当前传统的环境规划缺乏空间管控手段，难以与城市规划、土地规划等进行有效衔接和融合，也难以在前端对开发建设行为进行引导和约束。生态优先的理念和社会经济与环境协调发展的准则首先需要在空间上得到尊重和体现。城市环境总体规划必须打破传统任务型、指标型环境规划的思维模式，创建一套空间系统解析、评估、决策、规划的技术体系，才能实现环境规划的空间落地以及与城市规划、土地规划、经济规划在空间上的有效衔接。

——城市环境总体规划重点从空间、结构、目标等层面与城市总体规划等规划紧密衔接，实现"多规融合"。

维护良好的生态环境格局是城市发展与建设的自身需求。传统的污染防治型规划难以从根本上解决生态环境问题，城市环境总体规划应重点从空间、结构、目标等战略层面明确环境保护要求，编制过程中与国土空间规划以及各专项规划充分衔接、调整、修正，在城市发展过程中做好城市开发建设与环境保护的一致性问题，协同构建城市可持续发展的空间、结构、目标等宏观战略框架。

——城市环境总体规划定位于战略型、基础型规划，与环境保护专项规划各负其责、不可偏废。

城市环境总体规划定位于战略性、基础性规划，积极落实国家、区域环境保护要求，重点解决城市发展与建设过程中格局性、结构性的环境问题，对城市环境保护提出中长期保护目标与战略路径，而一般性的环境污染治理性问题由环境保护五年规划、污染治理型环境保护专项规划解决。

1.1.2　规划定位

1.1.2.1　与同级总体性规划的关系

——属于基础性规划的范畴，与城市总体规划、土地利用总体规划同为平行规划。

城市环境总体规划与城市总体规划、土地利用总体规划在定位与内涵、规划范围与期限、规划空间体系、规划的组织实施等方面有很多相似之处，同属于基础性规划的范畴，三者之间相互支撑、相互融合，是一种相互平行的关系，"并驾齐驱"地推动城市建设和发展。

①从定位和内涵上看。三大规划最终的落脚点都是"城市空间和布局"，城市空间资源是其共同主体，三大规划的不同点在于侧重点与关注点不同，城市总体规划侧重于将城市发展落实到空间布局，土地利用总体规划侧重于控制土地利用规模和速度，而城市环境总体规划侧重于城市建设与发展的"阈值"控制。从这个角度上来讲，三大规划均是为城市建设与城市发展做出的战略性安排，均是为城市科学发展、合理利用空间资源所制定的，同属于基础性规划的范畴。

②从规划范围与期限上看。城市环境总体规划的范围分为全市域、城市规划区和中心城区三个空间层次，具体规划内容的侧重点与规划范围相匹配，这与城市总体规划的空间规划层级、规划体系层级相吻合。城市环境总体规划充分考虑城市发展的战略性，设定规划期限为 10～20 年，与城市总体规划、土地利用总体规划的长期性相一致，为更好地共同谋划城市可持续发展之路奠定基础。

③从规划体系上看。城市总体规划与土地利用总体规划已经建立形成了完善的空间体系。在整个规划体系中，城市总体规划与上级规划相协调，同时又是下级规划的依据。土地利用总体规划体系的设计也采用了层级关系，上级土地利用指标控制下级指标。同样，城市环境总体规划在整个环境规划的空间体系上，是上一层级——国家级、省级、重点区域、流域环境保护规划的落脚点，也是指导短期环境保护规划、争先创优型环境规划、环境要素专项规划以及其他相关领域规划的纲领，为同级地域空间环境保护相关规划的编制提供依据。

④从规划的组织实施上看。《城市规划编制办法》明确规定"城市人民政府负责组织编制城市总体规划和城市分区规划"。2010 年，国土资源部出台的《市（地）级土地利用总体规划编制规程》中规定"市级规划的编制主体为市级人民政府，在市人民政府的统一领导下进行，建立完善的组织、协调和决策机制"。环境保护部《试点城市环境总体规划审核审查办法（暂行）》明确规定"试点城市人民政府负责组织编制城市环境总体规划"，明确城市人民政府是规划编制的主体和组织者，这就使得城市环境总体规划跳出了单纯的"环境"范畴，为规划编制、实施

的效力提供保障，为提升环境保护参与城市经济社会发展综合决策的能力增添原动力。

——城市环境总体规划是城市总体规划、土地利用总体规划的先导和前置。

与侧重生产生活污染物防治的现行环境保护规划不同，城市环境总体规划把环境保护目标、任务等放在城市长期发展的大背景下去谋划和考量，系统分析城市发展进程中各种环境问题，通过确定城市生态环境阈值、划定生态保护红线、解析环境污染源等技术方法和手段，调控城市发展规模与发展布局，建立以资源和环境承载力为基础的发展方式、经济结构和消费模式，在合理开发利用城市土地、优化城市规模、发展方向及空间格局方面为城市发展确定基调，奠定城市环境保护格局。城市环境总体规划据此为城市总体规划、土地利用总体规划提供技术支撑和科学保障，并通过二者的传导作用，将环境保护的前期介入和全过程参与渗入城市发展建设，积极促进城市健康、科学发展。

——城市环境总体规划为城市总体规划、土地利用总体规划破解编制难题提供突破口。

我国城市化快速发展阶段，城镇化率快速上升"倒逼"城市规划不断调整，城市建设用地急剧扩大甚至失控、经济增长过快引发用地紧缺、新区开发与园区建设对城乡规划的冲击越来越大等问题不断凸显。换言之，城市总体规划编制的限制性约束越来越大，如何科学利用空间各种资源提高规划的科学性，成为城市总体规划的"瓶颈"性问题，是城市总体规划应突破的第一道关口。而城市环境总体规划从资源环境本底出发，通过对城市资源环境的系统分析和解读，从更加深入、专业的角度，为城市空间资源的合理开发利用提供科学方案，促进城市健康发展，为城市总体规划发展中面临的难题提供突破口，引导城市布局更加合理，协同构建城市的可持续发展模式。

目前，土地利用总体规划的难题之一是耕地保护与建设用地扩张之间的矛盾，城乡建设指标不断被突破。未来一段时期内，区域资源合理开发利用、保护与环境治理，社会经济建设在地域空间的总体布局，人口、资源与社会经济发展的协调，资源开发与国民经济发展的空间格局，以及资源、发展与环境问题等都将是新形势下土地利用总体规划所面临的突出问题。人与环境的和谐、经济结构的优化、防灾与资源环境保护、区际间的协调发展等都是新形势下土地利用总体规划应强调与重视的问题。总体而言，新形势下土地利用总体规划面临的主要问题集中在城市资源约束、空间布局、经济结构优化、资源环境保护等几个方面。而城市环境总体规划将通过城市发展阈值（规模与速度）的确定，以人体健康为目标的环境指标设计，生态保护红线划定及环境功能分区、风险源分析等研究回答土地利用总体规划关注的部分要点问题，为土地利用总体规划突破自身"瓶颈"提供通道。

1.1.2.2　与其他环境保护规划的关系

城市环境总体规划在城市环境保护规划体系中居于基础性地位，对环境保护规划起到基础性支撑作用，其作用包括落实上位规划、指引下位规划。

——落实上级环境保护战略要求。城市环境总体规划衔接落实国家区域环境保护战略、国家环境功能区划等上位规划，是落实上一层级国家、区域、流域环境保护战略要求的落脚点。

——指导下级专项、重点区块和县域环境保护规划。经过批复实施的城市环境总体规划，是城市编制环境保护规划、污染防治规划、环境整治规划等专项规划的基础依据。环境保护规划、污染防治规划等专项规划是落实城市环境总体规划的专项规划。各区（县）应按照城市环境总体规划要求，编制辖区内环境保护规划。其他环境保护专项规划应与城市环境总体规划要求保持衔接。

城市环境总体规划确定质量基线、格局红线、排放上限、安全防线、资源底线等内容，提出城市环境保护强制性、引导性要求，是城市环境分区规划与重点区域环境控制性详细规划等下位规划的依据和基础。市域环境总体规划批复实施后，各区（县）应根据市域环境总体规划的要求，编制区（县）环境总体规划，重点区域应编制环境控制性规划，落实规划要求。

1.1.2.3　与规划环境影响评价的关系

城市环境总体规划是前端引导性规划，规划环境影响评价是后端评估性规划。

城市环境总体规划以自然生态为出发点，以自然规律为基础，从自然环境自身出发，采用"反规划"的思路，将城市层面自然资源环境保护的要求落实到全市域，解决城市战略性、格局性等重大环境问题，是对资源环境优化利用的顶层设计，将环境保护移至城市发展决策的前端，引导、优化城市健康发展。

而规划环境影响评价是规划的一种后评价，基于规划内容分析、预测、评估城市总体规划可能导致的环境影响，致力于降低规划实施的环境影响，是实现城市科学规划的一种重要工具。规划环境影响评价虽然强调早期介入和全过程参与，但规划环境影响评价的总体时序为规划在前，评估在后。

1.2 基本考虑与重点任务

1.2.1 基本考虑

城市环境总体规划除了推动环境质量改善、落实污染防治相关要求外，核心在于推动城市发展规模、结构与布局的优化调整，从城市环境、资源与生态约束条件角度为社会经济发展规划、国土空间总体规划提出限制要求（环境、资源与生态红线）。其中"规模"涉及人口规模、经济规模与用地规模，"结构"涉及人口结构、经济结构、能源结构与用地结构，"布局"涉及产业布局、人口布局与保护区布局等。这些都是城市社会经济发展规划、国土空间规划和行业规划等的重要约束性指标。城市环境总体规划的主要考虑如下。

——深刻领会生态文明建设要求：空间有序、资源节约、承载合理、质量优良、制度完善。

习近平总书记在党的十九大报告中指出，加快生态文明体制改革，建设美丽中国。同时，习近平总书记多次强调人与自然是生命共同体，人类必须尊重自然、顺应自然、保护自然。我们要建设的现代化是人与自然和谐共生的现代化，既要创造更多物质财富和精神财富以满足人民日益增长的美好生活需要，也要提供更多优质生态产品以满足人民日益增长的优美生态环境需要。必须坚持节约优先、保护优先、自然恢复为主的方针，形成节约资源和保护环境的空间格局、产业结构、生产方式、生活方式，还自然以宁静、和谐、美丽。

认真学习习近平总书记的讲话精神，深刻体会生态文明建设、生态环境保护相关文件精神，不难发现，站在生态环境保护的角度，生态文明建设的聚焦点相对集中，具体体现为生态保护红线、城市扩张边界、资源环境承载力利用、环境质量改善、生态文明制度建设等内容。

因此，在我国新型城镇化推进过程中，生态文明的特点可以概括为空间有序、资源节约、承载合理、质量优良、制度完善。

——环境问题的解决要放置于经济社会发展的进程中：在格局、规模等方面进行统筹。

环境保护已成为我国新型城镇化发展的主要短板之一。在城镇化建设过程中环境问题产生的根源在于经济发展、产业布局等缺乏对环境质量的重视，缺乏对资源环境承载能力的尊重，缺乏对城市经济发展系统与生态环境格局系统协调性的考虑，最终表现为开发粗放、承载过度、质量下降等环境问题。城市发展与环境问题的因果关系，在学术界长期持有不同的观点。但是，从当前我国城镇化健康发展的需求来看，需在整个城镇化、工业化发展的进程中统筹考虑环境问题的解决。

——坚决避免走"先污染、后治理"的老路，从源头上解决环境问题：向空间要效率，向容量要质量。

未来 10~15 年，我国将处于城市化快速发展阶段，城镇化率将提高至 85%~95%，基本完成城镇化进程。按照传统的城镇化发展模式，外延式扩展不可避免，人口增长、建设用地扩张、污染排放加剧等问题不断涌现。

城市环境总体规划应站在环境保护与经济社会发展相协调的高度，在城市建设发展过程中，利用好自然客观规律的空间特征与容量特征，在有限的空间和容量范围内扩容提质，努力提高经济社会发展规律与自然环境客观规律的协调性，向空间要效率，向容量要质量，统筹好环境保护与经济发展之间的关系，坚决避免走"先污染、后治理"的老路。

——编制一个可用、好用、实用的战略性环境保护规划：强化空间表达，变生态环境客观规律为环境规划语言，变环境规划语言为城市规划语言。

城市领域的城市建设、经济发展、资源开发等规划主要是空间规划，而环境规划主要是各要素、各领域的任务规划，缺乏环境空间管理的理念、思路、手段和相应的实施保障政策，环境规划与城市规划之间缺乏统一的对话平台，导致城市建设和经济发展难以在空间上与环境保护要求衔接。

因此，城市环境总体规划应"跳出"原有的要素型、任务型规划思路禁锢，向空间型、引导型规划转变，强化环境保护要求的空间表达性，落实环境系统本身的结构、过程和功能要求，明确环境空间管控的方式，逐步构建起以环境空间管控为核心的理念、思路与实施框架，才能为城市总体规划、土地利用规划及产业规划提供空间指引，才能为城镇化发展在空间布局、经济结构谋划等方面提供基础性依据。

通过以上分析，上至落实国家生态文明建设层面，中至协调城市环境保护与经济发展的关系层面，下至解决城市环境问题层面，空间、承载、质量均是城市环境总体规划需解决的关键问题。

1.2.2 重点任务

——确定城市环境功能定位，开展环境经济形势分析。

从可持续发展的长远战略角度来看，每个城市在区域、流域乃至国家层面都承担着一定的生态与环境维护功能。规划从国家、区域、流域环境质量与生态功能的维护角度确定城市的环境功能定位，奠定城市发展的总基调。分析城市城镇化与工业化发展过程中的环境问题，以城市建设、经济社会发展与环境保护的关系为主线，开展环境经济形势分析，提出服务于新型城镇化建设与城市可持续发展的环境目标、指标，设计中长期环境保护战略路线图。

——以生态环境结构、功能特征为基础，科学划定城市生态保护红线。

对生态环境重要区、敏感区、脆弱区实施严格保护，禁止开发。城市环境总体规划的发展，已经能通过遥感/地理信息系统（RS/GIS）手段和大气、水环境系统模拟解析系统对城市生态系统、大气环境系统、水环境系统进行全面的评估解析，根据区域和城市生态系统结构、大气流场系统、水系统结构，识别功能重要性、过程脆弱性和结构敏感性区域，依据重要、脆弱、敏感程度实施分级管理。城镇化发展和城市建设，需要对高敏感区域、极重要区域和高脆弱区域实施红线管控，确立环境空间底线，包括生态功能和环境安全的空间底线。

——合理控制资源环境开发利用阈值，确立资源环境开发的底线。

以资源环境承载力为基础，尤其是区域或城市水、土地等自然资源和大气环境容量、水环境容量，城镇体系的发展布局、建设规模、人口聚集、产业布局等需要与资源环境承载力状况相适应，对超标过载地区严格管控，不断调整，将城镇化发展控制在环境资源承载力允许的范围之内。

——以人群健康和生态平衡为基准，确立生态环境质量底线。

人民为了生活来到城市，为了生活得更好留在城市。城市不仅提供良好的公共服务、更好的就业和发展机会，而且还提供良好的环境质量和安全的生态服务。因此，必须保障城镇地区空气质量、饮用水质量、城镇场地等满足人群健康生活的需求。健康的环境质量和更加平衡的生态系统是新型城镇化发展的重要内容和应有之义，也是新型城镇化发展不容忽视、突破的底线。

——开展环境风险评估，完善城市环境风险防范体系。

排查区域内现有及潜在的风险源，识别城市建设与产业发展的环境风险，辨析各种风险源的环境影响与污染物传输模式。以保障饮用水安全、防范重大环境事故为重点，重点针对重金属、危险化学品、有毒有害物质，分析主要环境风险因素及可能的风险事件情景，针对重点区域、重点行业以及典型事件，完善预警体系，建立阻断污染传输、快速切断污染传输的应急响应机制，建立内外兼顾、主动防控为主的环境风险控制体系。

——完善城市环境基础设施，提高环境基本公共服务水平。

根据城市未来经济社会发展情景和人口、产业发展趋势，提出城市污水处理、中水利用、固体废物收集处理等环境设施建设需求。将安全的饮用水、基本的环境设施和环境监管能力作为近期环境基本公共服务的重点内容，确定环境基本公共服务供给与分享的保障性标准，鼓励政策和机制创新，研究城乡一体化的环境保护机制，提升环境公共服务水平。

——开展重点区域保护，实施分区分类保护。

从经济与产业发展集聚等城市社会发展角度，综合考虑环境风险防范任务、资源环境超载状况、环境功能与质量状况、生态保护与生态修复紧迫性等内容，识别需要重点治理的区域，针对不同区域的环境保护要求与特点，有针对性地设计相应的保护措施与方案，明确各分区环境保护战略，实施分类、分区环境管理。

1.3　技术框架和关键技术

1.3.1　技术框架和关键技术

以"生态保护红线、资源环境开发利用底线、环境质量底线"三线战略为主线，协同构建生态建设一体化的环境保护制度。严格的生态保护红线、合理的环境资源开发利用底线、健康安全的环境质量底线是各地推进新型城镇化建设需要遵守的三条底线。遵循自然系统规律，与环境系统空间特征相吻合的城市建设、维护环境资源可持续利用条件下的环境资源开发利用、保障健康安全的环境质量是支撑我国新型城镇化发展的重要保障。

1．生态保护红线

环境空间管控是以自然规律为准则，遵循环境系统自身特征，保护城市内部生态敏感区、脆弱区与重要区不受侵占，留出城市通风廊道、清水通道等生态用地，维护城市生态系统的完整性，保留城镇山水结构，为城市发展边界的界定、产业空间合理布局、生态安全系统维护等提供环境空间指引。

2．资源环境开发利用底线

以资源环境承载力优化城市经济发展规模、结构为目的，系统分析城市水资源、土地资源承载力和水环境容量、大气环境容量，建立最大允许开发土地比例、最大水资源开发利用总量、污染物排放总量等阈值，以此对城市人口、经济发展规模和资源开发强度进行合理的管控；同时，基于资源环境承载力的空间分异规律，为调控城市经济产业发展布局、结构提供基本依据。

3．环境质量底线

以维护城市环境功能与环境质量健康为目的，确定支撑新型城镇化建设的城市大气环境质量底线、水环境质量底线、土壤环境质量底线，为城市提供干净的空气、清洁的河流、安全的饮用水与土壤，维护人体健康和生态平衡，提高城市环境品质，为新型城镇化健康发展提供环境基础支撑。

城市环境总体规划体系技术框架如图 1-1 所示。

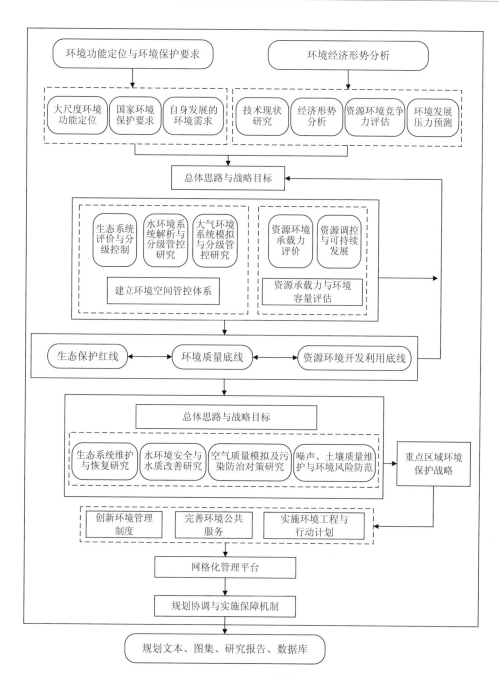

图 1-1 城市环境总体规划体系技术框架

1.3.2 需要突破的关键技术

通过环境空间管理，提升生态环境服务功能，谋求城市发展与环境保护的双重利益。

1．环境空间管控技术的创新集成

环境作为一种资源，同生态系统一样存在需严格保护的区域，环境空间管控势在必行。具体围绕以下问题展开：一是为维护生态系统健康，我国已经建立了自然保护区、风景名胜区等管理制度，环境空间管控应在生态系统空间管控的基础上，积极向环境空间延伸，明确环境管控空间的范围与属性。二是国内外生态学、景观生态学等城乡生态系统空间解析的技术方法已经相对成熟，但在环境领域，例如，大气、水等要素区域，空间差异的解析方法与技术框架尚未建立，这是环境要求难以落实的关键原因。因此，城市环境总体规划旨在探索建立环境空间解析与管理的技术框架。

2．资源环境约束底线的科学确定

城市可持续发展要求城市经济社会活动控制在资源环境开发利用的极限之内，城市环境总体规划应积极探索资源环境的底线约束。具体围绕以下问题展开：一是当前环境容量技术方法如何转换为规划应用手段尚不明确，城市环境总体规划应积极探索将环境容量转化为现实可用的管理手段，建立环境容量基础理论与社会经济发展的关联性；二是在技术研究层面，环境容量、资源承载力与环境质量之间的传输响应关系尚不明确，资源环境承载力与经济社会发展和产业布局结构之间的制约关系尚在探索中，时空动态性特征考虑尚且不足，城市环境总体规划应在相关技术方法上进行探索研究。

3．科学研究向应用管理的转化

随着我国城镇化、工业化的快速推进，城市生态环境服务功能不断下降，城市环境品质不断恶化。从科学研究的角度来看，很多问题的解决都有充分的理论依据和严格的技术方法做支撑。但在具体城市环境中，对于模型参数的合理确定、城市发展标准和情景的合理模拟等问题均难以统一。规划不同于技术研究，是一种应用性的决策科学，在规划中合理把握尺度，将理想严谨的科学情景转变成为符合科学精神、更切实可行的生态环境保护要求，需要进一步的技术方法探索和理论应用实践。

1.4　规划思路

规划思路遵循区域自然生态和环境基础要求，明确城镇化、工业化历程中"生态保护红线""资源环境开发利用底线""污染排放上限""环境风险防线""环境质量底线"，并应包括确立环境总体战略定位、制定环境目标与分区战略、划定生态保护红线、开展资源环境约束因子评估分析并进行发展调控、制定中长期环境质量改善与环境风险防范方案、建立城市环境总体规划体系与重点区域环境规划指引、提高环境基本公共服务水平、完善规划协调管理机制等。具体思路如下：

1．城市环境问题研判

基于自然生态、社会经济、历史文化、行政变革等基础情况，分析城市发展的自然、历史、文化特征。调查分析地形地貌、生态环境本底、人口、资源能源利用方式和结构、经济产业结构和布局的基础情况；调查分析环境质量、污染排放总量和结构、企业环境风险状况及城市区域环境风险分布状况、环境基础设施、城市环境管理制度和环境规划制定实施、环境保护能力建设的基础情况。对以上基础情况开展相关性分析，总结城市环境问题产生的自然和人为原因，开展环境背景研究。

环境问题伴随着城市发展而生，城市环境问题是城市发展中的环境问题，城市环境问题的根源需要将环境问题置于城市城镇化、工业化背景中去剖析。根据规划期内城市社会经济发展情景，工业化、城镇化发展形势，预测主要资源能源消耗情景、主要污染物排放量和排放格局及区域环境风险变化情况，分析由此带来的环境污染、生态破坏和环境风险等压力。

2．开展重要性、敏感性、脆弱性评价，划定生态保护红线

2015 年，环境保护部正式印发《生态保护红线划定技术指南》，该指南用于指导全国范围内的生态保护红线划定工作。2017 年 7 月，环境保护部办公厅、国家发展改革委办公厅共同印发《生态保护红线划定指南》。从地方划定工作来看，在城市层面划定生态保护红线是最为严格的生态保护制度。因此，各试点城市均应将生态保护红线纳入总体规划并将其作为最重要的内容之一，建立生态保护清单。此外，系统梳理有明确规定的生态保护区域，包括自然保护区、森林公园、湿地保护区、风景名胜区、海洋保护区、饮用水水源保护区、市区公园、历史文化保护区、生产绿地等绿色空间，建立生态保护清单，提出系统化、网络化的生态空间保护方案。根据生态学理论方法，利用数字高程模型（DEM）、遥感影像及土地利用情况、生物多样性分布、海洋、河流水系等基础数据，开展区域生态系统敏感性、重要性与脆弱性评估，划分生态分级管控方案。

3．开展环境系统解析，建立环境空间管控体系

环境空间管控是前端引导产业布局的重要抓手。通过对环境要素"源头—过程—受体"三方面的技术评价，从空间上识别受体敏感区、恢复脆弱区以及功能重要区。例如，利用气象模型和空气质量模型，开展城市和区域尺度大气环境系统模拟，识别大气环境重要区、敏感区和脆弱区，划分大气环境分级管控方案，明确分级管控要求和政策措施。结合地形、行政区和水系统特征，划分水环境控制单元，开展水环境系统重要性、敏感性和脆弱性评估，划分水环境分级管控方案，明确分级管控要求和政策措施。土壤环境空间管控则将土壤环境污染风险较大的区域纳入重点管控区，并明确管控要求，由于土壤环境质量监测数据较为匮乏，因此在总体规划试点阶段土壤环境空间管控方面的研究仍处在摸索阶段，尚不成熟。

4．开展资源环境承载力评价、调控与可持续利用研究

城市资源环境承载力决定了城市发展的"天花板"。《中共中央关于全面深化改革若干重大问题的决定》等文件提出建立资源环境承载力监测预警机制，对水土资源、环境容量和海洋资源超载区域实行限制性措施。城市环境总体规划将针对土地、水等自然资源，研究基于生态环境安全的资源开发合理阈值，明晰大气、水环境容量区域格局，分析评估区域环境容量使用情况与环境容量空间分布特征的差异程度，建立与环境容量约束相匹配的经济社会发展格局。

（1）资源环境承载力评估：结合未来城市社会经济发展形势，分析城市适宜人口、经济发展资源需求，对城市水、土地、能源、矿产等资源的承载条件进行评估。以资源环境承载力评估为基础，从生产力空间组织的角度研究区域产业布局的调整，使生产力的空间组织更加合理，从而能够有效降低资源消耗，节约生产成本，提高经济效益，形成有限空间内更大的生产力和发展潜力。

（2）环境容量评估：分别开展城市水、海洋、大气环境容量测算，评估当前城市环境容量的使用情况与资源环境的空间分布。结合未来社会发展形势，分析不同情景下城市环境容量的利用情况，分阶段提出利用限值要求。

（3）城市建设与经济发展协调：综合分析城市资源环境约束条件，提出分阶段资源利用强度和效率、主要污染物排放量限值的指导意见，提出城市发展与经济发展规模、速度的调控建议。

基于城市资源条件、环境容量和规划期内社会经济发展特征，提出自然资源开发强度、资源消耗和污染物排放总量控制的指导意见，合理调控城市人口、经济发展规模。

5．制定中长期环境质量改善战略

制定中长期环境质量改善与生态系统恢复战略目标及战略路线图。研究大气环境区位与相互影响，分析大气环境主要影响因素，从能源结构调整、重点行业整治、机动车交通源管控等方面，研究制定大气环境质量改善战略。分析城市水环境系统特征，综合考虑水污染控制、水环境保护、水生态维护、地下水环境风险防范等，制定水环境质量改善战略。开展环境风险评估，制定环境风险分区管理规划。结合生态保护红线区、重要生态功能区、重要生态系统维护，制定生态系统恢复与生态功能维护提升战略。

6．强化环境风险防范

识别环境风险与形势。调查区域内大气、水、地下水及土壤等环境介质中主要污染物类型、暴露水平及分布格局。针对市域产业空间布局，重点针对石化、装备制造等涉重金属及有机化学品排放行业的产业规模、工艺流程及排污状况进行排查，识别出需要重点防控的污染物类型、重点区域。结合未来 5～15 年经济社会发展的趋势和特点进行预测分析，从工业布局、环境禀赋、社会背景等方面判断未来环境风险防控形势。

明确环境风险警戒线。筛选主要环境风险源，分析风险传输路径及特征，预测风险范围和影响程度，设定控制目标和资源环境承载力指标。针对过境通道、内河及近海运输航道、化工园区、涉重金属企业集中区中的环境风险因素，提出严格的区域管控措施。

构建环境风险全过程管理体系。以预防为主、防治结合为指导思想，研究建立全过程的环境风险监控、预警、应急、处置等防控体系；针对涉重金属排放行业、化工行业等重点行业企业与工业园区、高风险区域，提出环境风险全过程管理体系建设要求。

7. 提高城市环境公共服务水平

根据中长期城镇化、工业化和人口集聚趋势，考虑环境基础设施建设和运行的需求，统筹衔接城市环境质量保障，重点从目标、要求、能力、机制、政策等方面，提出环境公共服务提升方案。重点从分阶段环境质量保障、区域统筹的环境基础设施建设、全覆盖的环境能力建设以及全面参与的公共参与体系等方面，设计环境基本公共服务体系。

8. 制定重点区域环境规划指引

按照重点抓"好坏两头"的原则，针对重要人口聚集区、重要产业聚集区、环境风险高或者环境治理任务繁重区域、重要生态功能区，识别重点区域，制定分区环境规划指引。提出各区域环境功能定位、控制性目标指标、生态保护红线控制落实方案，实施环境规划指引和环境经济协调发展指引等。

9. 完善创新规划政策和实施机制

以环境空间管控为基础平台，整合环境准入、环境影响评价、污染物总量控制、环境资源承载力监测预警、生态补偿等各项环境管理政策，建立城市环境精细化管理、城市环境管理空间落地、相关环境政策配套落实的环境管理体系。提出参与"多规融合"的实施路径：探索提出城市环境总体规划与社会经济规划、城市总体规划、土地利用规划等基础性规划的衔接路径，规划的跨界协调机制；探索明确城市环境总体规划的审批、实施、评估、考核机制，制定规划的定期评估修编制度、备案制度和实施保障机制。

第2章 城市环境问题研判

　　城市环境问题是随着城市主导功能定位、经济社会发展、城镇开发建设相伴产生的。资源能源禀赋差异、发展阶段不同、主导产业结构及城市开发建设模式等差异都对城市环境问题及防治重点产生影响，其中既有经济、产业发展带来的污染排放的影响，又有产业布局、城市扩张带来的城市生态空间占用的问题。因此，开展城市环境问题分析，需要放在长周期、大尺度的角度，全面解析城市特征及工业化、城镇化发展历程，系统识别城市环境问题的产生及不同阶段的重点环境问题，研究预判经济社会发展中长期形势，诊断城市未来面临的环境问题及压力，为城市环境保护总体规划的战略目标、战略任务重点等提供基础和方向。

2.1　发展历程中的环境问题诊断技术

　　城市发展历程指在工业化、城镇化进程下，产业发展格局、规模及人口规模与城镇开发建设格局等变动，并回顾梳理城市发展战略方向、布局、规模等对城市环境的影响。

2.1.1　城市发展历程的研究判断

2.1.1.1　城市层面经济社会发展阶段的判断方法

　　按照国际通认标准，一个国家或地区的经济社会发展阶段通常由工业化进程进行判断。工业化是一个历史过程，包括劳动力不断地由农业向非农业转移、人口不断向城市集聚、人均收入水平不断提高。传统工业化阶段划分主要有钱纳里工业化阶段理论、霍夫曼的工业结构四阶段理论、配第—克拉克定理、罗斯托的阶段划分理论、库兹涅茨理论、张培刚的工业结构三阶段理论等。

1. 钱纳里工业化阶段理论

美国著名经济学家钱纳里提出，任何国家和地区的经济发展都会规律性地经过 3 个阶段 6 个时期，即初级产品生产阶段、工业化阶段和发达经济阶段。同时，任何一个发展阶段向更高的一个阶段跃进都是通过产业结构转化来推动的。因此产业结构的变动和升级是划分区域经济发展阶段的基本依据。钱纳里认为，产业结构转变与人均收入有着规律性的联系，其基本特征是：在国民生产总值中工业所占份额逐渐上升，农业所占份额逐渐下降，而按不变价格计算的服务业则缓慢上升；在劳动力结构中，农业所占份额下降，工业所占份额变动缓慢，而服务业将吸收从农业转移出来的大量劳动力。表 2-1 是钱纳里根据 100 多个国家统计资料计算出来的结果。

表 2-1　人均国民生产总值和产业结构变化　　　　　单位：%

项目	人均国民生产总值			
	100～200 美元	300～400 美元	600～1 000 美元	2 000～3 000 美元
第一产业占 GNP 份额	46.4～36.0	30.4～26.7	21.8～8.6	16.3～9.8
第二产业占 GNP 份额	13.5～19.6	23.1～25.5	29.0～31.4	33.2～38.9
第三产业占 GNP 份额	40.1～44.4	46.5～47.8	47.2～50.0	50.5～51.3
第一产业中劳动力的比重	68.1～58.4	49.9～43.6	34.8～28.6	23.7～8.3
第二产业中劳动力的比重	9.6～16.6	20.5～23.4	27.6～30.7	33.2～40.1
第三产业中劳动力的比重	23.3～24.7	29.6～23.0	37.6～40.7	43.1～51.6

一般上述结构与实际产业结构不会完全一致，两者之间的偏差可以作为判断产业结构状况的一个参考。该理论还把不发达经济到发达经济的整个变化过程分为六个阶段，详见表 2-2。

表 2-2　工业化六个时期划分标准

时期	人均国民生产总值变动范围/美元				发展阶段
	1964 年	1970 年	1982 年	1994 年	
第一时期	100～200	140～280	364～728	946～1 893	工业化准备阶段
第二时期	200～400	280～560	728～1 456	1 893～3 786	工业化初期阶段
第三时期	400～800	560～1 120	1 456～2 912	3 786～7 571	工业化中期阶段
第四时期	800～1 500	1 120～2 100	2 912～5 460	7 571～14 196	工业化后期阶段
第五时期	1 500～2 400	2 100～3 360	5 460～8 736	14 196～22 714	后工业化社会阶段
第六时期	2 400～3 600	3 360～5 040	8 736～13 104	2 274～37 070	发达经济阶段

　　按照钱纳里的说法，上述六个时期中第二时期至第五时期属于工业化阶段，其余两个阶段分别为工业化准备阶段和发达经济阶段。表 2-2 只是大致给出了这些阶段之间的分界线，并非是精确的起点或终点。

　　第一时期是工业化准备阶段。这个时期产业结构以农业为主，绝大部分人口从事农业活动，没有或极少部分人从事现代化工业生产活动，生产力水平很低。

　　第二时期是工业化初期阶段。产业结构由农业为主的传统结构逐步向现代工业为主的工业化结构转变，工业中则以食品、纺织、烟草、采掘、建材等初级产品生产为主。

　　第三时期是工业化中期阶段。制造业内部结构从轻工业转变为重工业。非农业劳动力开始成为主体，第三产业迅速发展，这就是所谓的重化工业阶段。

　　第四时期是工业化后期阶段。该时期的主要特征是第一产业、第二产业获得较高水平发展的条件下，第三产业保持持续高速发展，成为区域经济增长的主要力量。第三产业中新型服务业占主导地位，如金融、信息、广告、公共事业、咨询服务等。

　　第五时期是后工业化社会阶段。制造业内部结构由资本密集型产业主导转向技术密集型产业主导。

　　第六时期是发达经济阶段。第三产业开始分化，智能密集型和知识密集型产业开始从服务业中分离出来，并占主导地位。

2. 霍夫曼的工业结构四阶段理论

　　霍夫曼定理又称为霍夫曼经验定理，指工业化进程中霍夫曼比例不断下降的规律。这里霍夫曼比例（霍夫曼系数）是制造业中消费资料工业和资本资料工业的比例关系。故可以理解为资本资料工业在制造业中所占比重不断上升并超过消费资料工业所占比重。根据霍夫曼比例，工业化进程包括四个发展阶段：第一阶段，消费资料工业的生产在制造业中占统治地位，资本资料工业的生产不发达，霍夫曼比例为 5.0（±1.0）；第二阶段，资本资料工业的发展速度比消费资料工业快，但在规模上仍比消费资料工业小很多，霍夫曼比例为 2.5（±1.0）；第三阶段，消费资料工业和资本资料工业的规模达到大致相当的状况，霍夫曼比例为 1.0（±0.5）；第四阶段，资本资料工业的规模超过了消费资料工业的规模，霍夫曼比例小于 1.0，具体见表 2-3。

表 2-3　霍夫曼的工业阶段指标

工业化阶段	霍夫曼系数	特征
第一阶段	5.0（±1.0）	消费资料工业占统治地位
第二阶段	2.5（±1.0）	消费资料工业大于资本资料工业
第三阶段	1.0（±0.5）	消费资料工业与资本资料工业相当
第四阶段	1.0 以下	资本资料工业大于消费资料工业

3．配第—克拉克定理

配第—克拉克定理认为，随着经济发展和人均国民收入水平的提高，劳动力首先由第一产业向第二产业转移，当人均国民收入水平继续提高时，劳动力便向第三产业转移。在工业化过程中，劳动力由生产效率低的部门向生产效率高的部门转移。依据此定理，劳动力在产业间的分布状况为第一产业将减少，第二产业、第三产业将增加。

4．罗斯托的阶段划分理论

美国著名经济学家罗斯托在 1960 年出版的《经济成长的阶段》一书中，把人类社会的经济发展过程划分为六个阶段：传统阶段、准备阶段、起飞阶段、成熟阶段、消费阶段和追求生活质量阶段，具体见表 2-4。

表 2-4　罗斯托工业化阶段划分法

阶段划分	基本特征
传统阶段	社会生产力水平低，产业结构单一，不存在现代科学技术
准备阶段	占 75%的劳动力从农业转移到工业、商业和服务业

阶段划分	基本特征
起飞阶段	相当于工业革命时期，投资率在国民收入中所占比率由 5% 增加到 10% 以上，有一种或几种经济主导部门带动国民经济增长
成熟阶段	相当于资本主义竞争向垄断过渡的阶段。重化学工业成为主导产业。投资率达到 10%～20%，一系列现代技术有效地应用了大部分资源
消费阶段	工业高度发达，主导部门转移到耐用消费品和服务业上来
追求生活质量阶段	以服务业为代表的提高居民生活质量的有关部门（包括教育、卫生保健、文化娱乐、市政建设、环境保护等）成为主导

5. 库兹涅茨理论

库兹涅茨继承了克拉克的研究成果，把三次产业划分为"农业部门""工业部门""服务部门"，通过对国家或地区时间序列的分析和对不同国家或地区间的截面数据分析，认为社会经济的发展与产业结构密切相关，随着社会经济的发展，产业结构将出现演变。库兹涅茨从国民收入和劳动力在产业间的分布两个方面，对产业结构变化做了更深入的研究，具体见表 2-5。

表 2-5 产业发展的形态

分析方法	劳动力的相对比重		国民收入的相对比重		相对国民收入（比较生产率）	
	时间系列	横截面	时间序列	横截面	时间系列	横截面
第一产业	下降	下降	下降	下降	（1 以下）下降	（1 以下）几乎不变
第二产业	大体不变或略有上升	上升	上升	上升	（1 以上）上升	（1 以上）下降
第三产业	上升	上升	大体不变或略有上升	微升（稳定）	（1 以上）下降	（1 以上）下降

库兹涅茨得出以下三个结论：

①随着经济的发展，第一产业（农业部门）的国民收入在整个国民收入中的比重和农业劳动力在全部劳动力中的占比不断下降。相对国民收入在大多数国家都低于 1，说明第一产业在国民收入比重的下降程度超过了劳动力比重下降的程度。

②第二产业（工业部门）的国民收入在整个国民收入中的占比大体上是上升

的，但第二产业劳动力在全国劳动力中的比重则大体不变或略微上升。

③第三产业（服务业）的劳动力在全部劳动力中的比重基本上是上升的。然而，第三产业的国民收入在整个国民收入中的比重却不一定与劳动力的比重同步上升，总体来看，大体上不变或略微上升。

6. 张培刚的工业结构三阶段理论

我国著名经济学家张培刚教授根据资本品生产对消费品生产的关系，将工业化过程分为三个阶段，第一阶段是消费品工业占优势；第二阶段是资本品工业占优势；第三阶段是消费品工业和资本品工业平衡。张培刚认为，这种工业划分方式只限于演进性的类型，至于比较激进的或者革命性的类型，其发展的次序并不一定与此相同，而且有可能依靠政府的计划完全倒过来。

上述判断方法对一个国家、较快发展地区的发展进程具有较好的解释作用。但相比较国家、省域等层级，城市是依托资源、能源、土地、人才、资本等要素、区位禀赋发展起来的，空间地域尺度较小，城镇、产业、人口高度密集，部分城市（如深圳、广州、青岛等沿海城市）地缘政策优势突出，资本积累快，经历的工业化初期、工业化中期阶段较短，发展过程较快地进入工业化后期、后工业化社会等阶段。西部地区由于地处内陆，人才、资本等要素影响不足，工业化、城镇化进程较慢。部分城市依托资源优势，围绕资源型特色产业发展建设，路径依赖强，转移升级较慢，发展进程受阻较大，如大庆、安庆、黄石等城市。因此，在对城市发展阶段进行判断时，需结合城市特征进行分析。

2.1.1.2 城市化阶段判断方法

1. 诺瑟姆曲线

诺瑟姆曲线是美国地理学家诺瑟姆在 1979 年通过对英、美等国家上百年城市人口占总人口比重变化规律的总结提出的。诺瑟姆曲线揭示了城市化发展水平与发展阶段的关系，相应的世界各国城市化发展轨迹是一条拉长的 S 形曲线。

诺瑟姆曲线指出，城市化过程主要有三个阶段：①城市化初级阶段，城市化率在 25%以下，它对应着经济学家罗斯托所划分的传统社会这一阶段，即农业占国民经济绝大部分比重且人口分散分布，而城市人口只占很小的比重；②城市化加速阶段，城市人口从 25%增长到 50%乃至 70%，经济社会活动高度集中，

第二产业、第三产业增速超过农业且占 GDP 的比重越来越高，制造业、贸易和
服务业的劳动力数量也持续快速增长；③城市化成熟阶段，城市人口比重超过
70%，但仍有乡村从事农业生产和非农业生产来满足城市居民的需求，当城市化
水平达到 80% 时，这种需求则增长得很缓慢。基于诺瑟姆曲线的城市发展阶段
划分如图 2-1 所示。

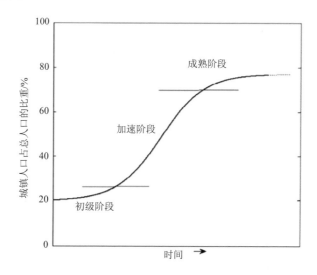

图 2-1　城市化发展阶段划分

诺瑟姆同时也指出历史上存在与上述模式有出入的情况。如进入成熟阶段，
城市人口可能出现下降；或者由于城市中心人口的外迁，乡村地区的人口增长可
能会超过城市地区，从而使城市化曲线颠倒过来。在第一种情况下，向城市迁移
的人口可能会减缓或者停止，结果会达到一种均衡，例如，一旦城市人口比重达
到 40%～50%，就可能达到稳定的状态，城市进入成熟阶段。在第二种情况下，
城市人口向外迁移数量可能超过农村向城市迁移人口数量与城市人口自然增长之
和，城市化水平会下降。虽然这两种情景与城市化一般历史相反，但有存在的可
能。有报道说美国在 1950—1970 年，若有 100 人迁移进入大都市区，就有 131 人
迁移离开大都市区。同期，乡村人口增长了 75%，然而在 20 世纪 50 年代有 40%
的人口迁移进入城市，在 20 世纪 60 年代也只有 50% 的人口迁移进入城市。

2. 基于 Logistic 增长模型的城市化阶段划分

Logistic 增长模型最早是由比利时学者沃赫斯特在 1838 年研究马尔萨斯人口理论时发现的,并应用于商业组织、人口学等众多领域,模拟了一种事物在资源限制状态下的发展趋势(呈现"S"形曲线)。

假设人口增长受自然或自然与技术共同限制,则人口增长符合 Logistic 增长模型。根据 Logistic 曲线特征可知,理论上城镇化发展的起始速度很低,趋近于 0,且加速度也趋近于 0。随着时间的推移,城镇化发展速度逐渐提高,加速度逐渐增大。在城镇化发展后期城镇化水平逐渐趋近于饱和,发展速度越来越慢,趋近于 0,说明加速度为负值,并且绝对值越来越小。城镇化发展的 Logistic "S"形曲线特征点如图 2-2 所示。

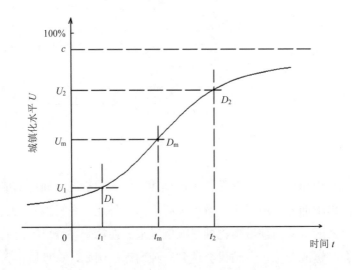

图 2-2　城镇化发展 Logistic "S"形曲线特征点示意图

从以上城镇化发展过程可以判断:Logistic 曲线有三个特征点(图 2-2),一个是城镇化发展速度最大点(D_m),此时其加速度为 0,此点之前加速度为正,此点之后加速度为负(图 2-3)。另外,还有城镇化发展加速度最大点(D_1)和城镇化发展加速度最小点(D_2)。

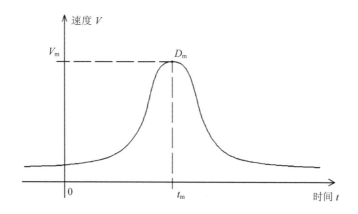

图 2-3　城镇化发展速度曲线示意图

显而易见，从曲线的观点出发，方程的一阶导数有极值且二阶导数为 0，由此可以求解得出：

$$U_{\mathrm{m}} = \frac{c}{2}$$

$$V_{\mathrm{m}} = \frac{bc}{4}$$

式中，U_{m}、V_{m} 分别表示 D_{m} 点的城镇化水平和发展速度；b、c 分别表示斜率参数和城镇化水平的饱和值。

在曲线的最大曲率处，方程的二阶导数有极值且三阶导数为 0，由此可以求解得出：

$$t_1 = \frac{a - \ln(2 + \sqrt{3})}{b}$$

$$t_2 = \frac{b - \ln(2 - \sqrt{3})}{b}$$

式中，t_1、t_2 分别为 D_1 点和 D_2 点的时间；a 表示截距参数。

$$Z_1 = \frac{\sqrt{3}}{18} b^2 c$$

$$Z_2 = -\frac{\sqrt{3}}{18}b^2c$$

式中，Z_1、Z_2 分别为 D_1 点和 D_2 点的加速度。当 $t < t_1$ 时，$Z_{(t)} > 0$，$Z_{(t)}$ 关于 t 单调递增；当 $t_m < t < t_2$ 时，$Z_{(t)} < 0$，$Z_{(t)}$ 关于 t 单调递减；当 $t > t_2$ 时，$Z_{(t)} < 0$，$Z_{(t)}$ 关于 t 单调递增；从而 $Z_{(t)}$ 在 t_1 处取得最大值 Z_1，在 t_2 处取得最小值 Z_2。城镇化发展加速度曲线如图 2-4 所示。

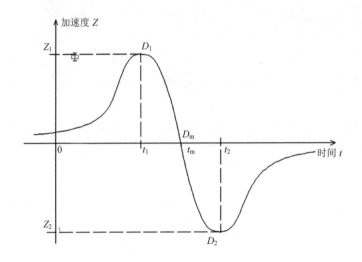

图 2-4　城镇化发展加速度曲线示意图

综上，城镇化发展 Logistic 曲线有三个特征点，即城镇化发展速度最大点（D_m）（这时加速度为零）、加速度最大点（D_1）和加速度最小点（D_2）。对于 D_1 点，在该点之前，城镇化发展逐渐提速，到达该点后加速度达到最大，但速度并不很快。之后，虽然加速度逐渐减小，但速度仍然在增加，即城镇化水平将保持较快的速度发展。同理，在 D_2 点之前、D_m 点之后，城镇化发展的速度已经开始减小，到达该点后速度的减量最大，在 D_2 点之后，城镇化发展的速度继续减小，由于速度已经较低，所以减速的效果更加明显（加速度与速度之比的绝对值较大），城镇化将长期以较低的速度发展，并且逐渐趋近于静止。因此，可将 Logistic 曲线上曲率最大的两个点［加速度最大点（D_1）和加速度最小点（D_2）］作为划分城镇化发展第一阶段、第二阶段、第三阶段的分界点。

对于 D_m，人们的结论是相同或者相似的，即该点处城镇化水平增长的速度最大、加速度为零。此点之前，加速度为正，速度递增；此点之后，加速度为负，速度递减。因此，可以将城镇化发展第二阶段以此点为界分为加速期和减速期。由于该点前后城镇化发展的速度仍然很快，对社会的影响大致相同，不宜过分强调，但城镇化发展速度逐渐减缓则应该引起政策研究者的注意。

D_m、D_1、D_2 点处的时间（t）、城镇化水平（U）、城镇化发展速度（V）及加速度（Z）的数值见表 2-6。其中 t 为从零时刻（t_0）到达某点的时间长度，负值代表早于 t_0，正值代表晚于 t_0，t_0 由曲线模拟时自定。可以看出，对各个特征点，时间变量 t 仅与 a、b 有关，与 c 无关；城镇化水平值仅与 c 有关，而同 a、b 无关；城镇化发展速度和加速度仅与 c 和 b 有关，而与 a 无关。数值 a/b 的大小决定了城镇化进入第二阶段、第三阶段以及加速、减速转变点的快慢。

表 2-6　城镇化发展阶段划分点的数值特征

	t	U	V	Z
D_m	a/b	$c/2$	$bc/4$	0
D_1	$[a-\ln(2+\sqrt{3})]/b$	$\dfrac{3-\sqrt{3}}{6}c$	$\dfrac{bc}{6}$	$\dfrac{\sqrt{3}}{18}b^2c$
D_2	$[a-\ln(2-\sqrt{3})]/b$	$\dfrac{3+\sqrt{3}}{6}c$	$\dfrac{bc}{6}$	$-\dfrac{\sqrt{3}}{18}b^2c$

当 t_0 一定时，对应的年份数据分别为

$$Y_1 = Y_0 + t_1;\quad Y_2 = Y_0 + t_2;\quad Y_m = Y_0 + t_m$$

式中，Y_0、Y_1、Y_2、Y_m 分别为 t_0、t_1、t_2、t_m 对应的年份。

第二阶段历时的长短 T_{II} 为

$$T_{II} = t_2 - t_1 = \frac{2\ln(2+\sqrt{3})}{b}$$

城镇化发展第二阶段的历时长短是进行城镇化比较研究的一个重要变量，其数值大小仅与 b 有关。

第二阶段城镇化发展的平均速度 V_{II} 为

$$V_{II} = \frac{U_2 - U_1}{t_2 - t_1} = \frac{\sqrt{3}}{6\ln(2+\sqrt{3})}bc$$

这是进行城镇化比较研究的另一个重要变量，其数值大小与 b、c 有关，与 a 无关。c 决定了速度最大点和阶段分界点的城镇化水平值，c 越小，城镇化进入第二阶段、第三阶段以及到达加速、减速转折点的城镇化水平门槛越低。

2.1.2 不同发展历程下能源资源的压力分析

能源资源消耗与经济发展呈现"S"形曲线，如图 2-5 所示。在工业化前期阶段，收入水平的提高与能源资源消耗的提高没有显著关系。进入工业化时期以后，能源资源消耗随着收入水平的提高快速上升。后工业化时期，能源资源消耗基本达到饱和，保持在稳定状态，钢铁、水泥等具有积累性的能源资源消耗还会出现明显的下降。工业化、城市化进程和能源资源消耗之间的内在规律如图 2-5 所示。

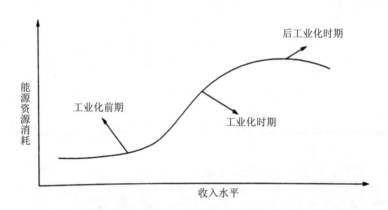

图 2-5 收入水平与能源资源消耗的内在规律

在工业化前期，农业生产占主导位置，即使有一定的工商业活动，也以手工业为主，经济发展主要体现在农业收成的增加，因此不会显著增加能源资源的消耗。

在工业化时期的初期，手工业逐渐转向机械化生产，但工业生产以纺织和食品加工为主，能源资源消耗慢慢开始增长，但增速缓慢。

在工业化时期的中期，人口快速向城市集中，基础设施建设规模逐渐增大，经济发展逐渐以重化工业为主。在这个阶段，化工、冶金、金属制品、电力等重化工业都有很大发展。这个时期能源资源消耗的增长速度超过 GDP 增速，单位 GDP 的资源消耗呈上升势头。美国在 1930 年之前，西欧在 20 世纪 60 年代，单位 GDP 钢铁和水泥消耗出现明显的上升。

在工业化时期的后期，随着汽车和家电等耐用消费品进入大众消费时代，交通运输机械、电器机械等高加工度产业快速发展，原材料的加工链条越来越长，零部件等中间产品在工业总产值中所占比重迅速增加，工业生产出现"迂回化"的现象。加工度的提高使生产技术和附加值提高，在一定程度上降低了工业对原材料和能源的依赖程度。但是，由于工业在 GDP 中仍占较大比重，城市化仍在推进，经济发展仍要消耗大量的能源和原材料，单位 GDP 的能源、资源消耗尽管有所回落，但仍保持较高水平。美国在 20 世纪 30—50 年代，单位 GDP 的钢铁、水泥消耗仍保持在较高水准，其间还出现了合成氨、乙烯等新型材料消耗的快速上升。西欧在 20 世纪 50—70 年代中期单位 GDP 钢铁和水泥消耗基本保持稳定。在工业化阶段，由于单位 GDP 资源消耗上升或基本稳定，随着经济总量的扩大，资源消耗总量快速上升。

后工业化时期，经济发展从满足人们的基本物质需求更多地转向文化娱乐、知识教育等非物质层次，工业在经济总量中的比重明显下降，并且转向高精尖产品的加工制造，城市化已经完成，单位经济总量的资源需求开始明显减少，美国在 1955 年完成工业化后，单位 GDP 钢铁、水泥消耗开始明显减少。以德国、法国为代表的西欧国家在 20 世纪 70 年代中期也基本完成了工业化，单位 GDP 钢铁、水泥消耗开始明显减少。

钢铁和水泥具有一定的积累性。随着时间的推移和资源存量的增加，不仅单位经济总量的资源需求减少，而且资源需求的总量也开始下降，钢铁、水泥的消耗主要用于资源存量的更新，而非新增的生产需求。随着钢铁、水泥需求总量的下降，钢铁、水泥资源需求与经济发展呈现明显的"S"形曲线。

与钢铁、水泥等积累性产品略有不同，能源消耗是一次性消耗，不具备积累性。由于巨大的汽车保有量和建筑保有量，能源消耗在完成工业化和城市化后仍保持在较高水平。但是由于缺乏新增需求，能源消耗增长明显放缓。随着技术进步特别是能源利用效率的提高，部分国家的能源消耗也开始出现下降，也呈现出一定的"S"形曲线。

2.1.3 不同发展历程中存在的环境问题分析

2.1.3.1 工业化与环境演变的基本规律

对工业化与环境的讨论始于环境库兹涅茨曲线（EKC），它是用来描述环境污染与收入水平之间关系的一种假说。近年来，许多文献用各种污染物（一氧化碳、二氧化硫、氮氧化物、二氧化碳）验证环境库兹涅茨曲线是否存在。一些学者用工业化发展水平代替 EKC 中的收入，专门研究污染排放与工业化之间的关系，认为工业化水平与环境质量之间的发展态势符合 EKC 曲线特征。

20 世纪 60 年代中期，库兹涅茨在研究中提出这样一种假说，即在经济发展过程中，收入差距先扩大再缩小。这种收入不平均和人均收入之间的倒 U 形关系，被称为库兹涅茨曲线。这一曲线所表明的逻辑含义在于，事情在变好以前，可能不得不经历一个更糟糕的过程。经过对大量统计数据粗略的观察表明，在一国（或区域）的发展轨迹中（尤其是工业化进程中），环境质量同样也存在先恶化后改善的情况。环境经济学家据此提出了环境库兹涅茨曲线的假说，即以人均 GDP 代表经济发展水平，以污染物排放量代表环境质量水平，经济发展（工业化）与环境之间存在着倒 "U" 形关系，被称为环境库兹涅茨曲线，简称 EKC 曲线，如图 2-6 所示。

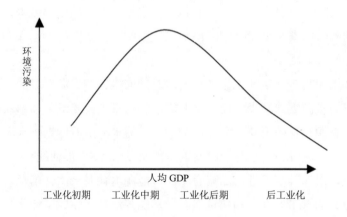

图 2-6　环境库兹涅茨曲线

EKC 曲线从理论上抽象地反映了经济发展（工业化）与环境质量演变的规律及特点。根据工业化水平的不同，可以把一个国家和地区的发展阶段划分为工业化初期阶段、工业化中期阶段、工业化后期阶段及后工业化阶段。①工业化初期阶段：工业迅速发展，对环境资源的影响急剧增加，环境质量逐步恶化。随着工业规模的扩大，开始长期、大规模地对自然资源（含森林、土地、水源、矿产等）进行开采利用。②工业化中期阶段：工业的发展以高耗能、重污染的重化工业为主，工业规模的扩大不但意味着资源利用规模的扩大，而且也必然伴随着工业污染的增加。此外，工业对环境的这种不良影响也因某一时期人口的普遍高速增长而得到极大强化。工业对环境产生污染的同时，农药、化肥、地膜等的使用造成大面积土地板结、地力下降、水污染等一系列问题，最终导致环境超负荷运转。③工业化后期阶段：工业污染增加率下降，人类对环境的负面影响开始减少，环境质量部分得到改善。产业结构由资源密集型向技术密集型过渡。在制造业中，高耗能、高耗材、高污染的原材料工业化比重逐步下降，深加工产业、技术密集型产业比重不断上升，工业污染总量可能仍会增加，但污染增加率会下降。同时，基本无污染的第三产业开始迅速发展并成为经济增长的重要力量，使国民生产总值中每单位增加值产生的污染迅速下降。此外，人口增长进入低缓时期，人们对生活质量、环境质量的要求与日俱增，公众的环境意识不断增强，对环境治理与环境保护的投入越来越多，人类在社会经济活动中对环境的负面影响开始减少，工业化中期环境恶化的现象得到扭转。④后工业化阶段：工业污染总量减少，人类对环境的积极影响大于负面影响，环境质量不断提高。低污染或无污染的知识密集型第三产业成为经济增长的主要动力，制造业在 GDP 增长中的贡献迅速下降。在比重较小的制造业中，主要以低污染、高技术的新兴工业为主，工业的污染排放量下降，环境得到有效治理。同时，人类改善环境的投入不断增加，建造新的森林和草场，保护稀缺动植物资源，不断创造有利于人类长期持续发展的外部环境。许多经验和数据都验证了环境污染与经济发展水平的这种倒"U"形关系的存在。从上述演变过程可以看出，环境演变与工业化发展阶段相关，环境质量状况间接地反映了工业化程度、人均收入水平、人口增长、经济增长、产业结构及技术水平变化等状况。

2.1.3.2　工业化进程中的环境问题

1.工业化与结构性污染问题

工业化在产业结构变化中表现得最为充分，工业化的核心内容是产业结构的高级化和现代化。而环境资源在不同部门间的配置是通过相应的产业结构安排来实现的，因此，深层次的环境问题与产业结构不无关系。结构性污染主要是伴随着工业化进程的发展而逐渐发展的。由于各产业的资源消耗强度和污染排放强度相差很大，产业结构与资源消耗和环境质量水平密切相关。总体来看，发展中国家或地区在产业结构上具有典型的二元结构特征，即现代化工业和传统农业并存；第一产业、第三产业比重小，第二产业比重高，第二产业是以原材料生产为主的重型工业结构；产业结构以传统技术为主。这种结构特征和结构矛盾造成了结构性污染。主要表现在：工业化进程是非农产业迅速发展、非农产业在国民经济中的比重不断提高的过程。在非农产业中，第二产业与第三产业的发展与资源环境的关系呈现不同的特征。第二产业是对资源进行加工的产业，工业生产过程是人类与自然不断进行物质、能量交换的过程，在其他条件（如组织、技术、管理等）不变的前提下，工业规模的扩大必然意味着对资源需求量的增长以及污染物排放量的增加。第三产业是为生产和生活提供服务的产业，在生产过程中与大自然不发生直接、大量的物质、能量交换。因此，第二产业对资源环境的影响比第三产业要大得多。在第二产业内部，轻工业与重工业对资源环境的影响差异很大。同样的工业发展规模中，重工业对资源环境的影响比轻工业大。在重工业中，能源原材料工业对资源环境的影响比深加工产业和技术密集型产业大。以有色、黑色金属开采、冶炼、石油及石油化工、电力、建材等行业（这些行业万元产值能源消耗强度大、排污量大）能源和原材料生产为主的产业结构，能源、资源消耗量大，污染物排放量大，加剧了工业污染程度，加速了生态环境的变化过程。低层次、以不可再生资源开发为主的资源型产业结构，不仅加剧了对资源和能源的需求压力，而且增加了环境污染负荷和治理难度。轻工业部门以传统的棉、毛纺织工业为主，还有大量的小造纸、小皮革、小化工、小建材企业，对空气和水环境都会造成较大危害。我国工业发展进程没有采取西方发达国家先轻工业和加工业（环境污染较轻）后基础工业、重工业（环境污染较重）的发展模式，而是把基础工业放在优先发展的地位，这种"超常结构"必然导致结构性污染。

2．工业化、城市化与环境污染关系

从世界各国的发展历史看，工业化、城市化与环境是紧密相连、不可分割的，工业的扩大生产吸引了人口与资本的集聚，推动了城市化，城市化则为工业化创造了更多的需求。大量数据和研究探讨了各国工业化与城市化之间的关系，国内学者对我国工业化与城市化的关系进行了深入讨论。不过，现有文献或研究工业化与环境，或研究城市化与环境，较少将工业化、城市化与环境置于同一框架中进行研究。

如上所述，工业化与城市化是相互促进、共同发展的，工业化、城市化与环境这三个概念是无法割裂的。首先，工业化发展消耗了大量能源，释放出二氧化硫（SO_2）、烟（粉）尘和化学需氧量（COD）等各种污染物；其次，工业化还为环境污染治理提供了资金来源，这使得环境污染源自工业化，而污染治理在某种程度上又要依赖工业化；最后，城市中人口与工业的超速集中与过度集聚带来了不容忽视的资源环境问题，然而人口与工业的集中又便于有限的环保投资应用于污染治理，从而发挥了更大的治理效力。

按照工业化与城市化的关系演进特点，我们可以将工业化与城市化发展阶段分为起步期、成长期和成熟期。起步期以工业化为核心，推动城市化发展；成长期进入了工业化与城市化的中期阶段，最为明显的特征是二者互动发展；成熟期工业化的作用开始淡化，城市化逐步成为经济发展的重心。因此，成长期面临的环境问题最为严重，该时期不仅是工业化环境问题集中爆发的高峰期，而且是工业集聚与人口集聚的初期，如何解决好工业化、城市化与环境污染三者之间的关系成为解决起步期污染存量的关键，更是成熟期实现生态文明建设的基础。

目前，我国恰恰正处于成长期这一关键时刻。图 2-7 描绘了成长期工业化、城市化与环境污染三者的关系。由图 2-7 可以看出，由于农村人口的迁入和生活方式的改变，生活污染由农村转移至城市。迁入城市的农村人口为工业化的进一步发展提供了劳动力，提高了生活用品需求和住房需求，进一步加剧工业污染。由于城市环境规制更加严格以及环境执法力度的加强，一些污染产业借助农村闲置的宅基地，将生产基地转移至农村，因此部分工业污染也由城市转移至农村。

当然，前提是转移至农村的污染企业没有对城市就业岗位产生太多负面影响。否则，迁入城市的农村人口无法找到合适的工作岗位，从而成为城市贫民，这将造成更为严重的城市环境污染，进入"中等收入陷阱"（如巴西、阿根廷、墨西哥）。

可见，如何实现工业化、城市化与环境的协调发展，关键在于以下几个问题的解决：第一，在污染产业由城市转移至农村的情况下，保证城市仍然能够为转移人口提供足够的就业岗位；第二，在城市化快速发展阶段，人们更多地强调完善城市基础建设，为城市化提供保障，然而此时，工业污染正悄悄从城市转移至农村；第三，在城市规模短期无法改变、城市人口集聚的情况下，如何强化对生活污染的集中处理。

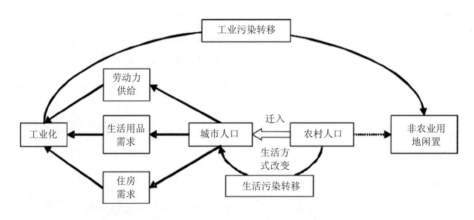

图 2-7　成长期工业化、城市化与环境污染的关系

2.2　城市复合生态问题诊断技术

2.2.1　城市复合生态系统研究进展与理论概述

2.2.1.1　城市复合生态系统国内外研究进展

1925 年，美国芝加哥学派创始人帕克提出了城市生态学的概念，之后城市生

态学得到了迅速发展；1935 年，英国生态学家 A.G. 坦斯黎提出生态系统的概念，进而城市生态系统成为城市生态学的研究重点。第二次世界大战之后，城市化、工业化的快速发展带来了严重的生态破坏和环境污染问题，到 20 世纪六七十年代，形成了以全球变化、人口剧增、资源短缺、环境污染等为主要特征的世界性生态危机。生态危机给人类敲响了警钟，城市生态与环境问题开始日益受到人们的重视，迫使人们从城市生态学的理论与方法中寻求解决城市环境问题的途径。1971 年，联合国推出了著名的人与生物圈计划（MAB），该计划提出加强城市生态系统研究，研究内容包括城市生物、气候、代谢、迁移、土地利用、空间布局、环境污染、生活质量、住宅、城市演替过程等多层面，极大地促进了国际城市生态学理论与方法的发展与完善。20 世纪 70 年代贝里发表了专著《当代城市生态学》，系统地阐述了城市生态学的起源、发展与理论基础，应用多变量统计分析方法研究了城市化过程中的城市人口空间结构、动态变化及其形成机制。1980 年，第二届欧洲生态学学术讨论会，以城市生态系统作为会议的中心议题，从理论、方法、实践、应用等方面对城市生态学进行探索。

　　20 世纪 80 年代，MAB 已对 32 个国家和地区开展了 48 项研究课题，取得了大量的研究成果，其中著名的有香港城市生态系统综合研究、法国某城市生态系统人口空间结构研究、罗马宏观城市生态系统研究、德国法兰克福城市与区域规划研究等。20 世纪 80 年代以后，城市生态环境研究更是异军突起，城市生态系统研究被联合国教科文组织定为 MAB 中的重点项目，各种出版物、论文集和国际学术会议如雨后春笋般出现。

　　在我国，经济快速发展带来的环境问题早已引起有识之士的关注，而问题产生较为集中之地——城市，也成为被广泛关注和研究的热点。20 世纪 50 年代以来，系统科学的发展为全面认识事物提供了科学化的方法，多角度地看待城市问题也成为普遍共识。20 世纪 80 年代，有学者提出了社会—经济—自然复合生态系统的概念，并认为城市是极具代表性的社会—经济—自然复合生态系统。对城市复合生态系统的研究，有助于剖析生态城市的构成和内在规律，基于城市建立的复合生态系统模型，还可为城市规划和城市发展提供原则性指导。

2.2.1.2　城市复合生态系统理论概述

1．概念

国内外学者对城市生态系统的概念提出以下几种观点：①城市生态系统既是以城市为中心、自然生态系统为基础、人的需要为目标的自然再生产和经济再生产相交织的经济生态系统，又是在城市范围内以人为主体的生命子系统、社会子系统和环境子系统等共同构成的有机生态系统。②城市生态系统是一个以人为中心的自然—经济—社会复合的人工生态系统，城市的自然及物理组分是其赖以生存的基础，城市各部门的经济活动和代谢过程是城市生存发展的活力和命脉，而人的社会行为及文化观念则是城市演替与进化的"动力泵"。③城市生态系统是以城市人群为主体，以城市次生自然要素、自然资源和人工物质要素、精神要素为环境，并与一定范围的区域保持密切联系的复杂系统。④城市生态系统是一个以人为中心的社会—经济—自然复合生态系统。《环境科学大辞典》将城市生态系统定义为特定地域内的人口、资源、环境（包括生物的和物理的、社会的和经济的、政治的和文化的）通过各种相生相克的关系建立起来的人类聚居地或社会、经济、自然的复合体。

可见，无论何种定义都表明城市是一个不同于自然生态系统的系统，是一个结构复杂、功能多样、庞大开放的人工生态系统。

2．相关概念辨析

城市可以分为若干个子系统，每一个子系统又包含许多子系统，如果将城市每一个子系统、每一个层次、每一个关联都看作城市的一维，那么城市系统就是一个 N 维巨系统。而城市生态系统一般是相对自然生态系统而言的，只是城市系统里的一个子系统。城市复合生态系统是包括自然维、经济维和社会维的系统，在内涵上则明显大于城市生态系统。

3．城市复合生态系统的组成

城市复合生态系统主要包括 3 个子系统：

（1）社会子系统

该子系统包括人口的生物学结构和人口的社会经济学结构两方面。前者又可分为年龄结构和性别结构；后者从经济学角度可分为城乡人口结构、劳动力结构和职业结构三方面,而从社会学角度则可分为人口素质构成、人口收入构成和人口消费构成三方面。

（2）经济子系统

一般可将经济子系统分为所有制结构、产业结构、投资结构、就业结构、企业结构等几个方面。产业结构可分为第一产业、第二产业和第三产业。第一产业可分为种植业、林业、牧业、副业和渔业等,第二产业可分为轻工业和重工业,第三产业可分为建筑业、运输业、邮电业和商业等。

（3）自然子系统

该系统由土地资源、生物资源、水资源和矿产资源等几个方面组成。土地资源包括农田、人工林、厂地、道路、宅基地等,生物资源包括森林、草地、水生生物等,水资源包括地表水、地下水和土壤水分等,矿产资源包括化石能源、金属矿产等。

2.2.2　经济社会环境协调度分析

人地关系是既涉及自然过程又涉及社会过程的综合概念,一直是人文地理学研究的永恒主题。由于历史的现实转嫁、惯性推动和现阶段的进一步发展,人地关系出现了人口问题、环境污染、粮食短缺、不可更新资源迅速耗竭、可更新资源再生能力丧失等矛盾。

1992 年,联合国环境与发展大会之后,关于环境与经济协调发展的研究受到人们的普遍重视。环境与经济的协调发展与《我们共同的未来》中提出的可持续发展是完全一致的,而且从任何区域范围来看,可持续发展都要求协调社会经济发展与自然资源利用及生态环境的关系。反过来说,可持续发展实质上就是人和自然关系协调发展的规范。协调发展已被全世界公认为处理发展经济和保护环境之间关系的最佳选择,它是保证实现人类社会可持续发展战略目标的必由之路。

在区域发展过程中,经济与环境之间的耦合度是最重要的。在经济发展初期,环境会随着经济的增长而不断恶化,经济发展到一定阶段,环境恶化会得到遏制,并随着经济的进一步发展而好转。经济增长与环境之间的这种倒 U 形关系被称为环境库兹涅茨曲线。许多经验和数据都验证了环境污染与经济发展水平的这种倒 U 形关系的存在。

环境库兹涅茨曲线的转变模式并非一成不变,发展中国家可以借鉴和利用发达国家的经验、技术来控制和治理环境污染,因此,在某种程度上可以避免过去先发展后治理的传统环境转变道路,可以使传统的"突兀"倒 U 形曲线变为"平扁"的倒 U 形曲线。此外,由于发展中国家已明确经济发展与环境保护之间的关系,因此可以促使环境质量转变提前发生。

2.2.3 基于复合生态系统的城市环境规划的方法和模型

2.2.3.1 基于复合生态系统的城市环境规划基本技术

作为以土地使用和城市空间部署为核心的城市规划,其作用就是配置空间资源、保护生态环境、维护社会公平、保障公共安全和公众利益,从而促进城市经济、社会与生态环境协调发展。伴随城市的快速发展,城市规划成为城市可持续发展的动力与保障。因此,解决目前诸多城市问题,充分发挥城市环境规划的作用是关键。

通过对国内外城市规划、环境规划和相关文献的研究,我们提取出 10 项基本技术,为各层次的城市环境规划提供技术支撑,分别为 GIS 地形与建筑环境三维分析技术、生态敏感性评价技术、景观指数分析技术、生态环境承载力评价技术、环境容量分析技术、生态足迹建模分析技术、空间可达性分析技术、城市宜人度分析模型技术、生态安全格局与生态功能区划分析技术、生态安全风险评估技术。

1. GIS 地形与建筑环境三维分析技术

GIS 地形与建筑环境三维分析技术可以作为环境规划中基础数据提取和空间分析的基础性技术。国外以虚拟现实技术(VR)为依托,发展了各种三维虚拟环境技术和系统,能够解决地形与地面纹理重建、三维地物重建、纹理数据提取、真实三维环境集成等核心功能,使城市环境规划中适宜性分析、环境承载力分析、建筑现状分析、土地利用变化分析、空间可达性分析等高级模型得以实现。

2. 生态敏感性评价技术

生态敏感性评价技术是制定环境规划的前提和基础。根据研究对象,可将生态敏感性分析分为三类:单一的生态环境问题敏感性分析、场地的景观生态敏感性分析、城市生态敏感性分析。核心方法有两种：一是通过生态因子评分法和 GIS 技术对城市生态敏感性进行分析和评价，将城市划分为高敏感区、敏感区、弱敏感区和非敏感区；二是以 ArcInfo 系统为平台进行城市生态敏感性分析，通过制定各单因子生态敏感性标准及其权重，对各用地单项生态因素敏感性等级及其权重进行评估，对单因素图进行叠加，再通过加权多因素分析公式进行叠加，得到综合生态敏感性分层。

3．景观指数分析技术

景观指数分析技术是定量测度景观格局及其变化的主要分析方法，在国外环境规划中得到了广泛的应用。该技术采用景观连接度指数、多样性指数、蔓延度指数、形状指数等，对研究区现状生态斑块、廊道与网络进行分析与评价，从而对其中的关键区域与主要问题进行剖析，基于多情景分析提出可能的优化方案，再运用景观指数进行综合比较分析，确定研究区最优的环境规划方案，从而为城市环境规划中的景观定量化分析提供方法。

4．生态环境承载力评价技术

生态环境承载力的内涵包括：资源和环境承载能力大小、生态系统的弹性大小、生态系统可维持的社会经济规模和具有一定水平的人口数量。发达国家在经历工业革命普遍造成的环境问题之后，已经总结出了一定的评价方法技术，主要通过水资源、污染源分析、交通方式及发展、城市生态绿地保护建设等对城市生态环境承载力进行评价，控制和引导城市的建设和发展。我国此项评价工作起步较晚，并将其逐步引入城市总体规划、交通发展规划、产业结构调整和环境政策制定等方面，但评价方式和分析方法有待进一步统一和规范。

5．环境容量分析技术

环境容量指在一定的自然、经济条件下，结合区域环境质量目标，某一区域（空间）范围允许排入区域内污染物的最大量。该技术主要包括水环境容量分析技术和大气环境容量分析技术。

6．生态足迹建模分析技术

生态足迹建模分析技术通过对比自然生态系统所提供的生态足迹（EC）和人类对生态足迹的需求（EF），判断区域中人类对自然生态系统是生态盈余还是生态赤字。

这种技术可以对一个城市或区域的可持续发展能力进行定量评价，即定量表征人类发展对生态的胁迫强度。虽然对生态足迹概念的理解存在差异，使其计算结果受到质疑，然而实践证明，生态足迹建模分析技术可以有效地指导城市与环境规划和建设。

7. 空间可达性分析技术

空间可达性用来表示到达某一空间位置的难易程度，其概念是站在人类需求的立场上，对物质空间诉求的描述，其度量可用空间距离、时间距离或者经济成本等。可靠的空间可达性分析因受大量数据和软件系统的限制，因此在国内还未得到广泛应用，与之有关的概念往往以"影响半径"的形式出现。有研究运用ArcGIS使空间可达性定量化得以突破，并在区域规划、城市总体规划、控制性详细规划、修建性详细规划等各个层次做了深入的挖掘和进一步应用，在确定城市腹地范围、产业转移的可达范围、城市人口和各经济要素的空间精确布局等方面取得了显著成效。

8. 城市宜人度分析模型技术

城市宜人度分析模型技术可以用来评判土地利用空间格局的效率和土地利用政策的实施效果。采用线性模型、半对数模型或双对数模型对研究区的重要生态斑块进行宜人性分析，定量评价其价值，从而有效避免城市的无序扩展和蔓延，为城市规划者和决策者在制定城市发展规划、空间规划、城市发展政策时提供科学的依据和参考。

9. 生态安全格局与生态功能区划分析技术

生态安全是人类在生产、生活与健康等方面不受生态破坏与环境污染等影响的保障程度，包括饮用水与食物安全、空气质量与绿色环境等基本要素。针对生态环境问题中生物多样性信息缺乏、生态系统功能的不确定性、生态系统开放性和联系性尺度经常超越行政管理界限、公众的观念阻碍等问题，生态安全格局分析技术包括生态系统健康诊断技术、区域生态风险分析技术、景观安全格局构建技术、生态安全实时监测评估与预警技术以及生态安全管理保障技术等。

10. 生态安全风险评估技术

生态安全风险评估技术是对城市系统存在的生态安全风险进行定性或定量评估，评价系统发生事故和灾害的可能性及严重程度。定量风险评价方法（QRA）

是最主要的方法，即在重大危险源辨识的基础上，以系统事故风险率表示危险性的大小。发达国家从 20 世纪 70 年代开始使用区域定量风险评价方法研究土地使用安全规划问题，并取得了良好的应用效果。以上技术可以为城市环境规划的制定提供思路上的支撑和借鉴，但是不同背景下，不同层面的环境规划制定尚需不同的方法体系。

2.2.3.2 基于复合生态系统的城市环境规划系统模型

1971 年，联合国教科文组织率先将城市与生态系统联系起来。该组织提出应将城市、近郊和农村看作一个复合系统，并以区域的视角，研究大范围内城市分布格局和城市问题，并把城市生态系统写入 MAB 的第 11 项专题。这意味着城市本身既是一个系统，又是在一个更大系统内的组成部分，城市的成本与价值必须在更大的范围内才能得以完整体现。

马世骏和王如松于 1984 年最早提出自然—经济—社会复合生态系统的概念，并认为城市作为生态、生产、生活的重要载体，以密集的人流、物流、能流和高强度的区域环境影响为特征，是大尺度人口、资源、环境影响的微缩生态景观，是极具代表性的复合生态系统，即强调以人的行动为主导、以自然环境为依托、以资源流动为命脉、以社会体制为经络的城市复合系统。三个系统间具有互为因果制约与互补关系，城市可持续发展的关键是辨识并综合三个子系统在时间、空间、过程、结构和功能层面的耦合关系，并对三个系统进行了初步细化，揭示复合生态系统的构成。

复合生态系统理论在学者的不断研究演进下，发展和改进了城市复合生态系统的构成模型。在自然、经济、社会三个系统的区域生态框架内对每个系统进行详细划分，三个系统可以分为若干个子系统，如自然系统细分为土地、生物、水、空气等子系统，经济系统细分为建筑、交通、产业等子系统，社会系统细分为就业、医疗、文娱等子系统。

根据上述研究，本书对城市复合生态系统的各个子系统进行整合优化，将三大系统划分为六个子系统，其中自然系统包括两个子系统：①自然生态系统，包括地形地貌、生态格局、气候；②环境要素系统，包括水、气等。经济系统包括两个子系统：①经济发展系统，包括各产业经济发展、布局、结构等；②城乡建设系统，包括城乡人居建筑、基础设施等。社会系统包括两个子系统：①社会生活系统，包括基本公共服务、生活方式等；②社会文化系统，包括社会文明、社会道德等，如图 2-8 所示。六个子系统相互制约、相互作用，作用的方式和效果与城市发展方向、发展动力密切相关，也是美丽城市建设的重要架构。

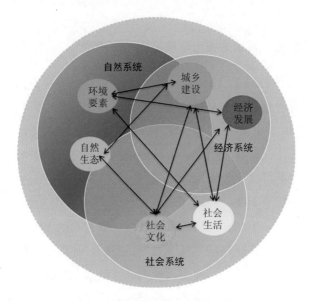

图 2-8   城市复合生态系统结构及运行机制

2.3   城市环境经济形势分析方法

城市环境经济形势分析过程中应用的技术方法包括工业化进程测算、环境经济预警模型、环境经济预测模型、投入产出模型、环境 CGE 模型等方法的具体实践，以上方法以国家层面的应用为主，可以引申到城市环境经济形势分析中，服务于城市环境经济形势的判断。

2.3.1　中长期形势分析预测

2.3.1.1　经济发展预测

经济发展预测既包括对经济发展总体阶段的把握，也包括对经济规模、人均 GDP 增长、三大产业结构及制造业增长等的预测，此外，对产业布局、结构等形势变化也需要进行描述分析。

1. 情景预测法

情景预测法的核心内容是经济事件情景的设定和选择。所谓情景是指对经济事件未来可能出现的状态及通向这一状态途径的描述。一般来说，经济增长状态受到未来发展环境变化的影响，并且可能还会受到突发事件的影响，这种情况使经济增长具有不确定性，构成了各种环境情景，导致经济增长呈现不同的状态。对于任何经济都可设定大量情景，但仅有少数情景有出现的可能，因此需要进行分析、选择，如图 2-9 所示。

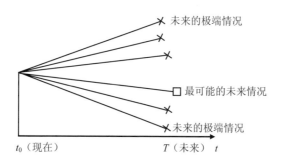

图 2-9　经济增长情景

为保证充分预估城市发展的各种形势，一般采用情景预测法，从测算城市潜在增长能力入手，对不同时段的经济增长、三大产业比例、工业增长等经济发展指标进行定量预测。

①基准情景。在国际、国内、省内及相关政策机制无明显波动的情景下，预期城市经济将根据外部经济环境、贸易形势及改革等影响因素，按原有发展形势保持平稳增长。在城市环境总体规划中，一般将近期全市经济社会发展规划目标

值作为基准值进行分析。

②低限情景。低限情景一般出现在国际、国内及省内大发展环境整体滞后，经济发展的政策、制度等红利优势无法充分发挥，工业、产业结构调整滞后的情景中，经济增长整体步入低迷增长期，这是经济增长的低限情景。

③高限情景。一般而言，在大的环境持续向好，经济增长的劳动力、土地、资本、人才等各种生产要素供给状况较为良好，国家及省（区、市）各项政策制度得到有效发挥的情景下，经济增长将保持高限情景。

2．Logistics 回归预测模型

Logistics 回归是一种广义的线性回归分析模型，常用于数据挖掘、经济预测等领域，自变量既可以是连续的，也可以是分类的。通过 Logistics 回归分析，可得到自变量的权重，从而大致了解经济增长的主要影响因素，并根据该权重值，预测经济增长、产业结构变动的可行性。初始模型为：$p = L(w'x+b)$，根据 p 与 $1-p$ 的大小决定因变量的值。如果 L 是 Logistics 函数，则表示 Logistics 回归，如果 L 是多项式函数，则表示多项式回归。

Logistics 回归的因变量既可以是二分类的，也可以是多分类的，但是二分类的更为常用，也更加容易解释，多分类的可以使用 Softmax 方法进行处理。

在 Logistics 回归中，评价模型拟合度的指标主要有 Pearson χ^2、偏差（Deviance）、Hosmer-Lemeshow（HL）指标、Akaike 信息准则（AIC）、SC 指标等。Pearson χ^2、偏差主要用于自变量不多且为分类变量的情况，当自变量增多且含有连续型变量时，用 HL 指标则更为恰当。Pearson χ^2、偏差、HL 指标值均服从 χ^2 分布，当 χ^2 检验无统计学意义（$P>0.05$）时，则表示模型拟合得较好，当 χ^2 检验有统计学意义（$P \leqslant 0.05$）时，则表示模型拟合得较差。AIC 和 SC 指标还可用于比较模型的优劣，当拟合多个模型时，可以将不同模型按其 AIC 和 SC 指标值进行排序，AIC 和 SC 值较小者一般认为模型拟合得更好。

3．时间序列法

回归分析法是从经济增长内部各组成之间的因果关系入手，但如果无法获得错综复杂或有影响因素的数据时，建议使用时间序列法。时间序列法是依据预测对象过去的统计数据，找到其随时间的变化规律并建立时序模型，进而推断未来数值的方法。模型公式为

$$F_{t+1} = \alpha Y_t + (1-\alpha)F_t \qquad\qquad （2\text{-}1）$$

式中，F_{t+1} —— $t+1$ 期的指数平滑趋势预测值；

　　　F_t —— t 期的指数平滑趋势预测值；

　　　Y_t —— t 期实际观察值；

　　　α —— 权重系数，也称为指数平滑系数。

2.3.1.2　人口规模预测

城市人口规模的预测包括户籍人口预测和暂住人口预测两部分。户籍人口预测主要采用弹性系数法、综合增长率法以及回归分析法。暂住人口预测，一般在户籍人口预测规模的基础上，根据暂住人口比计算得出。

1．户籍人口预测

弹性系数法。这是分析密切相关的两个经济变量之间相互影响的一种有效方法。人口增长与经济增长是密切相关的，人口增长随着国民经济的增长而增长。采用弹性系数法，关键是求出弹性系数（E），即：E=GDP 增长率/人口增长率。根据历史回归求得平均弹性系数，并结合城市全域经济发展规划目标，分析预测未来市域平均增长情况，预测分阶段经济增长率，按照人口增长率=GDP 增长率/平均弹性系数，计算户籍人口数量。

综合增长率法。根据人口自然迁移增长率的变化趋势，采用指数方程预测规划期户籍人口规模。以城市前 10 年户籍人口统计数据计算年平均增长率（K）的值。在求出 K 值之后，以人口数据为基值，分别取 n=5 和 n=10，计算得出未来户籍人口数。

回归分析法。主要以年份为自变量，以户籍人口为因变量，建立回归方程。选取前 10 年户籍人口数据，绘制散点图。通过 SPSS 选取曲线模型，选取判断系数最高、拟合度好的模型进行回归预测，并进行显著性检验和回归系数的显著性检验。

2．暂住人口预测

城市暂住人口的规模通常与城市的社会经济发展速度、户籍人口规模、流动人口控制政策等多种因素有关。假定城市持续稳定发展，流动人口控制政策与城市发展及户籍人口状况相协调，则可以设定流动人口与户籍人口之间有一个相对的比例关系存在（即暂住人口比），并根据户籍人口的预测值预测对应的暂住人口数值。

3．人口规模空间分布

为做到精细化管控城市人口增长空间布局、人口流动规律，识别人口增长的环境压力，需要结合上述方法以及未来城市发展的主要产业、建设布局，识别城市各市、区（县）的人口增长规模及布局变动。

2.3.2　结构分解模型

2.3.2.1　工业行业污染综合评价分析

综合测度工业行业污染物排放评价模型的方法较多，如优劣解距离法（TOPSIS）、灰色关联度分析法、因子分析法、人工神经网络法等。本书主要对行业污染负荷进行比较排序，依据方法的适用性，选择 TOPSIS 对行业污染负荷和产出效益分别进行综合测度。

1．综合测度方法与指标体系

（1）TOPSIS 的测度原理

TOPSIS（Technique for Order Preference by Similarity to an Ideal Solution）属于客观赋值的多目标综合评价方法。利用各评价对象的综合指标，计算各评价对象与理想目标的接近程度并排序，并将结果作为评价各个对象相对优劣的依据。其优点是评价对象从实际数据统计中得出，避免了主观因素的干扰；应用方便，对数据分布、样本量、指标多少无严格要求，具有应用范围广、几何意义直观、信息失真小等特点。TOPSIS 的主要评价步骤如下：

①取评价指标。假定有 n 个评价对象，m 个评价指标，原始数据矩阵可表示为

$$\boldsymbol{X} = (\boldsymbol{X}_{ij})_{n \times m} = \begin{Bmatrix} b_{11} & b_{12} & \cdots & b_{1m} \\ b_{21} & b_{22} & \cdots & b_{2m} \\ \cdots & \cdots & \cdots & \cdots \\ b_{n1} & b_{n2} & \cdots & b_{nm} \end{Bmatrix} n \times m, \quad i = 1, 2, \cdots, n, j = 1, 2, \cdots, m \quad (2\text{-}2)$$

②对原始数据进行归一化处理。一般评测对象的指标计量单位不同，直接代

入计算会影响计算结果，需进行无量纲化处理。计算方法如下：

$$Z_{ij} = \frac{X_{ij}}{\sqrt{\sum_{i=1}^{n} X_{ij}^2}} \text{ 或 } Z_{ij} = \frac{1/X_{ij}}{\sqrt{\sum_{i=1}^{n} 1/X_{ij}^2}} \tag{2-3}$$

③对评价指标赋予权重。采用变异系数法确定评价指标的权重，即求出不同指标的均值$[E(b_{ij})]$和标准差（S_j），再求出各指标的变异系数（V_j），最后确定权重（W_j）。$V_j = S_j / E(b_{ij})(j = 1, 2, \cdots, n)$，$W_j = V_j / \sum_{j=1}^{n} V_j \ (j = 1, 2, \cdots, n)$，由权重（$W_j$）和经过归一化处理的数据构造规范化决策矩阵（$Z$），即

$$Z = (Z_{ij})_{n \times m} = \begin{cases} z_{11} & z_{12} & \ldots & z_{1m} \\ z_{21} & z_{22} & \ldots & z_{2m} \\ \ldots & \ldots & \ldots & \ldots \\ z_{n1} & z_{n2} & \ldots & z_{nm} \end{cases} n \times m \tag{2-4}$$

④确定理想解（Z^+）与负理想解（Z^-）。

$$Z^+ = (Z_{\max 1}, Z_{\max 2}, \cdots, Z_{\max m}), \quad Z^- = (Z_{\min 1}, Z_{\min 2}, \cdots, Z_{\min m}) \tag{2-5}$$

⑤计算第 i 个评价对象与正、负理想解的距离 S^+、S^-。

$$S_i^+ = \sqrt{\sum_{j=1}^{m} (Z_{\max j} - Z_{ij})^2}, \quad S_i^- = \sqrt{\sum_{j=1}^{m} (Z_{\min j} - Z_{ij})^2} \tag{2-6}$$

⑥计算第 i 个评价对象与理想解的相对接近程度（C_i）。

$$C_i = S_i^- / (S_i^+ + S_i^-), \quad i = 1, 2, \cdots, n \tag{2-7}$$

（2）行业与测度指标选择

根据最新国民经济行业分类标准，将工业行业分为 41 个大类。在测度城市污染排放时，一般分为工业废水排放总量、工业 COD 排放量、工业氨氮（$NH_3\text{-}N$）排放量、工业废气排放总量、工业 SO_2 排放量、工业氮氧化物（NO_x）排放量、工业烟（粉）尘排放量、工业总产值、工业企业利润等 9 个环境经济指标，分别测度分行业水污染负荷、大气污染负荷和产出效益。分行业环境经济综合评价指标见表 2-7。

表 2-7　分行业环境经济综合评价指标

分类	指标选取
水污染负荷	工业废水排放总量、工业 COD 排放量、工业 NH$_3$-N 排放量
大气污染负荷	工业废气排放总量、工业 SO$_2$ 排放量、工业 NO$_x$ 排放量、工业烟（粉）尘排放量
产出效益	工业总产值、工业企业利润

（3）分行业环境经济综合测度

根据 TOPSIS 综合评价原理及步骤，对分行业的水污染负荷、大气污染负荷、产出效益分别进行综合评价，计算每个行业的 C_i 值，C_i 值越大表明环境污染越严重或产出效益越高。

2．分要素环境经济协调度分析

当污染负荷综合评价指标呈上升趋势时，行业污染排放绩效不一定变差。当产出效益增速快于污染负荷时，单位污染负荷的产出效益提升，环境与经济更加协调。本书采用环境经济协调度指标来评价行业污染排放的绩效水平，环境经济协调度=产出效益评价指标/污染负荷综合评价指标。当环境经济协调度上升时，行业污染负荷的产出效益提高，当环境经济协调度下降时，污染负荷的产出效益降低。

2.3.2.2　环境主要问题识别

总量指标是最直观和最容易分辨一个行业资源环境状况的指标。通过对一个行业污染物排放总量的统计分析，可以了解某个行业在各种因素（包括产业调整、技术进步和相关行业政策）的影响下其污染物排放的总体状况。

近年来，分解模型被广泛引入研究，以确定各种机制的相对重要性，特别是确定结构变化对降低污染的贡献度。基本的分解模型将污染变化分解为经济规模扩大导致的规模效应、经济结构变化导致的结构效应以及各部门污染强度变化导致的技术效应，其扩展模型可以进一步将技术效应分解为能源组成、能源效率和其他技术效应。由于分解模型分离出各种可能机制对污染变化的贡献度，这为分析污染变化的主要影响因素提供了实证支撑，因此该模型受到越来越多的重视。本书使用 De Bruyn 分解模型对 COD 排放量变化因素进行分析，其基本公式为

$$E_t = V_t \sum_i S_{it} I_{it} \qquad (2\text{-}8)$$

式中，E_t —— t 年 COD 排放量，t；

V_t —— t 年分行业的工业总产值，万元；

S_{it} —— t 年工业行业 i 的工业总产值份额（$S_{it} = V_{it}/V_t$）；

I_{it} —— 工业行业 i 的 COD 排放强度（$I_{it} = E_{it}/V_{it}$），t/万元。

式（2-8）表示污染排放的变化来自 V_t 的变化（规模效应）、S_{it} 的变化（结构效应）和 I_{it} 的变化（技术效应）。规模效应指由于工业总产值的变化所产生的 COD 排放量；结构效应指由于各行业工业总产值份额变化所造成的 COD 排放量变化；技术效应指造成 COD 排放强度变化的各种因素的综合。在数据充分的条件下，式（2-8）可将 I_{it} 进一步分解，I_{it} 一方面取决于单位产出的 COD 产生量，另一方面取决于所产生的 COD 的排放比例。用 E_{it}^* 表示工业行业 i 的污染产生量，并分别定义 $I_{it}^* = E_{it}^*/V_{it}$ 为工业行业 i 的 COD 污染排放强度，$R_{it} = E_{it}/E_{it}^*$ 为工业行业 i 的 COD 排放率，则有

$$I_{it} = \frac{E_{it}}{V_{it}} = \frac{E_{it}^*}{V_{it}} \times \frac{E_{it}}{E_{it}^*} = I_{it}^* R_{it} \qquad (2\text{-}9)$$

式中，V_{it} —— t 年工业行业 i 的工业总产值，万元；

E_{it} —— t 年工业行业 i 的 COD 排放量，t。

I_{it}^* 越低表示生产技术清洁度越高，R_{it} 越低表示污染治理度越强。将式（2-9）代入式（2-8），则有

$$E_{it} = V_t \sum_i S_{it} I_{it} = V_t \sum_i S_{it} I_{it}^* R_{it} \qquad (2\text{-}10)$$

式（2-10）表示 COD 排放量的变化来自 V_t 的变化（规模效应）、S_{it} 的变化（结构效应）、I_{it}^* 的变化（清洁技术效应）和 R_{it} 的变化（循环利用效应），从而分离出清洁技术和污染治理对减少污染的贡献度。这里清洁技术效应指造成 COD 产生强度变化的各种因素的综合，循环利用效应指造成 COD 排放率变化的各种因素的综合。

同理，将此模型应用于水资源消耗量变化的分析中，则有

$$C_t = V_t \sum_i S_{it} I'_{it} = V_t \sum_i S_{it} I'^{*}_{it} R_{it} \tag{2-11}$$

式中，C_t——t 年统计行业的新鲜水资源消耗量，t；

I'_{it}——t 年工业行业 i 的水耗强度（$I'_{it} = C_{it}/V_{it}$），t/万元；

C_{it}——t 年工业行业 i 的新鲜水资源消耗量，t。

$I'^{*}_{it} = C^{*}_{it}/V_{it}$ 为工业行业 i 的用水强度，C^{*}_{it} 表示工业行业 i 的用水总量，$R_{it} = C_{it}/C^{*}_{it}$ 为工业行业 i 的新鲜水耗用率。

式（2-11）表示水资源消耗量的变化来自 V_t 的变化（规模效应）、S_{it} 的变化（结构效应）和 I_{it} 的变化（技术效应）。如果数据充分，技术效应可以继续分解为 I^{*}_{it} 的变化（清洁技术效应）和 R_{it} 的变化（循环利用效应），从而分离了清洁技术和循环利用效应对减少水耗的贡献。

如果要将 COD 和水耗变化量完全归入各种效应，则需要处理分解余量。目前，广泛使用的方法包括分解法、固定权重法、适应权重法、平均分配余量法等。本书利用分层次的分解法以实现对污染排放或资源消耗变化的完全分解，并将 COD 排放和水耗总量（G_{tot}）变化分解为规模效应（G_{sca}）、结构效应（G_{str}）、清洁技术效应（G_{tec}）和循环利用效应（G_{aba}），见式（2-12）。计算公式分别见式（2-13）至式（2-17）。

$$G_{tot} = G_{sca} + G_{str} + G_{tec} + G_{aba} \tag{2-12}$$

$$G_{sca} = g_V \left(1 + \frac{1}{2} g_I \right) \tag{2-13}$$

$$G_{str} = \sum_i e_{i0} g_{Si} \left(1 + \frac{1}{2} g_{Ii} \right)\left(1 + \frac{1}{2} g_V \right) \tag{2-14}$$

$$G_{int} = \sum_i e_{i0} g_{Ii} \left(1 + \frac{1}{2} g_{Si} \right)\left(1 + \frac{1}{2} g_V \right) \tag{2-15}$$

$$G_{tec} = \sum_i e_{i0} g_{I^{*}_i} \left(1 + \frac{1}{2} g_{Ri} \right)\left(1 + \frac{1}{2} g_{Si} \right)\left(1 + \frac{1}{2} g_V \right) \tag{2-16}$$

$$G_{aba} = \sum_i e_{i0} g_{Ri} \left(1 + \frac{1}{2} g_{I^{*}_i} \right)\left(1 + \frac{1}{2} g_{Si} \right)\left(1 + \frac{1}{2} g_V \right) \tag{2-17}$$

计算 COD 排放和水耗变化的各种效应时，$G_{tot} = (E_t - E_0)/E_0$，为 t 年相对于基年的 COD 排放量变化，$e_{i0} = E_{i0}/E_0$ 为基年工业行业 i 的污染份额；当计算水耗变化的各种效应时，$G_{tot} = (C_t - C_0)/C_0$，为 t 年相对于基年的水耗变化率，$e_{i0} = C_{i0}/C_0$ 为基年工业行业 i 的水耗份额；$g_x = (x_t - x_0)/x_0$ 为 t 年变量 x 相对于基年的变化率，x 代表 V、I、S_{it}、I_{it}、I_{it}^* 和 R_{it}。

2.3.3　环境经济预测模型

2.3.3.1　环境质量与宏观变量关联模型

大气环境质量与自然禀赋和人类活动紧密相关。为预测城市中长期大气环境形势，需对大气环境质量与相关自然禀赋、经济、社会、能源等指标开展定量化研究，分析经济社会发展水平及结构变化与大气环境质量的响应关系，从而定量分析中长期环境形势。

大气环境质量与自然地理条件、经济总量、产业结构、工业内部结构、能源消费总量和结构、城镇化发展水平等高度相关。根据数据的可获得性，按照《环境空气质量标准》（GB 3095—2012）以及城市新空气质量标准监测数据，利用 WRF 耦合 CALMET 模型计算出城市通风强度 A 值，作为空气扩散条件评估数据，并结合降水量、经济总量、三大产业比重、能源强度、人口密度等指标开展定量分析。根据分析的影响结果，对未来大气环境质量改善目标进行预估。

2.3.3.2　污染物排放预测模型

参考主要污染物总量控制技术指南，对城市未来中长期污染物排放新增量进行预测，其中部分重点行业、重点领域及产品排放系数参照相关技术标准。

1. 水污染物新增量预测方法

水污染物新增量预测包括工业、城镇生活两个领域。

（1）工业主要水污染物新增量预测

工业主要水污染物新增量预测采用排放系数法进行测算，测算公式如下：

$$E_{工业} = \sum_{i=n}^{n} E_{涉水行业i} \tag{2-18}$$

$$E_{涉水行业i} = \sum ef_j \times (P_{j目标年} - P_{j基准年}) \times 10^{-3} \qquad (2\text{-}19)$$

式中，$E_{涉水行业i}$ —— 第 i 个涉水行业的新增排放量，t；

ef_j —— 第 i 个重点行业第 j 类产品排污系数，kg/t；

$P_{j目标年}$ —— 目标年第 j 类产品产量，t，产品产量优先按照该行业发展规划
等规划文件中的数据取值，如果无相关规划，则综合行业、产
品平均增长率测算；

$P_{j基准年}$ —— 基准年第 j 类产品产量，t。

（2）城镇生活主要水污染物新增量预测

城镇生活主要水污染物新增量预测采用综合产污系数法，计算公式如下：

$$E_{生活} = (P_{规划期人口} - P_{基准期人口}) \times e_{综合} \times D \times 10^{-3} \qquad (2\text{-}20)$$

式中，$P_{规划期人口}$ —— 规划测算的到目标年的城镇人口数，万人；

$P_{基准期人口}$ —— 基准期城镇人口数，万人；

$e_{综合}$ —— 人均综合产污系数，g/（人·d）；可结合城市综合产物系数均值；

D —— 按 365 d 计。

2．大气污染物新增量预测方法

大气污染物主要包括 SO_2、NO_x 及 VOCs 新增排放量的测算。

（1）SO_2 新增量预测

SO_2 新增量包括电力、钢铁、船舶和其他四部分。一般而言，行业增加值根
据相关领域发展规划取值，没有发展规划的可根据增长率及发展态势进行预测。

$$E_{SO_2} = E_{电力SO_2} + E_{钢铁SO_2} + E_{船舶SO_2} + E_{其他SO_2} \qquad (2\text{-}21)$$

式中，E_{SO_2} —— 规划期 SO_2 新增量，万 t；

$E_{电力SO_2}$ —— 规划期电力行业 SO_2 新增量，万 t；

$E_{钢铁SO_2}$ —— 规划期钢铁行业 SO_2 新增量，万 t；

$E_{船舶SO_2}$ —— 规划期船舶 SO_2 新增量，万 t；

$E_{其他SO_2}$ —— 规划期其他行业 SO_2 新增量，万 t。

①电力行业 SO_2 新增量采用排放绩效法进行预测。

$$E_{\text{电力SO}_2} = (D_{\text{发电增}} + D_{\text{等效电增}}) \times \text{GPS}_{\text{电力SO}_2} \times 10^{-3} \qquad (2\text{-}22)$$

式中，$D_{\text{发电增}}$——规划期新增发电量，kW·h；

$\quad\quad D_{\text{等效电增}}$——规划期将热电联产机组供热部分折算成等发电量，kW·h；

$\quad\quad \text{GPS}_{\text{电力SO}_2}$——燃煤机组 SO_2 排放绩效值，g/（kW·h）。

②钢铁行业 SO_2 新增量采用排放绩效法进行预测。

$$E_{\text{钢铁SO}_2} = P_{\text{钢铁增}} \times \text{GPS}_{\text{钢铁SO}_2} \times 10^{-3} \qquad (2\text{-}23)$$

式中，$P_{\text{钢铁增}}$——规划期生铁产量的增长量，万 t，根据行业发展规划取值；

$\quad\quad \text{GPS}_{\text{钢铁SO}_2}$——吨生铁 SO_2 排放绩效值，kg/t（生铁）。

③纳入船舶 SO_2 排放总量控制的部分包括内河船舶、沿海船舶、远洋舶在近海的排放，新增量采用单位船舶货物和旅客周转量排污系数法进行预测，测算公式如下：

$$E_{\text{船舶SO}_2} = \sum_{i=1}^{n}(Z_{\text{货增}i} + Z_{\text{客增}i} \times H) \times \text{PX}_i \qquad (2\text{-}24)$$

式中，$Z_{\text{货增}i}$——规划期不同类型船舶货物周转量的新增量，万 t·km，可根据近年来船舶货物周转量平均增速进行预测；

$\quad\quad Z_{\text{客增}i}$——规划期不同类型船舶旅客周转量的新增量，万人·km，可根据近年来船舶旅客周转量平均增速进行预测；

$\quad\quad H$——每个船舶旅客的平均体重，一般按照 0.065 计算，t/人；

$\quad\quad \text{PX}_i$——不同类型船舶的燃油硫含量，t/（万 t·km），为燃油硫含量、周转量油耗系数与硫转化为 SO_2 系数的乘积，若周转量油耗系数取 50 kg/（万 t·km），则硫转化为 SO_2 的系数取 2。燃油硫含量根据当地实际情况取值，若无数据的，可根据油品标准取值。

纳入计算的远洋船舶货物、旅客周转量公式如下：

$$Z_{\text{货增}} = Z_{\text{统计货增}} \times \frac{200}{L_{\text{货}}} \qquad (2\text{-}25)$$

$$Z_{\text{客增}} = Z_{\text{统计客增}} \times \frac{200}{L_{\text{客}}} \qquad (2\text{-}26)$$

式中，$Z_{统计货增}$ —— 远洋船舶统计货物周转量，万 t·km；

$\quad\quad Z_{统计客增}$ —— 远洋船舶统计旅客周转量，万人·km；

$\quad\quad L_{货}$ —— 远洋船舶货物运输平均运距，km；

$\quad\quad L_{客}$ —— 远洋船舶旅客运输平均运距，km。

④除电力、钢铁、船舶以外，其他行业 SO_2 新增量可采用宏观方法进行预测。有条件的省份结合本地实际情况，可选择焦化、平板玻璃、有色金属、石化等行业分别进行预测。预测方法如下：

a．宏观预测

SO_2 新增量可参考以下方法进行宏观预测。

$$E_{其他SO_2} = M_{其他增} \times q_{其他SO_2} \times (1-k) \times 10^{-3} \quad\quad （2\text{-}27）$$

式中，$M_{其他增}$ —— 除电力、钢铁等行业外的其他行业煤炭消费新增量，万 t，根据基准年该部分煤炭消费量占全社会煤炭消费量的比例和规划期全社会煤炭消费增量计算；

$\quad\quad q_{其他SO_2}$ —— 基准年其他行业单位煤炭消费量的 SO_2 排放强度，kg/t 煤，规划编制阶段可根据基准期其他行业 SO_2 排放强度和近年来平均变化趋势进行推算；

$\quad\quad k$ —— 规划期其他行业 SO_2 排放强度下降比例，%，根据平均排放强度下降比例计算。

b．分行业预测

焦化、平板玻璃、有色金属和石化行业 SO_2 新增量可参考钢铁行业 SO_2 新增量测算方法，根据该行业产品产量增量和排放绩效进行预测。

（2）NO_x 新增量预测

NO_x 新增量包括电力、水泥、移动源和其他四部分。行业主要增加值根据相关领域规划取值，没有相关规划的，可根据平均增长率及发展态势进行预测。

$$E_{NO_x} = E_{电力NO_x} + E_{水泥NO_x} + E_{移动源NO_x} + E_{其他NO_x} \quad\quad （2\text{-}28）$$

式中，E_{NO_x} —— 规划期 NO_x 新增量，万 t；

$\quad\quad E_{电力NO_x}$ —— 规划期电力行业 NO_x 新增量，万 t；

$E_{水泥\,NO_x}$ —— 规划期水泥行业 NO_x 新增量，万 t；

$E_{移动源\,NO_x}$ —— 规划期移动源 NO_x 新增量，万 t；

$E_{其他\,NO_x}$ —— 规划期其他行业 NO_x 新增量，万 t。

①电力行业 NO_x 新增量采用单位发电量绩效法进行预测。

$$E_{电\,NO_x} = (D_{发电增} + D_{等效电}) \times GPS_{NO_x} \times 10^{-2} \tag{2-29}$$

式中，GPS_{NO_x} —— 规划期燃煤机组 NO_x 排放绩效值，g/（kW·h）。

②水泥行业 NO_x 新增量根据水泥产量增长量和排放绩效预测。

$$E_{水泥\,NO_x} = P_{水泥增} \times GPS_{水泥\,NO_x} \times 10^{-3} \tag{2-30}$$

式中，$P_{水泥增}$ —— 规划期水泥产量的增长量，万 t；

$GPS_{水泥\,NO_x}$ —— 水泥行业 NO_x 排放绩效值，kg/t 熟料。

③移动源。NO_x 新增量预测包括机动车、工程机械与农业机械、船舶三类新增量的预测。机动车中的摩托车 NO_x 新增量暂按 0 处理。

$$E_{移动源\,NO_x} = E_{机动车\,NO_x} + E_{工程机械\,NO_x} + E_{农业机械\,NO_x} + E_{船舶\,NO_x} \tag{2-31}$$

式中，$E_{移动源\,NO_x}$ —— 规划期移动源 NO_x 新增量，万 t；

$E_{机动车\,NO_x}$ —— 规划期机动车 NO_x 新增量，万 t；

$E_{工程机械\,NO_x}$ —— 规划期工程机械 NO_x 新增量，万 t；

$E_{农业机械\,NO_x}$ —— 规划期农业机械 NO_x 新增量，万 t；

$E_{船舶\,NO_x}$ —— 规划期船舶 NO_x 新增量，万 t。

a. 机动车、工程机械、农业机械

机动车、工程机械、农业机械 NO_x 新增量采用单位活动水平排污系数法预测。

b. 船舶

船舶 NO_x 排放新增量计算参照船舶 SO_2 新增量计算方法。NO_x 排放系数为周转量油耗系数与单位油耗排放因子的乘积。

④其他行业。除电力、水泥和移动源以外，其他行业的 NO_x 新增量可采用宏观方法进行预测。有条件的省份可结合本地实际情况，可选择钢铁、焦化、平板玻璃等行业分别进行预测。

a. 宏观预测

NO$_x$ 新增量可参考以下方法进行宏观预测，其中涉气的其他行业 NO$_x$ 新增量可根据除电力行业外天然气消费增量和排污绩效进行预测：

$$E_{其他\,NO_x} = M_{其他煤增} \times q_{其他煤\,NO_x} \times 10^{-3} + M_{其他气增} \times q_{其他气\,NO_x} \times 10^{-3} \qquad （2\text{-}32）$$

式中，$M_{其他煤增}$ —— 除电力、水泥等行业外的其他行业煤炭消费新增量，万 t；

$M_{其他气增}$ —— 除电力行业外的其他行业天然气消费新增量，亿 m^3；

$q_{其他煤\,NO_x}$ —— 基准年其他行业单位煤炭消费量的 NO$_x$ 排放强度，kg/t 煤；

$q_{其他气\,NO_x}$ —— 基准年其他行业单位天然气消费量的 NO$_x$ 排放强度，kg/万 m^3。参照燃气（天然气）锅炉按 18.71 kg/万 m^3 取值。

b. 分行业预测

钢铁、焦化和平板玻璃等行业 NO$_x$ 新增量可参考水泥行业 NO$_x$ 新增量预测方法，根据该行业产品产量增量和排放绩效进行预测。

钢铁行业 NO$_x$ 排放绩效为 1.78 kg/t 生铁。焦化行业 NO$_x$ 排放绩效根据本地焦炉炉型构成比例核算。平板玻璃行业单位产品 NO$_x$ 排放绩效值为 0.14 kg/重量箱。

（3）VOCs 新增量预测

VOCs 新增量包括工业源、生活源、移动源三部分。

①工业源 VOCs 新增量采用分行业的方法进行预测，按照石化、化工、印刷以及其他行业分别测算。

$$E_{工业\,VOCs} = E_{石化\,VOCs} + E_{化工\,VOCs} + E_{印刷\,VOCs} + E_{其他\,VOCs} \qquad （2\text{-}33）$$

式中，$E_{工业\,VOCs}$ —— 规划期工业源 VOCs 新增量，万 t；

$E_{石化\,VOCs}$ —— 规划期石化行业 VOCs 新增量，万 t；

$E_{化工\,VOCs}$ —— 规划期化工行业 VOCs 新增量，万 t；

$E_{印刷\,VOCs}$ —— 规划期印刷行业 VOCs 新增量，万 t；

$E_{其他\,VOCs}$ —— 规划期其他行业 VOCs 新增量，万 t。

a. 石化行业

石化行业 VOCs 新增量根据纯炼油企业与炼化一体企业的原油加工量增长量采用排放系数法进行测算。

$$E_{\text{石化VOCs}} = P_{\text{炼油增}} \times ef_{\text{炼油VOCs}} \times 10^{-3} + P_{\text{炼化一体增}} \times ef_{\text{炼化一体VOCs}} \times 10^{-3} \quad (2\text{-}34)$$

式中，$P_{\text{炼油增}}$ —— 规划期纯炼油企业原油加工量增长量，万 t；

$ef_{\text{炼油VOCs}}$ —— 纯炼油企业单位原油加工量的 VOCs 排放系数，按 2 kg/t 取值；

$P_{\text{炼化一体增}}$ —— 规划期炼化一体企业原油加工量增长量，万 t；

$ef_{\text{炼化一体VOCs}}$ —— 炼化一体企业单位原油加工量的 VOCs 排放系数，按 3 kg/t 取值。

b. 化工、印刷以及其他行业

化工、印刷以及其他行业 VOCs 新增量根据各行业的工业增加值增长量采用排放系数法进行测算。

$$E_{\text{化工、印刷或其他VOCs}} = V_{\text{化工、印刷或其他增}} \times ef_{\text{化工、印刷或其他VOCs}} \times 10^{-4} \quad (2\text{-}35)$$

式中，$E_{\text{化工、印刷或其他VOCs}}$ —— 规划期化工、印刷或其他行业工业增加值增长量，亿元；

$ef_{\text{化工、印刷或其他VOCs}}$ —— 化工、印刷或其他行业单位工业增加值的 VOCs 排放系数，化工行业取 25 t/亿元，印刷行业取 261 t/亿元，其他行业取 49 t/亿元。

②生活源 VOCs 新增量根据城镇人口增长量采用排放系数法进行测算。

$$E_{\text{生活VOCs}} = P_{\text{生活增}} \times ef_{\text{生活VOCs}} \times 10^{-4} \quad (2\text{-}36)$$

式中，$E_{\text{生活VOCs}}$ —— 规划期生活源 VOCs 新增量，万 t；

$P_{\text{生活增}}$ —— 规划期城镇人口增长量，万人；

$ef_{\text{生活VOCs}}$ —— 单位人口的 VOCs 排放系数，按照 20 t/万人取值。

③移动源 VOCs 新增量包含机动车、工程机械、农业机械、油品储运销四部分。工程机械、农业机械 VOCs 新增量按 0 处理。

$$E_{\text{移动源VOCs}} = E_{\text{机动车VOCs}} + E_{\text{油品储运销VOCs}} \quad (2\text{-}37)$$

式中，$E_{\text{移动源VOCs}}$ —— 规划期移动源 VOCs 新增量，万 t；

$E_{\text{机动车VOCs}}$ —— 规划期机动车 VOCs 新增量，万 t；

$E_{\text{油品储运销 VOCs}}$ —— 规划期油品储运销 VOCs 新增量，万 t。

a．机动车

机动车 VOCs 新增量计算参照机动车 NO_x 新增量计算方法。

机动车 VOCs 排放系数为尾气排放系数与蒸发排放系数之和。排放系数选取可参照国家发布的机动车排放系数手册。

$$E = \sum_{j=1}^{n} P_{i,j,k} \times \text{PX}_{i,j,k} \qquad （2-38）$$

式中，E —— 排放量，t；

　　　i —— 车型；

　　　j —— 燃油种类；

　　　k —— 初次登记日期所在年；

　　　P —— 新增保有量，辆；

　　　PX —— 排放系数，为年行驶里程与排放因子的乘积，t/辆。

b．油品储运销行业

油品储运销包括原油储运销、汽油储运销两类，储运销过程油气排放新增量依据燃油消费量变化量测算，公式如下：

$$E_{\text{油品储运销 VOCs}} = P_{\text{油品增}} \times ef_{\text{油气 VOCs}} \times 10^{-3} \qquad （2-39）$$

式中，$P_{\text{油品增}}$ —— 油品消费量的净增长量，万 t，根据近年来油品消费量平均增速进行预测；

　　　$ef_{\text{油气 VOCs}}$ —— 油品储运销过程油气排放系数，kg/t 燃油，原油取 5.4 kg/t 燃油，汽油取 7.7 kg/t 燃油。

第3章 城市生态保护红线划定技术

3.1 生态保护红线发展及演变

生态保护红线是指对维护国家和区域生态安全及经济社会可持续发展，保障人民群众健康具有关键作用，为提升生态功能、改善环境质量、促进资源高效利用，必须严格保护的最小空间范围与最高或最低数量限值。与国内外已有的保护地相比，生态保护红线体系以生态服务供给、灾害减缓控制、生物多样性维护为三大主线，整合了现有各类保护地，补充纳入了生态空间内生态服务功能极为重要的区域和生态环境极为敏感脆弱的区域，构成更加全面，分布格局更加科学，区域功能更加凸显，管控约束更加刚性。

3.1.1 发展历程

生态红线自 2000 年第一次被提出以来，经历了 20 余年的发展与概念变迁，在此期间，生态保护红线的战略地位越来越明确，其划定、评估、管理等系列内容越来越完善，且有法可依。2017 年，国土空间规划对生态保护红线提出了更高要求，至 2021 年，生态保护红线已经在国土空间规划中明确，"一条红线管控重要生态空间，确保生态功能不降低、面积不减少、性质不改变"。主要发展历程总结如下：

2000 年，浙江省安吉县在编制安吉生态县建设规划时提出了"生态红线控制区"概念，将重要生态空间划为生态红线，实施严格保护。

2005 年，由广东省人民代表大会审议批复并颁布实施的《珠江三角洲环境保护规划纲要（2004—2020 年）》，首次正式提出了生态保护红线的概念，生态保护红线得到实际应用。该规划提出了"红线调控、绿线提升、蓝线建设"的三线调控总体战略，其中红线调控是将自然保护区的核心区、重点水源涵养区、海岸带、水土流失极敏感区、原生生态系统、生态公益林等约 5 058 km^2，占总面积 12.13%的区域划定为红线，对其实施严格保护并禁止开发。

2011 年 6 月，《全国主体功能区规划》发布，系统而全面地提出了我国以"两屏三带"为主体的生态安全战略格局，充分体现了尊重自然、顺应自然的开发理念。主体功能区划将我国国土空间按开发内容分为城市化地区、农产品主产区和重点生态功能区；按开发方式分为优化开发区域、重点开发区域、限制开发区域和禁止开发区域，其中禁止开发区域具有比较明显的红线控制要求。

2011 年，《国务院关于加强环境保护重点工作的意见》提出国家编制环境功能区划，在重要生态功能区、陆地和海洋生态环境敏感区、脆弱区等区域划定生态红线，对各类主体功能区分别制定相应的环境标准和环境政策。生态红线作为一项环境空间管控制度，首次出现在国家层面的文件中，标志着生态红线正式从区域战略上升为国家战略，是我国生态环境保护的重大突破。

2013 年 5 月，习近平总书记在中共中央政治局第六次集体学习时强调，划定并严守生态红线，构建科学合理的城镇化推进格局、农业发展格局、生态安全格局，保障国家和区域生态安全，提高生态服务功能。

2013 年 11 月，《中共中央关于全面深化改革若干重大问题的决定》指出，划定生态保护红线。坚定不移实施主体功能区制度，建立国土空间开发保护制度，严格按照主体功能区定位推动发展，建立国家公园体制。

2012—2013 年，环境保护部正式启动生态保护红线划定工作，研究制定技术指南，在省域层面开展试点，对全国陆域进行生态评价。2014 年 1 月，环境保护部印发《国家生态保护红线——生态功能红线划定技术指南（试行）》（以下简称2014 版指南），全面推进国家生态保护红线划定工作，制定全国与分省方案。在2014 版指南中明确国家生态保护红线包括生态功能保障基线、环境质量安全底线和自然资源利用上线（简称生态功能红线、环境质量红线和资源利用红线）。

2014 年 4 月，《中华人民共和国环境保护法》修订，其中第二十九条明确规定"国家在重点生态功能区、生态环境敏感区和脆弱区等区域划定生态保护红线，实施严格保护。"生态保护红线划定正式上升到法律层面。

2015 年 4 月，中共中央、国务院公布了《关于加快推进生态文明建设的意见》（以下简称《意见》）。这是继党的十八大和十八届三中、四中全会对生态文明建设做出顶层设计后，中央对生态文明建设的一次全面部署，对于经济转型升级、促进社会和谐、全面建成小康社会、维护全球生态安全，具有十分重要的意义。《意见》在第二十一条明确提出严守资源环境生态红线。树立底线思维，设定并严守资源消耗上线、环境质量底线、生态保护红线，将各类开发活动限制在资源承载力之内。

2015 年 4 月，环境保护部在 2014 版指南的基础上，经过一年的试点试用、地方和专家反馈、技术论证，正式印发了《生态保护红线划定技术指南》，指导全国生态保护红线划定工作，组织各省（区、市）开展生态保护红线划定工作。

2015 年 11 月，环境保护部印发了《关于开展生态保护红线管控试点工作的通知》，选择江苏、海南、湖北、重庆和沈阳开展生态保护红线管控试点，指导试点地区在生态环境准入负面清单、绩效考核、生态补偿和监管平台等方面进行探索。

2017 年，党的十九大报告要求全面实施生态保护红线的划定工作。自此生态保护红线成为我国当前生态环境保护领域的重大战略决策。

但在生态保护红线的划定过程中，出现了一些难以融合的问题，一是各部门对红线的认识标准不一致，导致红线划定时指标的选择和阈值的确定不同；二是按照"宁多勿少"的原则，各部门尽量多地把需保护的和能够保护的生态空间划成红线，导致在"多规融合"中为兼顾各部门利益不得不在国土空间中划出较大比例的生态保护红线；三是各部门采用的基础数据大多数来自本部门，数据精度、尺度不一，地物分类标准不一，导致对地表同一地物形成不同的划分结果。

为推动"多规融合"，2017 年 2 月，中共中央办公厅、国务院办公厅印发了《关于划定并严守生态保护红线的若干意见》，提出了"划定并严守生态保护红线，实现一条红线管控重要生态空间"的要求，并指出，2020 年年底前，全面完成全国生态保护红线划定，勘界定标，基本建立生态保护红线制度，国土生态空间得到优化和有效保护。此后，生态保护红线由单一的区划研究向基础理论、划定方法，特别是向管理措施等方向发展，研究趋势更加具有综合性、多维性与实用性，由生态保护的理念转变到国家意志主导下的划定实践。2017年7月，环境保护部办公厅、国家发展改革委办公厅共同印发了《生态保护红线划定指南》。至此，我国生态保护红线的顶层制度设计基本成型。

2018年，国务院机构改革，生态保护红线划定工作移交至自然资源部，并开始进行国土空间规划改革，在"多规合一"的背景下开展生态保护红线划定。2018年8月，全国15个省份生态保护红线划定工作已经结束，剩下的16个省份生态保护红线划定方案待国务院批准后由省级人民政府对外发布。初步估计全国生态保护红线面积比例将达到或超过国土面积25%的目标。

2019年8月，生态环境部、自然资源部发布《关于印发〈生态保护红线勘界定标技术规程〉的通知》，用于指导生态保护红线勘界定标工作。

2019年11月，中共中央办公厅、国务院办公厅印发了《关于在国土空间规划中统筹划定落实三条控制线的指导意见》，明确了生态保护红线内除国家重大战略项目外，仅允许8类人为活动，主要包括：零星的原住民在不扩大现有建设用地和耕地规模的前提下，修缮生产生活设施，保留生活必需的少量种植、放牧、捕捞、养殖；因国家重大能源资源安全需要开展的战略性能源资源勘查，公益性自然资源调查和地质勘查；自然资源、生态环境监测和执法包括水文水资源监测及涉水违法事件的查处等，灾害防治和应急抢险活动；经依法批准进行的非破坏性科学研究观测、标本采集；经依法批准的考古调查发掘和文物保护活动；不破坏生态功能的适度参观旅游和相关的必要公共设施建设；必须且无法避让、符合县级以上国土空间规划的线性基础设施建设、防洪和供水设施建设与运行维护；重要生态修复工程。

为了进一步加强生态保护红线的管理，2020年11月，自然资源部发布《生态保护红线管理办法（试点试行）》（征求意见稿）。2020年12月，为指导和规范生态保护红线监管工作，生态环境部制定印发了《生态保护红线监管指标体系（试行）》，聚焦"确保生态功能不降低、面积不减少、性质不改变"的监管目标，以人为干扰活动及其生态环境影响为重点，设定8个共性指标和7个特征指标，指标体系兼顾全国通用性、地方差异性，各省（区、市）可结合本地实际，增加特征指标，体现区域差异化特点。

3.1.2　内涵变迁

在 2014 版指南中，生态保护红线是指对维护国家和区域生态安全及经济社会可持续发展，保障人民群众健康具有关键作用，在提升生态功能、改善环境质量、促进资源高效利用等方面必须严格保护的最小空间范围与最高或最低数量限值，具体包括生态功能红线、环境质量红线和资源利用红线三条线。其中，生态功能红线是指对维护自然生态系统服务，保障国家和区域生态安全具有关键作用，在重要生态功能区、生态敏感区、脆弱区等区域划定的最小生态保护空间。

在 2015 年《生态保护红线划定技术指南》（以下简称 2015 版指南）中，生态保护红线是指依法在重点生态功能区、生态环境敏感区和脆弱区等区域划定的严格管控边界，是国家和区域生态安全的底线。生态保护红线所包围的区域为生态保护红线区，对于维护生态安全格局、保障生态系统功能、支撑经济社会可持续发展具有重要作用。从概念上看，生态保护红线的定义基本等同于 2014 版指南中的生态功能红线，含义仅包括生态部分内容，环境质量红线和资源利用红线两条线并未包含其中。此外，含义对生态保护红线的"极限"思维进行了弱化，不再强调是提升生态功能的"最小空间范围"，转向强调"严格管控边界"和"底线"。

2017 年《关于划定并严守生态保护红线的若干意见》要求在经过"多规合一"的方法对城乡生态保护空间进行梳理之后，要确定唯一的生态保护红线进行生态空间的管控，即"一条红线"的政策。这些条文的颁布，使得之前国土空间层面的生态控制逐渐清晰，"生态保护红线"的概念开始成型。空间规划的生态保护红线范围分为禁止开发区、重要生态功能区以及生态环境敏感脆弱区。禁止开发区主要是指已经批复的省级以上级别的自然保护区、风景名胜区的核心区、地质公园的地质遗迹保护区、湿地公园的湿地保育区和恢复重建区等。

在 2017 年《生态保护红线划定指南》（以下简称 2017 版指南）中，生态空间指具有自然属性、以提供生态服务或生态产品为主体功能的国土空间，包括森林、草原、湿地、河流、湖泊、滩涂、岸线、海洋、荒地、荒漠、戈壁、冰川、高山冻原、无居民海岛等。生态保护红线指在生态空间范围内具有特殊重要生态功能、必须强制性严格保护的区域，是保障和维护国家生态安全的底线和生命线，通常包括具有重要水源涵养、生物多样性维护、水土保持、防风固沙、海岸生态稳定等功能的生态功能重要区域，以及水土流失、土地沙化、石漠化、盐渍化等生态环境敏感脆弱区域。

可以看出，截至 2017 年，生态保护红线不仅可有效保护生物多样性和重要自然景观，而且对净化大气、扩展水环境容量具有重要作用，同时，也是我国国土空间开发的管控线，因此，生态保护红线被称为我国继耕地红线之后的又一条生命线，生态保护红线的提出和实施，标志着生态空间保护工作由经验型管理向科学型管理转变、由定性型管理向定量型管理转变、由传统型管理向现代型管理转变。2014 版指南、2015 版指南、2017 版指南对比见表 3-1。

3.2 生态保护红线划定技术

目前，在学术研究中，生态保护红线划定并没有统一的方法，国内相关研究大多是按照国家出台的生态保护红线政策框架划定空间红线，但也有生态保护红线管控、划定及其他类型生态保护红线的探索。在实际工作中，陆域生态保护红线的划定以 2017 版指南为参考，海洋生态保护红线的划定以国家海洋局印发的《海洋生态保护红线划定技术指南》为依据，勘界定标则以《关于印发〈生态保护红线勘界定标技术规程〉的通知》为指导依据。

3.2.1 陆域生态保护红线

根据 2017 版指南要求，生态保护红线的划定以构建国家生态安全格局为目标，采取定量评估与定性判定相结合的方法进行。《生态保护红线管理办法（试行）》（征求意见稿）中指出，各省（区、市）根据国家和区域生态安全格局，在科学评估的基础上，识别生态功能极重要、生态极脆弱区域，以及其他经评估目前虽然不能确定但具有潜在重要价值的区域，并将其划入生态保护红线。生态保护红线划定应协调好与永久基本农田、城镇开发边界以及已有国土空间开发利用活动的矛盾冲突，确保三条控制线不交叉不重叠。为保持生态系统的连续性和完整性，位于生态功能极重要、生态极脆弱区域内零星的耕地、园地，人工商品林、人工

表 3-1　国家生态保护红线划定技术指南对比

类型		范围识别			评价方法	划分方法		
		2014 版	2015 版	2017 版		2014 版	2015 版	2017 版
重要/重点生态功能区	陆域	《全国生态功能区划》5 类 50 个；《全国主体功能区划》中 4 类 25 个	《全国生态功能区划》《全国主体功能区划》中各类重点生态功能区	指生态系统十分重要，关系全国或区域生态安全，需要在国土空间进行大规模高强度工业化城镇化开发，以保持并提高生态产品供给能力的区域，主要类型包括水源涵养区、水土保持区、防风固沙区和生物多样性维护区	土壤保持重要区	●（叠加处理，采用分位数法分为 5 级，取 2 级）	●（采用分位数法分为 4 级，取 1 级）	●（采用分位数法分为 3 级，取 1 级）
					水源涵养重要区	●	●	●
					生物多样性保护重要区	●	●	
					洪水调蓄重要区	●	○	○
					防风固沙重要区	●	●	●
	海洋	海洋重要生态功能区、水产种质资源保护区、海洋特别保护区、国家级海洋特别保护区和海洋公园等	海洋水产种质资源保护区、重要海洋湿地、特殊海洋保护区、自然景观与历史文化遗迹、珍稀濒危物种集中分布区、重要渔业水域等	未单独提及	未明确相关划分方法	参照海洋生态保护红线划定相关技术规范		未单独提及

类型		范围识别			划分方法			
		2014 版	2015 版	2017 版	评价方法	2014 版	2015 版	2017 版
生态敏感区、脆弱区	陆地	《全国生态功能区划》中的生态敏感区；《全国生态脆弱区保护规划纲要》《全国主体功能区规划》中的生态脆弱区	《全国生态功能区划》《全国主体功能区规划》《全国生态脆弱区保护规划纲要》中各类生态敏感区/脆弱区	指生态系统稳定性差，容易受到影响而产生生态退化且难以自我修复的区域	水土流失敏感区	●	●	●
					土地沙化敏感区	●	●	●
					石漠化敏感区	○	●	●
					盐渍化敏感区	●	○	●
					河滨带敏感区	●	○	○
					湖滨带敏感区	●	○	○
					划分方法说明	自然分界法和定性分析相结合，将评价结果分为5级，取2级；其他敏感区地方自定	自然分界法和定性分析相结合，将评价结果分为5级，取1级	自然分界法和定性分析相结合，将评价结果分为3级，取1级
	海洋	海洋生物多样性敏感区、海岸侵蚀敏感区、海平面上升影响区和风暴潮增水影响区	海岸带自然岸线、红树林、重要河口、重要砂质海岸线和沙源保护海域、珊瑚礁及海草床等	未单独提及	海洋生物多样性敏感区	●	参照海洋生态保护红线划定相关技术规范	未单独提及
					海岸带次害敏感区	●		

类型	范围识别 2014版	范围识别 2015版	范围识别 2017版	评价方法	划分方法 2014版	划分方法 2015版	划分方法 2017版
禁止开发区	《全国主体功能区规划》中规定的国家级自然保护区（包括海洋）、世界文化遗产、国家级风景名胜区、国家森林公园、国家地质公园和国家地质公园等类型	国家级自然保护区，世界文化遗产、国家级风景名胜区、国家级森林公园和国家地质公园类型	国家公园；自然保护区；森林公园的核心景观区和生态保育区；风景名胜区的核心景胜区；地质公园的地质遗迹保护区；世界遗产的核心区和缓冲区；湿地公园的湿地保育区和恢复重建区；饮用水水源一级保护区；水产种质资源保护区的核心区；其他类型禁止开发的核心保护区域	自然保护区	● 国家级核心区和缓冲区	● 原则上全部，面积较大的实验区根据评估确定	●
				国家公园	○	○	●
				世界文化遗产	●	●	● 核心区和缓冲区
				风景名胜区	● 国家级	●	● 核心景区
				森林公园	● 国家级	● 根据评估结果结合内部管理分区	● 生态保育区和核心景观区
				地质公园	● 国家级	●	● 地质遗迹保护区
				湿地公园	○	○	● 湿地保护区和恢复重建区
				水产种质资源保护区	○	○	● 核心区
				饮用水水源保护区	● 跨省的饮用水水源一级保护区	○	● 一级保护区

类型	范围识别			评价方法	划分方法		
	2014版	2015版	2017版		2014版	2015版	2017版
其他		生态公益林、重要湿地和草原、极小种群生境等	极小种群物种分布的栖息地、国家一级公益林、重要湿地（含滨海湿地）、国家级水土流失重点预防区、沙化土地封禁保护区、野生植物集中分布、自然岸线、雪山冰川、高原冻土等			结合地方实际综合划定	

注：● 代表有该项评价，○ 代表无该项评价。

草地、改良草地，交通、通信、能源管道、输电等线性基础设施，风电、光伏、海洋能等设施，以及军事、文物古迹、宗教、殡葬等特殊用地，可划入生态保护红线。

生态保护红线边界的确定包括科学评估、评估结果叠加合并、校验划定范围、边界处理、现状与规划衔接、跨区域协调、上下对接等多个步骤，最终形成包括生态保护红线划定的文本、图件、登记表及技术报告、台账数据库在内的生态保护红线划定方案，其中科学评估为生态保护红线划定的工作核心。

科学评估以资源环境承载能力和国土空间开发适宜性为评价技术方法，原则上评估的基本空间单元应至少为 250 m×250 m 的网格。确定生态功能和生态环境敏感性类型后，选择水源涵养、生物多样性维护、水土保持、防风固沙等多个符合当地生态功能的评估方法，搜集评估所需的各类数据并进行处理。

在国土空间范围内，根据评估公式得到结果后，将生态功能重要性依次划分为一般重要、重要和极重要 3 个等级，将生态环境敏感性依次划分为一般敏感、敏感和极敏感 3 个等级，生态功能极重要区域及极敏感区域即为生态保护红线划定的基础。

确定评估分级后，应进行现场校核，根据相关规划、区划中的重要生态区域空间分布，结合专家知识，综合判断评估结果与实际生态状况的相符性。针对不符合实际情况的评估结果开展现场核查校验与调整，使评估结果趋于合理。

目前，生态系统服务功能采用的评估方法主要有模型评估法和净初级生产力（NPP）定量指标评估法（以下简称 NPP 评估法）。其中模型评估法与国家发展改革委在资源环境承载力评估中使用的方法一致，针对城市尺度，若应用 NPP 评估法，则地域过小，因此城市生态保护红线划定技术主要应用模型评估法。陆地生态环境敏感性评估主要包括水土流失敏感性、土地沙化敏感性、石漠化敏感性、盐渍化敏感性评估。如城市生态环境有实际需要，也可开展其他类型敏感性评估，如地质灾害敏感性评估。

3.2.2　海洋生态保护红线

除陆域生态保护红线外，对于沿海、海岛城市，早在 2012 年 10 月，国家海洋局印发《关于建立渤海海洋生态红线制度的若干意见》，提出要将渤海海洋保护区、重要滨海湿地、重要河口、特殊保护海岛和沙源保护海域、重要砂质岸线、自然景观与文化历史遗迹、重要旅游区和重要渔业海域等区域划定为海洋生态红线区，并进一步细分为禁止开发区和限制开发区，依据生态特点和管理需求，分区、分类制定红线管控措施。2016 年 6 月，国家海洋局印发《关于全面建立实施海洋生态红线制度的意见》，并配套印发《海洋生态红线划定技术指南》，指导全国海洋生态红线划定工作，标志着全国海洋生态红线划定工作全面启动。

海洋生态保护红线需要与海洋主体功能区划、海洋功能区划及其他相关规划协调，同时满足自然岸线保有率、海岛自然岸线保有率、海洋生态保护红线面积保有率控制要求。经识别，纳入海洋生态保护红线的重要海洋生态功能区、海洋生态敏感区和海洋生态脆弱区，可划分为不同类型的生态保护红线，其范围确定基本为定性划定，是原有重要生态区域的汇总和补充。

海洋生态保护红线划定范围应满足以下条件：

①海洋保护区的生态保护红线范围为海洋自然保护区或海洋特别保护区的范围；

②重要河口的生态保护红线范围用自然地形地貌分界范围确定；

③重要滨海湿地的生态保护红线范围为自海岸线向海延伸 3.5 海里[①]或 –6 m 等深线内的区域，包括鸟类重要栖息地；

④重要渔业海域的生态保护红线范围为重要渔业资源的产卵场、育幼场、索饵场、洄游通道、重要增殖场等区域；

⑤特别保护海岛的生态保护红线范围以特别保护海岛及其海岸线至 –6 m 等深线或向海 3.5 海里内围成的区域；

⑥自然景观与历史文化遗迹的生态保护红线范围以自然景观与历史文化遗迹及其海岸线为中心向外扩展不少于 100 m 的区域；

⑦珍稀濒危物种集中分布区的生态保护红线范围为珍稀濒危物种的栖息范围及迁徙通道；

⑧重要滨海旅游区的生态保护红线范围为以重要旅游区为中心向外扩展不少于 100 m 的区域；

---

① 1 海里=1 852 m。

⑨重要砂质岸线及邻近海域的生态保护红线范围为砂质岸线高潮线至向陆一侧的砂质岸线退缩线（高潮线向陆一侧 500 m 或第一个永久性构筑物或防护林），向海一侧的最大落潮位置围成的区域；

⑩沙源保护海域的生态保护红线范围为砂质岸线高潮线至向陆一侧的砂质岸线退缩线（高潮线向陆一侧 500 m 或第一个永久性构筑物或防护林），向海一侧的浪基面或者实际沙源分布区围成的区域；

⑪红树林、珊瑚礁和海草床的生态保护红线范围为其主要分布区域的外边界围成的区域。

以上条件满足其中一个即可被划定为海洋生态保护红线的范围。红线管控分为禁止类与限制类两级管控。

专栏 3-1　海岛生态保护红线划定技术

海岛作为一种特殊的海洋资源，在海岛城市、有海岛的沿海城市中都存在。海岛生态保护红线划定的内容包括海岛主体空间部分。特殊保护海岛作为海洋生态红线区的主要类型之一，具有海陆两相、结构独立完整、生态脆弱、资源独特等生态特征，兼有陆地和海洋生态系统特征，但又不是二者简单的叠加，海岛生态系统与海洋生态系统之间存在本质区别，海岛生态保护红线与海洋生态保护红线应属于两套不同的红线制度。

2017 年 2 月，中共中央办公厅、国务院办公厅印发的《关于划定并严守生态保护红线的若干意见》中特别指出，生态空间是指具有自然属性、以提供生态服务或生态产品为主体功能的国土空间，包括森林、草原、湿地、河流、湖泊、滩涂、岸线、海洋、荒地、荒漠、戈壁、冰川、高山冻原、无居民海岛等。可见，国家层面也是将海洋与海岛作为两个独立的生态空间进行规定，海岛生态保护红线在划分原则、方法、内容和管控要求上均与海洋生态保护红线有所区别。

海岛生态保护红线的划定原则包括：保护优先，生态突出；区域共轭，系统完整；分区划定，分类管控；协调统一，兼顾发展；守住底线，动态调整。其中区域共轭，系统完整是海岛生态保护红线区别于其他生态保护红线的重要特征，海岛生态保护红线是建立在海岛地理区划基础上的空间管理，需要在充分掌握海岛自然属性、资源以及环境特点的基础上，将区划海岛划分为一个相对完整的自然地理单元，以保证生态系统中的能量流动和物质循环。

在划定技术上，海岛生态保护红线的划定是一个承上启下的综合过程，既要明确当前海岛生态环境问题和海岛生态服务需求，又要具体落实到海岛空间上。其目的在于维护海岛生态安全和生态系统保护的完整性和连续性，满足海岛或区域生态服务需求。首先，在海岛生态本底调查及数据收集的基础上进行生态环境矛盾分析诊断和海岛生态服务需求分析，并构建海岛生态系统网格属性数据库。其次，进行海岛重要生态功能评价、海岛生态敏感性/脆弱性评价及海岛禁止开发区评价，选择科学合理的评价内容和指标进行数据的标准化处理和模型计算。最后，通过实地调研，考察划定海岛或区域生态系统的完整性和连通性、景观破碎状态和廊道连通性，参考景观生态学或生态网络理论，注意红线区之间的连接性，避免红线区过于集中或者过于破碎化，对初步划定结果加以修正，得到最终的海岛生态保护红线空间范围。

3.3　生态保护红线勘界定标

在形成生态保护红线划定方案后，应根据划定方案确定的生态保护红线分布图，搜集红线附近原有的平面控制点坐标、控制点网图，以高清正射影像图、地形图和地籍图等相关资料为辅助，调查生态保护红线各类基础信息，明确红线区块边界走向和实地拐点坐标，详细勘定红线边界。选定界桩位置，完成界桩埋设，测定界桩精确空间坐标，建立界桩数据库，形成生态保护红线勘测定界图。

勘界立标对精度要求分为三个方面：空间分辨率上，数字正射影像图空间分辨率应优于相应比例尺万分之一米；平面精度上，按照《遥感影像平面图制作规范》（GB/T 15968—2008），数字正射影像图的平面误差一般不应大于相应比例尺图上平地、丘陵地±0.5 mm，山地、高山地±0.75 mm，明显地物点平面位置最大误差为两倍；勘界精度上，勘定的明显界线与 DOM 上同名地物位移原则上不大于图上 0.3 mm，不明显界线不大于图上 1.0 mm，荒漠、高山等人烟稀少地区可结合实际适度放宽精度要求。

勘界定标工作分为工作准备、内业处理、现场勘界、打桩立标、成果检查与汇总入库六个步骤，其中，内业处理和现场勘界是技术关键部分。

3.3.1　内业处理

内业处理分为工作底图、边界校核、预标注三个步骤。

1．工作底图

工作底图以第三次全国国土调查的高清数字正射影像图为基础，辅以大比例尺土地利用和基础地理信息等数据制作。工作底图的符号、设色、整饰等要求参照《第三次全国国土调查技术规范》（TD/T 1055—2019）进行规范。

2．边界校核

边界校核在生态保护红线评估调整工作成果的基础上，通过人工判读进行校核，主要包括以下三方面：

①生态保护红线边界与实际地物存在偏差的，按以下边界修正：地形地貌或生态系统完整性确定的边界，如林线、雪线、流域分界线；生态系统分布界线；江河、湖库，以及海岸等向陆域（或向海）延伸一定距离的边界；第三次全国国土调查、地理国情监测等明确的地块边界。

②对生态保护红线内涉及永久基本农田、人工商品林、矿业权（探矿权、采矿权）、国家规划矿区、战略性矿产储量规模在中型以上的矿产地、村镇居民点、交通水利等基础设施等边界进行校核，确保三条控制线不交叉不重叠，并预留发展空间。

③对当地政府在勘界定标过程中新提出的拟增加图斑、拟删减图斑及其依据进行校核和确认。

3．预标注

采用图解法获取人为活动较频繁、利于公众宣传的生态保护红线边界上重点地段（部位）、重要拐点等关键控制点，标绘在生态保护红线工作底图上，将其作为拟设界桩和标识牌的预选点位。

3.3.2　现场勘界

现场勘界分为定位、信息记录、校核调整三个步骤。对于现场核实工作底图上难以明确界定或具有争议的生态保护红线问题图斑，确定红线边界拐点的实地位置，再根据外业勘界的工作成果对问题图斑、拟设界桩和标识牌点位进行精细纠正，完成最终校核。

现场勘界与校核完成后，按照"行政编号—类型编号—数量编号"对红线斑块进行编号，在红线边界设立统一规范的标识标牌，主要内容包括生态保护红线区块的范围、面积、具体拐点坐标、保护对象、主导生态功能、主要管控措施、责任人、监督管理电话等。

3.4 生态保护红线管控策略

生态保护红线区域采取分类、分级的多元复合管控模式。一直以来，根据国家要求，生态保护红线原则上按禁止开发区域的要求进行管理。严禁不符合主体功能定位的各类开发活动，严禁任意改变用途，确保生态功能不降低、面积不减少、性质不改变。因国家重大基础设施、重大民生保障项目建设等需要调整的，由省级政府组织论证，提出调整方案，经生态环境部、国家发展改革委会同有关部门提出审核意见后，报国务院批准。具体表现为三个"不"：一是功能不降低，生态保护红线内的自然生态系统结构保持相对稳定，退化生态系统功能不断改善，质量不断提升；二是面积不减少，生态保护红线边界保持相对固定，生态保护红线面积只能增加，不能减少；三是性质不改变，严格实施生态保护红线国土空间用途管制，严禁随意改变用地性质。

生态保护红线一直以来实行严苛的管理模式，这一情况随着 2020 年 11 月《生态保护红线管理办法（试行）》（征求意见稿）的发布有了一定的改变。同时，2020 年 11 月，生态环境部制订印发了《生态保护红线监管指标体系（试行）》，并同步发布了 7 项生态保护红线标准。

目前，根据自然资源部的最新管理办法，生态保护红线实行有限人为活动管控，即生态保护红线内，自然保护地核心保护区原则上禁止人为活动，其他区域严格禁止开发性、生产性建设活动。另外，针对九项可以被允许且对生态功能不造成破坏的有限人为活动建立了正面清单，并设立了有限人为活动管理原则，对活动强度控制和管理要求做出了明确规定。

九项有限人为活动分别为原住民基本生产活动；自然资源、生态环境调查监测和执法；依法批准的古生物化石调查发掘和保护活动、非破坏性科学研究观测及必需的设施建设、标本采集；依法批准的考古调查发掘和文物保护活动；不破坏生态功能的适度参观旅游和相关必要的公共设施建设；必须且无法避让，符合县级以上国土空间规划的交通、电热、油气等基础设施维护；地质调查与矿产资源勘查开采；依据县级以上国土空间规划，经批准开展的重要生态修复工程；确实难以避让的军事设施建设及重大军事演训活动。

3.5　生态保护红线成效评估体系

按照《生态保护红线监管指标体系（试行）》的规定，生态环境部将组织各省（区、市）对生态保护红线的面积、性质、功能和管理情况开展日常监管、年度和五年成效评估工作。日常监管重点管控人为干扰活动，以县级行政区为单元，建立日常监管台账，形成生态破坏问题清单和修复计划清单，强化监督执法。年度评估中重点评估生态保护修复成效，强化目标责任制。五年评估中重点评估生态功能变化情况，强化评估和生态安全预警机制。

生态空间管理有效性评估以往运用的是专家知识评估系统。近年来，生态保护成效评估指标体系研究已受到国内外学者的广泛关注。已有研究从生态有效性和管理有效性两个方面开展自然保护区保护成效评估框架和指标体系构建工作，也有学者根据"生态恢复—生态系统结构—质量—服务—效益"概念框架，构建重点脆弱生态区生态恢复综合效益评估指标体系。针对生态保护红线保护成效的评估，也有学者开始了探索性研究，目前主要侧重于生态系统类型构成和服务功能评价，包括生态保护红线生态状况保护成效评估指标方法以及生态系统服务研究在生态保护红线保护成效评估中的应用等，如基于生态保护红线"功能不降低、面积不减少、性质不改变、管理不弱化"的要求，构建了涵盖生态保护红线的保护面积、用地性质、生态功能及管理能力四个方面保护效果的评估指标体系，但因为生态保护红线管理办法的变化，其采用的要求与现有管理政策不匹配。总体来说，生态保护红线成效评估尚未形成完整体系，评估结果如何反馈到红线的监管纠偏、人事考核调整、生态补偿等的路径尚且不够清晰。

3.6 生态保护红线面临的问题

①我国生态资源普查工作严重滞后，生态环境基础数据库尚无法支撑科学编制的需要。西方发达国家已经形成了一套成熟的环境资源普查方法，我国生态环境资源普查工作滞后，各部门没有成型的生态资源普查基础资料，造成生态保护红线范围划定困难，也给科学编制空间规划带来了困难。当前，应当健全生态保护红线范围内以生态系统为主的基础数据建设，包括水、土壤、森林、空气、草原、野生动植物等多重生态要素的基础数据库，涵盖环境质量、生态修复、生态补偿、生态损害赔偿、环境污染、生态技术等统计数据库，按照全国区域划分的区域生态数据库，推进有效性评估向专业化、具体化、精细化和标准化方向发展，加强大数据监测管理，推进大数据技术与生态保护红线区域治理融合发展。

②生态保护红线划定方法还不完善，利益主体博弈现象严重，科学划定依然存在阻力。生态保护红线技术路线较为复杂，再加上地方基础资料的严重缺乏，导致规划编制过程难以精准操作。实际上，生态保护红线的划定过程不完全是技术过程，也是多元化利益主体的协调过程。如永久基本农田保护红线和生态保护红线都在广泛的城区外部，空间时常重叠交错，但因它们划定职能部门不同、保护目标不一致、划定时期不同步等原因，造成了永久基本农田保护红线和生态保护红线划定成果冲突。在国土空间规划的背景下，相关部门持续推进永久基本农田有序退出机制与国家级生态保护红线调整工作，除此之外，从国土空间全域、全自然资源要素统一管理的角度，在从事农业生产不破坏生态功能的前提下，允许一定范围的永久基本农田与生态保护红线共存，同时，也应探索并明确共存区域管控要求的永久基本农田与生态保护红线的共存机制。

③生态保护红线尚未形成完备统一的生态保护红线成效评估与监管保障体系。国家对生态保护红线的法律地位、强制性以及管控原则与范围都已提出明确要求，随着生态保护红线写入法律以及相关持续更新的管理办法、技术标准，生态保护红线管控理论体系已较为成熟。但在生态保护红线监管保障与绩效考核方面，国家尚未形成完善统一的生态保护红线成效评估与监管保障体系，依然存在一定的考核滞后。有学者曾通过对国家、省、市各级政府部门在生态保护红线划

定及管理过程中所制定的政策、要求以及在工作中所遇到的实际问题进行梳理，制订了生态保护红线政府绩效考核指标体系及评分细则，对生态保护红线区的生态功能和保护成效以及地方政府在生态保护红线的政策落实、工作开展、公众参与等方面进行考核，并考虑了指标的可量化性、可考核性。但是从目前情况来看，考核技术水平参差不齐等现实问题导致考核的延续性、规范性和可操作性还处于比较低的水平。

④生态保护红线处于调整阶段，生态保护红线的范围还不明确。目前，在国土空间规划的背景下，我们对生态保护红线的评估策略进行调整。生态保护红线应立足全域生态安全格局，以"双评价"结果和相关保护线为依据，进行"应划尽划"。空间规划试点工作中的生态保护红线比"三规合一"规划中生态保护红线范围要小得多，范围变小的依据也不明确。"三规合一"规划中，基本农田被纳入生态保护红线范围，在空间规划体系中被去除。"三规合一"规划中，河流水系的保护区都被纳入生态保护红线范围；空间规划体系中，只有重要的河流、水系才被纳入生态保护红线范围。我国生态保护红线究竟应该涵盖哪些范围，目前还不明确。需要分析生态保护红线的矛盾冲突，按照人为种植活动冲突、人为建设活动冲突和规划项目冲突进行分类处置，统筹协调三条控制线，按照三条控制线不交叉、不重叠、不冲突的原则，生态保护红线内的永久基本农田和城镇开发边界均应采取退出或扣除的方式。

⑤生态保护红线的法定地位及规划实施管理系统还不完善。由于生态保护红线范围涉及生态环境、自然资源、城乡规划等多个部门，目前主要还是由生态环境部门来管理，法定地位不明确，规划管理主体也不明确。生态保护红线的编制、修订与审批过程也不明确。法定地位与管理体系的不明确给生态保护红线的实施带来了诸多困难。

3.7　实践与应用——以济南市为例

我国生态保护红线概念正式明确之前，部分城市就已经开始探索采取划定基本生态控制线、生态控制区等方式实现生态空间管控。这些城市的多年实践探索，为生态保护红线的划定、调整与管理提供了宝贵经验，如深圳市以总量不变、保障完整、综合协调、兼顾发展为原则，按照明确总量、动态调整的要求划定基本生态控制线；北京市在市域国土空间范围广、区域生态资源禀赋差异大的基础上，按照分区划定，差异管控生态保护红线；厦门市探索生态控制线和城市开发边界"两线合一"的全域管控模式，按照分级划定，分类准入生态控制区。目前，生态保护红线划定已在全国"铺开"，经国土空间规划对生态保护红线及国土空间管控提出新要求后，生态保护红线的划定工作进行了重调，但评估方法基本得到保留。

以济南市为例，2018年，济南市按照"应保尽保、清单管理、多方衔接、引导与约束并进"等原则，依据 2017 版指南确定的技术方法，划定济南市生态保护红线。

济南市生态保护红线以济南市现状土地利用数据为基础，结合植被类型、土壤属性、地形坡度、NDVI 等数据，开展生态系统服务功能及生态敏感性评价，其中，水源涵养功能、水土保持功能、生物多样性保护功能与防风固沙功能均采用 NPP 评估法；水土流失敏感性与土地沙化敏感性根据生态功能区划技术规范的要求采用模型评估法。红线校核所采用的边界范围采用生态源地与省级生态保护红线，生态源地包括国家和区域尺度下的重要生态源地，优化景观（市域）尺度生态系统功能的生态源地、固化局域尺度不可替代自然资本的生态源地、省级生态保护红线包括禁止开发区、重点生态功能区和其他重要保护区域。

3.7.1 生态源地

在生态源地中，国家和区域尺度下的重要生态源地包括国家生态功能区划中的鲁中山区水土保持功能区、重要生态功能区，山东省生态功能区划中的山东省水源涵养生态功能重点保护区，主要为南部山区、黄河沿岸区域中的核心区域以及省级及以上自然保护地和基于生态系统功能的重要性评价未纳入自然保护地体系的生态功能极重要区域；优化景观（市域）尺度生态系统功能的生态源地根据四个生态功能区的主导生态系统服务，将山前平原和北部平原生态功能区的永久农田、中心城市生态功能区的生态绿地、南部山区生态功能区内省级生态保护红线区外围必要的缓冲区（如集体林地）纳入市级生态保护红线的保护范畴，四个生态功能区分别为以生态调节为主导的南部山区生态功能区、以人居保障为主导的中心城市生态功能区、以农产品供应为主导的山前平原生态功能区和北部平原生态功能区；固化局域尺度不可替代自然资本的生态源地主要包括泉域地下水的直接补给区、重点渗漏带、相关山体和河道（山、河、带、区四条保泉生态控制线），市区及生态隔离带内的重要生态绿地、地方特色种质资源地等。

3.7.2　省级生态保护红线

在省级生态保护红线中，禁止开发区包括自然保护区、地质公园、湿地公园、森林公园、风景名胜区、重要水源保护地、海洋保护区、世界自然文化遗产 8 大类；重点生态功能区按照重点生态功能区红线进行划定，主要包括水源涵养生态功能区和土壤保持生态功能区、生物多样性保护生态功能区、防风固沙生态功能区；生态敏感/脆弱区包括土地沙化敏感区、水土流失敏感区；其他重要保护区域主要有沿海基干林带、重要河流湖库、特色种质资源保护地及其他市（县）政府认为应当划入的市级禁止开发区。

在经过评估计算、范围校核后，济南市纳入生态保护红线的地块共计 45 块，总面积为 737.60 km^2，占济南市国土面积的 9.22%，具体划定范围见表 3-2，清单目录见表 3-3。其中水源涵养生态功能区共计 19 个地块，总面积为 58.77 km^2，占总生态保护红线面积的 7.97%；土壤保持生态功能区共计 12 个地块，总面积为 602.45 km^2，占总生态保护红线面积的 81.67%；生物多样性维护生态功能区共计 2 个地块，总面积为 76.39 km^2，占总生态保护红线面积的 10.36%。

表 3-2　济南市生态红线划定范围

大类	类型	级别	范围	具体区块
禁止开发区	自然保护区	省级及以上	全部纳入	大寨山省级自然保护区，长清寒武纪地质遗迹省级自然保护区
	风景名胜区	省级及以上	核心景区	千佛山、大明湖、龙洞风景区
	森林公园	省级及以上	核心景观区、生态保育区	柳埠、山东章丘国家级森林公园，卧龙峪、五峰山、大峰山、大寨山、蟠龙山、北郊温泉省级森林公园

大类	类型	级别	范围	具体区块
禁止开发区	湿地公园	省级及以上	生态保育区、恢复重建区	济西、白云湖、山东黄河玫瑰湖国家湿地公园，澄波湖、燕子湾、大沙河湿地公园
	地质公园	省级及以上	地质遗迹保护区	张夏—崮山、百脉泉、水帘峡、华山、蟠龙山省级地质公园
	重要水源地保护区	城镇集中式	一级保护区、重要湖库、黄河引水干渠	黄河、南水北调干渠、卧虎山、锦绣川、狼猫山、垛庄、玉清湖、鹊山水库、清源湖、东湖水源地
	海洋保护区	省级及以上		
	世界自然文化遗产	全部纳入		
重点生态功能区	水源涵养生态功能区		南部山区水源涵养重点功能区（省级）核心区域	按照评价结果划定
	土壤保持生态功能区		鲁中山地土壤保持重要生态功能区（全国）核心区域	按照评价结果划定
	生物多样性保护生态功能区			按照评价结果划定
	防风固沙生态功能区			按照评价结果划定
生态敏感/脆弱区	土地沙化敏感区			按照评价结果划定
	水土流失敏感区			按照评价结果划定
其他重要区域	沿海基干林带			
	重要河流、湖库		全部纳入	
	特色种质资源保护地			
	其他市（县）政府认为应当划入的禁止开发区		保泉生态控制线	泉域地下水直接补给区、重点渗漏带、自然山体、河道水系

表 3-3　济南市生态保护红线清单名录

序号	代码	名称	区县	面积/km²
1	370102-13-001	历下龙洞土壤保持生态保护红线	历下区	6.12
2	370103-13-001	市中区小寨山—唐王寨土壤保持生态保护红线	市中区	11.72
3	370103-13-002	市中龙洞土壤保持生态保护红线	市中区	21.48
4	370103-11-001	玉符河水源涵养生态保护红线	市中区	0.81
5	370104-11-001	玉清湖水源涵养生态保护红线	槐荫区	5.42
6	370105-11-001	天桥区鹊山水库水源涵养生态保护红线	天桥区	8.54
7	370112-11-001	历城区—南水北调济南段水源涵养生态保护红线	历城区	0.32
8	370112-11-002	锦绣川水库水源涵养生态保护红线	历城区	2.85
9	370112-11-003	卧虎山水库水源涵养生态保护红线	历城区	5.77
10	370112-11-004	历城区狼猫山水库水源涵养生态保护红线	历城区	1.03
11	370112-13-001	历城龙洞土壤保持生态保护红线	历城区	5.42
12	370112-13-002	柳埠—西营土壤保持生态保护红线	历城区	114.98
13	370112-13-003	和尚帽—红叶谷景区土壤保持生态保护红线	历城区	37.47
14	370112-13-004	历城区小寨山—唐王寨土壤保持生态保护红线	历城区	2.95
15	370112-13-005	蟠龙山—将军帽土壤保持生态保护红线	历城区	97.39
16	370113-13-001	长清区—大峰山—马山土壤保持生态保护红线	长清区	40.79
17	370113-13-002	长清区五峰山土壤保持生态保护红线	长清区	18.54
18	370113-13-003	张夏—崮山土壤保持生态保护红线	长清区	2.31
19	370113-12-001	卧龙峪—灵岩寺长清段土壤保持生态保护红线	长清区	66.11
20	370113-11-001	长清区—黄河水源涵养生态保护红线	长清区	1.04
21	370113-11-002	长清区—南水北调济南段水源涵养生态保护红线	长清区	1.33
22	370113-11-003	王家坊湿地水源涵养生态保护红线	长清区	1.78
23	370113-11-004	玉清湖水源涵养生态保护红线	长清区	1.98
24	370181-11-001	章丘—黄河水源涵养生态保护红线	章丘区	4.63
25	370181-11-002	章丘区—南水北调济南段水源涵养生态保护红线	章丘区	0.79
26	370181-11-003	东湖水库水源涵养生态保护红线	章丘区	4.54
27	370181-11-004	绣源河水源涵养生态保护红线	章丘区	1.37
28	370181-11-005	龙山湖水源涵养生态保护红线	章丘区	0.73
29	370181-12-001	白云湖生物多样性保护生态保护红线	章丘区	10.27
30	370181-13-001	章丘区长白山—猫头峰土壤保持生态保护红线	章丘区	16.34
31	370181-13-002	章丘区胡山森林土壤保持生态保护红线	章丘区	104.83
32	370181-13-003	七星台—双凤山土壤保持生态保护红线	章丘区	89.77

序号	代码	名称	区县	面积/km²
33	370124-13-001	平阴大寨山—九玉山土壤保持生态保护红线	平阴县	30.25
34	370124-13-002	平阴县—大峰山—马山土壤保持生态保护红线	平阴县	2.09
35	370124-11-001	平阴县—黄河水源涵养生态保护红线	平阴县	0.41
36	370124-11-002	平阴县—南水北调济南段水源涵养生态保护红线	平阴县	1.93
37	370124-11-003	浪溪河水源涵养生态保护红线	平阴县	0.94
38	370124-11-004	山东黄河玫瑰湖国家湿地公园生态保护红线	平阴县	0.81
39	370125-11-001	济阳县—黄河水源涵养生态保护红线	济阳县	3.58
40	370125-11-002	济阳县稍门平原水库水源涵养生态保护红线	济阳县	1.00
41	370125-11-003	燕子湾水源涵养生态保护红线	济阳县	0.40
42	370125-11-004	土马河水源涵养生态保护红线	济阳县	0.25
43	370125-11-005	清源湖水源涵养生态保护红线	济阳县	1.51
44	370126-11-001	清源湖水源涵养生态保护红线	商河县	2.56
45	370126-11-002	大沙河湿地公园水源涵养生态保护红线	商河县	2.44

目前，与济南市一样，各市生态保护红线都在 2018 年根据 2017 版指南要求进行划定，但是因空间重叠、管理问题等，也都在同年进入调整阶段，调整期尚在进行，生态保护红线勘界定标工作随之延后。

第 4 章　城市大气环境系统模拟与分级管控技术

随着近年来城镇化速度的加快，各城市建设处于不断扩张之中，远处郊区的工业企业逐渐被城市包围。城市周边工业园区、产业新区、高新开发区林立，产业围城现象在各城市周边不断重演，不少重污染企业处于城市的上风向地区，对城市大气环境产生严重影响。传统的环境空气功能区分区仅对自然保护区、风景名胜区、其他需要特殊保护的区域实施限制建设的要求，但对现有城市规划建设的限制和管控要求有限，无法科学指导城市规划建设。

本章结合最新计算机模拟技术，通过开展城市尺度气象特征和污染物传输规律的模拟，分析区域空气流场特征，识别城市大气环境敏感性差异，分析易受污染区域，依据大气环境的敏感性不同划定分级管控区域，并对试点城市开展的一些实践进行研究。

4.1　城市大气环境分级管控技术

城市大气环境分级管控主要涉及气象特征解析、大气环境敏感性空间识别和大气环境红线划定三方面内容。

4.1.1　区域气象特征解析

依据城市气候气象特征，结合高分辨率气象数值模拟技术，分析区域、城市和重点区块等不同尺度的大气流场特征，揭示区域间大气污染空间输送规律，定性识别区域三维流场中上风向、扩散通道、静风区域、海陆风、山谷风、重污染气象等典型气象特征规律，为大气敏感性识别提供依据。

4.1.2 大气环境敏感性空间识别

从保护环境敏感受体点、限制重点大气污染物排放布局和指导城市规划建设等几个方面识别大气环境敏感区域。

①为保护人体健康、重要环境功能区免受大气污染的困扰，基于人口密度等社会经济要素和生态环境功能的识别结果，将这些区域设置为受体敏感区。受体敏感区主要包括自然保护区、风景名胜区、森林公园等国家法定的保护区域以及现状和规划的人口密集区域。

②为指导未来污染源合理布局，限制相同污染排放情况下影响强度大、范围广、可能对重要受体敏感点产生较大影响的区域设置排放源，通过开展源头敏感性分析，将这些区域划为源头敏感区。源头敏感区主要包括受体敏感点的主导风上风向地区、城市大气污染的扩散通道内区域。

③为指导城市科学规划建设，控制自身空气资源禀赋匮乏、污染扩散能力不足区域的建设力度，通过开展污染物易聚集区敏感性分析，将这些区域划分为污染聚集敏感区。污染聚集敏感区主要包括静风区或风速较小不利于污染物扩散，易造成局地污染的地区。

4.1.3 红线划定

通过大气环境系统格局解析，按照大气污染扩散敏感性、大气污染集聚敏感性，以及受体污染敏感性，将城市划分为大气环境红线区、大气环境黄线区、大气环境蓝线区、大气环境绿线区四级区域，实行分级管理，或将城市划分为大气环境功能一级区、大气环境功能二类区和大气环境功能一般区。大气环境空间格局解析技术路线如图4-1所示。

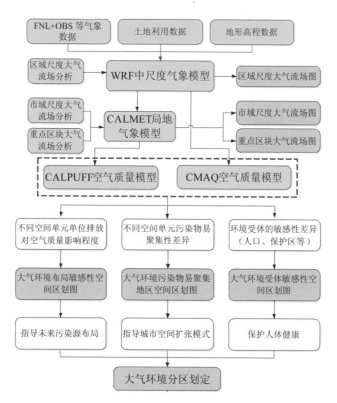

图 4-1　大气环境空间格局解析技术路线

4.2　城市气象特征解析

4.2.1　关键气象参数

　　气候气象条件是大气环境中最重要的自然要素，是大气污染扩散的背景场和驱动场，气象扩散条件的差异直接决定了不同区域环境空气质量的不同。通过对研究区域气候气象条件的分析得出需要识别的基本气象要素包括：

　　①研究区域的气候条件。我国幅员辽阔，南北方气候差异巨大，东西部气候条件迥然不同，气候条件的不同造成处于不同气候区的风场、降水、温度、湿度等要素都需要按照当地的不同条件进行单独分析。

②研究区域大气流场特征。风向、风速作为气象条件的关键指标，风向反映了大气污染的来源、输送过程及归宿的整个流程；风速反映了自然环境对污染物的自净能力，是度量大气自净能力的关键指标。

③降水时空特征。降水量的差异直接决定大气污染物湿沉降的多少，降水可显著改善灰霾污染的影响程度。

④光照条件。太阳光照的强度决定大气温度的垂直分布，对大气稳定度和混合层高度有直接的影响。特别是北方冬季光照较弱，日照时间短，温度较低，造成逆温层较厚且持续时间较长，大气垂向对流不活跃；夏季由于太阳辐射很强，大气对流活动旺盛，逆温层的存在时间较短。

⑤分析尺度。分析尺度不同，对影响空气质量的核心因素也不相同，在区域尺度需重点考虑区域传输的影响以及重要山脉和大江大河对大气流场的改变；城市尺度需重点考虑局地气象的源汇关系、气象扩散通道、海陆风、山谷效应等。城区和重点发展区域等小尺度需要考虑人类建设对气象条件和大气扩散的影响。

⑥局地气候特征。海陆风、山谷风、局地高频静风、城市热岛等小尺度的气象现象对局地空气质量影响明显。

⑦湿度条件。空气中水汽含量与空气质量存在显著影响，冬季重度灰霾天多伴随近地层出现严重逆温，空气湿度较大，或有雾发生，逆温和高湿天气是冬季重污染的隐性"帮凶"，起着"助纣为虐"的作用。

目前，气象数据的来源包括地面监测、高空探测和数值模拟等方法。地面监测虽然是最直观和准确的方法，但由于现场条件随机，实验条件难以控制，长期观测采集数据的人力、物力、财力等花费巨大，在大气环境规划过程中，鉴于不同规划范围差异较大，采样监测点的数量受自然条件影响存在一定的限制，因此地面监测法多作为数值模拟法的校正数据。

相比之下，数值模拟法在现有监测数据的基础上，通过建立描述各物理过程及化学过程的数学方程，求得解析解或数值解来预测空间各范围气象参数在时间和空间上的变化规律，该方法具有可重复性、可控制性、经济性等显著特点。随着计算机技术的不断发展，数值模拟法已成为气象研究和分析中主要的研究方法。

中尺度气象数值模拟是现代气象学中发展迅速的一个重要分支，主要研究中尺度（数千米到几百千米）大气的运动。随着计算机技术的迅速发展，模式研究者将大气动力学理论和数学物理研究成果进行密切结合，使中尺度大气数值模式有了迅速的进展，中尺度气象数值模式在天气预报、航空航海、区域环保、军事等部门得到广泛的应用。

4.2.2　气象数值模拟方法

4.2.2.1　第五代中尺度模式

第五代中尺度模式（MM5）是由美国国家大气研究中心和美国宾夕法尼亚州立大学联合研制开发的气象模式，它是一种有限区域 Sigma 坐标地形跟踪的非静力模型，广泛应用在中尺度大气现象研究中。MM5 以模拟或预报中尺度和区域尺度的大气环流为主，应用于气象、环境、生态、水文等多个学科领域。

MM5 采用 NCEP 全球再分析数据 FNL 作为初始场，由前处理、模式运行和辅助后处理三部分共 6 个模块构成，其中前处理和主模块的地形处理模块（TERRAIN）、气象预处理模块（REGRID）、数据订正模块（RAWINS/little_r）、初始场（INTERPF）等部分是模式运行的主要模块，辅助模块以数据后处理和绘图显示为主。

4.2.2.2　天气研究预报模式

天气研究预报模式（WRF）是由美国研究部门及科学家共同开发研究的新一代中尺度预报模式和同化系统。WRF 的开发计划是在 1997 年由 NCAR 中小尺度气象处、NCEP 环境模拟中心、FSL 预报研究处和俄克拉荷马大学风暴分析预报中心四部门联合发起建立的，并由国家自然科学基金和 NOAA 共同支持。WRF 具有可移植、易维护、可扩充、高效率、方便等诸多特性，将为新的科研成果运用于业务预报模式提供便捷，并使科技人员在大学、科研单位及业务部门之间的交流变得更加容易。

WRF 将成为从云尺度到天气尺度等不同尺度重要天气特征预报精度的工具，重点考虑 1～10 km 的水平网格。该模式将结合先进的数值方法和资料同化技术，采用经过改进的物理过程方案，同时具有多重嵌套及易于定位的能力。它将很好地适应从理想化研究到业务预报等应用的需要，并具有便于进一步加强完善的灵活性。

4.2.2.3 气象诊断模式

气象诊断模式（CALMET）主要利用质量守恒原理对气象场进行诊断，是一个包括地形动力效应、地形阻塞效应参数化、差分最小化，用于陆面和水面边界条件，模拟海陆风环流、山谷风环流等基于三维网格点的边界层气象学模型。CALMET 能够将由 WRF、MM4/MM5 生成的诊断气象场数据与观测数据结合起来，也可直接使用单一格式的数据，模拟输出逐时、逐分、逐秒的风场、温度场、混合层高度、大气稳定度等三维网格点气象数据。

规划中为了得到高分辨率的气象场，常先以中尺度输出数据作为 CALMET 诊断风场的初始猜测场，通过地形的运动学效应、斜坡流效应、闭合效应以及三维辐散最小化来调整初始猜测场，形成网格形式的平均风场，然后用诊断模型把观测资料引入第一步风场，通过插值、平滑、垂直速度的调整、辐散最小化等过程使模拟气象场尽可能地反映实际气象条件。CALMET 诊断风场模型计算流程如图 4-2 所示。

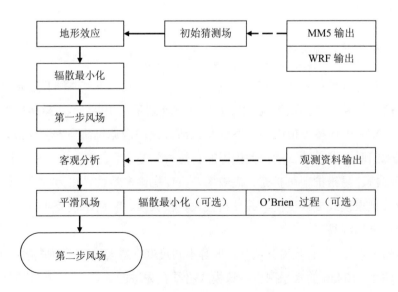

图 4-2　CALMET 诊断风场模型计算流程

4.2.3 气象流场案例分析

4.2.3.1 福州

福州属于典型的亚热带季风气候，气温适宜、温暖湿润，区域内地形复杂，福州市城市环境总体规划采用 WRF+CALMET 气象模型，模拟分析了海峡两岸、福州市和重点区块（罗源湾、闽江口和市区）三个尺度的气象场。考虑不同尺度的空间差异性，模拟了福建省 3 km×3 km 分辨率的风场，并基于 WRF 模拟结果采用 CALMET 模型模拟了福州市和重点区块 1 km×1 km 分辨率的风场。

1．海峡西岸尺度三维流场模拟

海峡西岸 1 月主要受东北气流主导，东北部城市对福州空气质量影响较大；由于山地影响，风速呈现自海洋向内陆迅速减少的趋势，自然环境对大气污染物的自净能力随之迅速减弱；福建省多数区域近地面平均风速小于 1 m/s，静风天气多，不利于扩散。

2．福州市域尺度三维流场模拟

福州市大气流场模拟结果表明，1 月绝大多数时刻瞬时风速小于 1 m/s，不利于污染物扩散；月平均风速总体偏小，特别是罗源湾、中心城区平均风速小于 0.8 m/s，易于污染物聚集，导致局部污染。

福州市域 1 月主导风向为东北风，东北风进入闽江口后，由于河谷的影响，有沿江向上游输送污染物影响市区环境的趋势。罗源湾处于福州市上风向区域，该区域布局重污染源对福州市域空气质量有一定影响，但由于距市区较远且罗源湾存在较强的内循环，因此对市区影响相对较弱。

3．重点区块

闽江口是福州市主要通风口，闽江是市区主要大气流通廊道，来自海洋的风主要通过闽江进入市区。闽江口以及沿江地区的开发将对市区空气质量造成显著影响；来自陆地的东北风进入市区之前，由于受北部山区的影响，东北风转为正北风进入市中心，因此市区北部同样不宜建设污染项目。

4.2.3.2 广州

广州市地处海洋性亚热带季风气候区，雨季和旱季差异显著，冬夏温差较大。广州市年平均气温为 22℃，月平均温度高值出现在 6—8 月，月均温度约为 28℃；最低值出现在 12 月，月均温度为 12.3℃。由于珠三角地区的地理位置，陆地和海洋存在明显昼夜温度差异，白天陆地温度高于海洋温度，夜间海洋温度高于陆地温度。

雨季（4 月）珠三角地区平均气温明显回升，正午陆地温度可超过 25℃，午夜陆地温度可维持在 20℃左右，而在 7—8 月则高于 30℃。雨季主导风向为东风和东南风，风速较小。白天风向以东风为主，夜间以东南风为主。

旱季（10 月）珠三角地区平均气温维持在较高水平，正午陆地温度超过 30℃，午夜陆地温度一般为 20℃左右，而 1—2 月陆地温度则低至 10～20℃。旱季珠三角地区的风向较为稳定，主导风向为东北风，风速较大，陆地一般为 3 m/s 左右的东北风，而海洋风速可达到 4～8 m/s，昼夜风向差别不大，风速夜间大于白天。

珠三角地区旱季的大气污染较重，一个重要的原因就是空气相对干燥，降水较少，污染物去除能力差。

4.3 大气环境受体重要性识别技术

4.3.1 受体重要性评价方法

大气环境控制单元的划分是进行大气环境有关评价和管控的基础，对不同尺度的大气环境受体应采取不同的划分标准。全国尺度的大气环境控制单元主要包括地级及以上城市；区域尺度的大气环境控制单元主要包括地级及以上城市或县级及以上城市；城市尺度的大气环境控制单元主要包括一类环境空气质量功能区、代表性的空气质量监测点位等。

城市环境总体规划中的大气环境受体评价多采用基于大气环境功能区划与人口聚集度的评价方法，将一类环境空气质量功能区（自然保护区和森林公园）和人口密集区作为大气环境管控的重点控制目标单元。其中，人口密集区主要为中心城区、区（县）建成区、重点工业园区等人口密集区域，考虑空气质量监测点具有代表性，一般以环境空气质量监测点为控制点。

在实践过程中，部分城市城镇化率较高，现状城市建设区域已基本覆盖全市大多数地区，根据城市管理需要，选取过程中可适当缩小建成区范围；部分城市对生态环境保护要求较高，除自然保护区和森林公园外，可将水源保护区、天然林场、基本农田等也纳入大气环境受体敏感区范围，并将生态保护红线整体作为大气环境受体敏感区范围。

4.3.2　大气环境受体重要性案例分析

4.3.2.1　福州市

福州市大气环境受体重要区分析过程中，基于《环境空气质量标准》（GB 3095—2012）提出的环境功能区划、人口密度、城市定位等不同环境功能区对空气污染的敏感性及基本要求的差异性，对大气环境受体的敏感性进行识别和划分。结果表明，福州市大气环境受体敏感区大多集中在各区（县）中心区域，福州市中心面积占比较高。

4.3.2.2　烟台市

烟台市大气环境受体重要区除考虑人口分布外，将国家级和省级的自然保护区和风景名胜区全部纳入受体重要区，包括烟台市中心城区和各区（县）人口聚集区、长岛国家级自然保护区、山东昆嵛山国家级自然保护区、海阳招虎山省级自然保护区、莱阳老寨山省级自然保护区、山东莱州大基山省级自然保护区、龙口依岛省级自然保护区、龙口之莱山省级自然保护区、牟平山昔山省级自然保护区、蓬莱艾山省级自然保护区、栖霞牙山省级自然保护区、烟台市沿海防护林省级自然保护区、招远罗山省级自然保护区、栖霞崮山市级自然保护区以及风景名胜区。

4.3.2.3　广州市

广州市大气环境受体重要区范围包括所有的一类环境空气质量功能区以及生

态保护红线范围区，鉴于广州城镇化率已经达到 80%以上，除现有的保护区之外多有大量人口居住，考虑广州市城市管理实际，不再将人口模拟区域划入受体重要区范围。

4.4 高精度污染源源头敏感性识别技术

4.4.1 大气环境源头敏感性评价方法

首先，识别出城市整个规划区域的上风向或风道地区，即对整个区域影响较大的源排放地区。其次，根据城市的主要污染物类型选取需要研究的代表污染物。例如，可以考虑选择一次污染物 SO_2、二次污染物臭氧（O_3）和两种来源兼有的细颗粒物（$PM_{2.5}$）等作为代表污染物，根据污染物的类型选取不同的空气质量模型。再次，根据城市的面积大小及研究需要，选取合适的网格大小，如分辨率为 9 km×9 km、3 km×3 km 或 1 km×1 km 的网格。最后，分别在每一个网格设置相同的虚拟排放源，利用相同的气象条件进行模拟，分别计算每一个网格的源排放产生的城市污染物浓度，经排序比较确定源头敏感性较高的网格和区域。

4.4.2 大气环境源头敏感性案例分析

4.4.2.1 福州市

本书将福州市划分为 3 km×3 km 的规则矩形网格，共计 1 608 个，在每个网格中心布设一个虚拟点源，各网格排放量设置相同，采用 CALPUFF 空气质量模型逐个模拟每个网格污染物排放对空气质量的影响范围和程度，依据其影响范围和程度定量分析污染源空间布局的敏感性。环境敏感点主要考虑空气质量监测点和各区（县）中心［中心城区的 6 个空气质量监测站点和 14 个区（县）中心点］。

依据各网格污染物排放的影响范围和影响强度定量分析每个网格单元布局污染源的敏感性。模拟结果表明，不同网格在排放等量污染物的情况下，对 20 个受体点的平均浓度贡献存在显著差异，其中市辖区及各区（县）的上风向地区布局污染源对城市空气质量的影响明显大于其他地区。源头敏感性分级标准见表 4-1。

表 4-1　源头敏感性分级标准

敏感性分级别	红线	黄线	蓝线	绿线
影响强度/（μg/m³）	≥4.20	≥2.70	≥2.10	≥0
占标准比例/%	≥7.00	≥4.50	≥3.50	≥0
面积/km²	567	1 251	1 989	11 968
占全市面积比例/%	4.74	10.45	16.62	100.00

4.4.2.2　烟台市

本书将烟台市划分为 3 km×3 km 的规则矩形网格 1 504 个，如图 4-3 所示，采用 CALPUFF 空气质量模型模拟每个网格单位污染物排放对空气质量的影响范围和程度，依据影响范围和程度定量分析污染源空间布局的敏感性。考虑人口主要集中在各区（县）中心，因此，本书选取全市域共 25 个空气质量监测点位（其中市区 11 个）。

图 4-3　烟台市 1 504 个虚拟污染点源布局示意图

本书根据各网格污染物排放的影响范围和影响强度定量分析每个网格单元布局污染源的敏感性，在排放等量污染物的情况下，各网格对 25 个受体点的平均浓度贡献存在显著差异。根据各网格点浓度的差异，将烟台市源头布局划分为三个等级，布局敏感性分级标准见表 4-2。极敏感区主要集中在中心城区及各区（县）城区的上风向地区，面积约 182 km²，占全市域面积的 1.3%左右；较敏感区集中在极敏感区外围区域，面积约 492 km²，占市域面积的 3.6%左右；除上述两区外的其余地区为一般区，面积约 13 072 km²，占市域面积的 95.1%左右。

表 4-2   源头敏感性分级标准

敏感性分级别	极敏感区	较敏感区	一般区
影响强度/（μg/m³）	≥5	≥2	≥0
面积/km²	182	492	13 072
占全市面积比例/%	1.3	3.6	95.1

4.4.2.3 广州市

近年来，广州市空气质量已经进入以复合型污染为主的阶段，$PM_{2.5}$ 和 O_3 是当前大气环境质量关注的重点污染物，考虑一次污染物对二次污染物的转化贡献，我们选取代表性污染物 SO_2、$PM_{2.5}$ 和 O_3 进行模拟，并以 4 月和 10 月的模拟结果分别代表雨季和旱季的特征。

首先，分别计算整个广州市域每个网格中的源排放造成的 SO_2 和 $PM_{2.5}$ 在模拟时段的平均值；其次，计算 O_3 在广州市域内每个网格中最大值的平均值；最后，利用每个网格的相对浓度值绘制空间分布图，并依此分析不同网格源排放的重要性。

雨季源头敏感性评价显示，对于 SO_2 和 $PM_{2.5}$ 来说，源头敏感性分布基本相同，主要分布在广州东部，包括增城区大部分地区和从化区、黄埔区部分地区，SO_2 的空间管控一级区域略大于 $PM_{2.5}$ 的空间管控一级区域。O_3 的源头敏感区主要分布在广州东部和东南部。

我们以 10 月的模拟结果代表旱季特征，源头敏感性模拟显示，对于 SO_2 和 $PM_{2.5}$ 来说，源头敏感性分布比较类似。旱季 SO_2 重要的源头敏感区主要分布在增城区东部，另外还包括花都区北部及增城区和黄埔区交界处。$PM_{2.5}$ 源头敏感源区有所扩大，除了上述三处区域面积增大外，新增从化区中部地区。O_3 的分布与 SO_2、$PM_{2.5}$ 不同，由于旱季主导风是东北风，主要的源控制区分布在从化区北部，而其他大部分地区对广州本地 O_3 浓度的影响并不大。

4.5　高精度污染物聚集脆弱性识别技术

4.5.1　大气污染物聚集脆弱性评价方法

识别城市内污染物易聚集区的方法是在区域内所有网格设置强度相同的恒定排放源，在不同季节的气象场条件下进行模拟计算，识别污染物浓度的空间差异，划定高浓度区作为污染物聚集脆弱区。大气环境脆弱区一般位于大气环境容量小、先天自净能力较弱（如山谷、河谷、盆地等）及空气污染严重的地区。

与源头敏感性识别相同，首先，根据城市的主要污染物类型选取需要研究的代表污染物，可以考虑选择一次污染物 SO_2、二次污染物 O_3 和两种来源兼有的 $PM_{2.5}$ 等作为代表污染物，针对不同的污染物类型选用不同的大气模拟软件。其次，根据城市的面积大小及研究需要，选取合适的网格大小，一般网格分辨率为 9 km×9 km、3 km×3 km 或 1 km×1 km。最后，分别在每一个网格设置相同的虚拟排放源，利用相同的气象条件进行模拟，分别计算每一个网格的源排放产生的城市污染物浓度，经排序比较确定源头敏感性较高的网格和区域。

4.5.2　大气污染物聚集脆弱性案例分析

4.5.2.1　福州市

利用 CALPUFF 空气质量模型模拟所有网格同时排放时的污染物浓度分布，污染物浓度较高的地区则为不易扩散或易聚集地区。按照表 4-3 对聚集脆弱性进行分级。模拟结果表明，福州市域内大气环境聚集能力表现出明显差异，有 5 个明显的污染物易聚集区，其中范围最大的区域为闽清县及自中心城区至岷江上游的河谷地带,该区域是污染物高浓度区。在污染物同等排放强度的条件下,污染物容易在这些区域聚集,从而导致局地重污染。

表 4-3 聚集脆弱性分级标准

脆弱性分级别	红线	黄线	蓝线	绿线
影响强度/（μg/m³）	≥3.00	≥2.40	≥1.80	≥0
占标准比例/%	≥5.00	≥4.00	≥3.00	≥0
面积/km²	324	1 116	2 511	11 968
占全市面积比例/%	2.71	9.32	20.98	100.00

4.5.2.2 烟台市

利用 CMAQ 空气质量模型模拟所有网格同时排放时的污染物浓度分布,污染物浓度较高的地区则为不易扩散或易聚集地区,污染物浓度越高,则该地区聚集脆弱性越大。烟台市沿海岸线带状区域、陆地与烟台交界的地形较高的区域污染物的扩散条件较好,文登区、临港区及东部滨海新城连接的片状区域易形成大片的污染物高浓度区。

依据污染物浓度的差异,将污染物聚集脆弱性分为三级,按照表 4-4 绘制烟台市污染聚集脆弱性空间区划。烟台市大气环境聚集脆弱性极脆弱区、较脆弱区和一般区,面积分别约 226 km²、1 409 km²、12 111 km²,分别约占市域面积的 1.6%、10.3%、88.1%。由于在污染物同等排放强度的条件下,污染物容易在聚集脆弱性极脆弱区聚集,从而导致局地重污染。因此,对环境质量需求较高的功能区,如自然保护区、高档别墅区及人口密集区等,应尽量建在聚集脆弱性极脆弱区范围外。

表 4-4 聚集脆弱性分级标准

脆弱性分级别	极脆弱区	较脆弱区	一般区
影响强度/（μg/m³）	≥21	≥16	≥1
面积/km²	226	1 409	12 111
占全市面积比例/%	1.6	10.3	88.1

4.5.2.3　广州市

利用 CMAQ 空气质量模型模拟所有网格同时排放时的污染物浓度分布。对于 SO_2 和 $PM_{2.5}$ 来说，聚集脆弱性分布基本相同，主要分布在从化区西南部区域，SO_2 在从化区北部有相对高值区，O_3 的聚集脆弱区主要分布在广州北部地区。

我们以 10 月的模拟结果代表旱季特征，选取广州市代表性污染物 SO_2、$PM_{2.5}$ 和 O_3 进行分析，分别计算 SO_2 和 $PM_{2.5}$ 在模拟时段的小时均值和 O_3 每日最大值的均值。结果表明，SO_2 和 $PM_{2.5}$ 有类似的空间分布，北部山区、南部沿海地区以及城市中心区的 SO_2 和 $PM_{2.5}$ 浓度并不高，高浓度污染物聚集在萝岗区、白云区东部和增城区西部。但 O_3 的分布有明显不同，在旱季东北风主导下，高浓度 O_3 主要分布在源区的下风向，佛山江门等地是主要的高值分布区，城市中心区西部和白云区西部是 O_3 浓度较高的地区。

4.6　大气环境管理分级技术与管控对策

按照大气污染源源头敏感性、大气污染物集聚脆弱性以及受体重要性，全市域采取分级管控的方式。福州市将全市划分为大气环境红线区、大气环境黄线区、大气环境蓝线区、大气环境绿线区四级区域；烟台市将全市分为大气环境一级管控区、大气环境二级管控区、大气环境三级管控区；广州市将大气环境按照现状已开发区域和未建设区域分别单独进行处理，未开发区域按照敏感性识别统一划入增量严控区，已开发区域划入存量减排区。典型城市大气环境系统解析具体方法与管控空间划定见表 4-5。

表 4-5　大气环境系统解析具体方法与管控空间划定

城市	福州市	宜昌市	广州市	烟台市
空气模型	CALPUFF	CALPUFF	CMAQ	CALPUFF/CMAQ
评价方法	聚集脆弱性、源头敏感性、受体重要性	聚集脆弱性、源头敏感性、受体重要性	聚集脆弱性、源头敏感性、受体重要性	聚集脆弱性、源头敏感性、受体重要性

城市	福州市	宜昌市	广州市	烟台市
评价精度	聚集脆弱性（3 km×3 km）、源头敏感性（3 km×3 km）	聚集脆弱性（3 km×3 km）、源头敏感性（3 km×3 km）	聚集脆弱性（1 km×1 km）、源头敏感性（3 km×3 km）	聚集脆弱性（1 km×1 km）、源头敏感性（3 km×3 km）
评价对象	SO_2	SO_2	NO_x、$PM_{2.5}$、O_3	SO_2
管控分区	大气环境红线区、黄线区、蓝线区、绿线区	大气环境红线区、黄线区、蓝线区、绿线区	一类环境空气质量功能区、大气污染物增量严控区（源头敏感性）、大气污染物存量减排区（现状污染控制）	大气环境一级管控区、大气环境二级管控区、大气环境三级管控区

4.6.1　福州市

福州市大气环境红线区主要包括福州市区、马尾新城、连江县城、罗源县城的部分区域，以及闽江河口等区域污染源排放对空气质量影响较大的区域，除此之外，还包括大气污染排放对人体与经济影响较大的长乐市区等区域，面积为840 km²，占全市域土地面积的7.02%。大气环境红线区禁止新建、改建、扩建废气排放量大或涉及有毒、有害气体排放的项目，原有废气排放量大或涉及有毒、有害气体排放的建设项目应逐步搬迁或者关闭。

福州市大气环境黄线区主要包括闽江沿岸外围等大气污染传输通道敏感区域，以及连江县城外围等污染排放敏感区域，面积为1 350 km²，占全市域土地面积的11.28%。大气环境黄线区限制新建废气排放量大或涉及有毒、有害气体排放的项目；改建大气污染项目不应增加污染排放量；原有废气排放量大或有毒、有害气体排放的建设项目应加强污染排放控制，严格排放标准，保证达标排放。

福州市大气环境蓝线区主要涉及人口与经济相对密集的区域、具有相对重要生态功能的保护区周围区域等，主要包括仓山区西南部区域、环罗源湾地区部分区域、江县北部及东部部分区域，以及闽侯县城、闽清县城、长乐县城的外围区域等，面积为2 592 km²，占全市域土地面积的21.66%。大气环境蓝线区应对废气排放量大或涉及有毒、有害气体排放的项目进行从严管理、重点监控。中心城区及市区等人口相对密集的区域应重点加强大气污染综合治理,加强燃煤污染控制,提高绿化水平。

福州市大气环境绿线区主要指不包含在其他大气环境控制线内的区域,包括福州市西部及南部的大部分地区,面积为 7 186 km^2,占全市域土地面积的 60.04%,大气环境绿线区是城市开发建设的重点区域,可在满足区域排污总量、排放标准等控制要求及相应环境管理制度的前提下集约发展。

本书对中心城区等人口与经济集聚区提出机动车总量控制方案、热岛效应缓解方案、路网优化方案、扬尘区和禁煤区划定方案、城市大气环境综合整治方案等任务措施;对罗源湾、兴化湾等未来重要工业发展区域提出产业结构优化与布局调整方案、火电等产业规模控制方案、大气主要污染物排放总量控制方案、重点工业企业达标排放控制方案、污染物末端治理方案等任务措施;对全市域提出区域大气联防联控措施、煤炭消费总量控制方案、大气污染减排方案、主要大气污染物总量排放控制方案、能源结构调整方案、大气污染综合整治方案等任务措施,全面维护大气环境质量。

4.6.2　广州市

广州市大气环境空间管控区分为一类环境空气质量功能区(生态保护红线外)、大气污染物存量减排区和大气污染物增量严控区。

广州市一类环境空气质量功能区包括:白云山风景名胜区、万亩果园湿地保护区中心区域、南湖国家旅游度假区、帽峰山森林公园、番禺莲花山文物古迹保护区、番禺大夫山森林公园、番禺滴水岩森林公园、花都北部风景区和生态林区、从化北部风景区和生态林区、增城白水寨风景名胜区和增城百花旅游度假区。

大气管控区中各类区块的管控要求如下:

①一类环境空气质量功能区(生态保护红线外),总面积为 890.0 km^2,占广州市陆域国土面积的 12.0%。一类环境空气质量功能区应遵守风景名胜区规划,禁止设立各类开发区或建设大气污染排放企业,禁止在核心景区内建设与风景名胜资源保护无关的建筑物。现有不符合要求的企业、建筑须限期搬离。

②大气污染物存量减排区，总面积为 70.9 km²，占广州市陆域国土面积的 1.0%。主要包括中心城区西部、白云区中东部、花都区南部、增城区南部、番禺区西北部和南沙区北部的 20 个工业园区。污染高值区周边涉气工业园区及重点管控环节见表 4-6。

表 4-6　污染高值区周边涉气工业园区及重点管控环节

园区名称	园区定位	重点管控环节
民营科技园科新区	科技企业创新基地	日用化工，铝冶炼及加工
石湖物流园区	物流	大型机动车，货场机械
林安物流园区	物流	大型机动车，货场机械
增城经济技术开发区（重大产业发展平台）	汽车、摩托车及其零部件	机械加工、喷涂
新塘环保工业园	洗水、漂染业	锅炉
花都汽车产业基地	汽车及其零部件	机械加工、喷涂
镜湖工业区	小规模企业	日用化工
狮岭镇杨屋工业区	小规模企业	皮具、五金加工
新华工业区	小规模企业	塑/胶制品、涂料
北兴工业园区	小规模企业	重型机械
空港商贸物流综合产业园	物流	大型机动车，货场机械
花山镇华侨科技工业园区	小规模企业	金属加工
神山工业园区	小规模企业	玻璃、制鞋
广州白云机场综合保税区（南区）围网区产业园	货运集散中心，物流基地	大型机动车，货场机械
良田物流园	物流	大型机动车
石北工业区	小规模企业	金属加工
万宝工业园	小规模企业	家电生产
沙头街北部工业集聚区	小规模企业	木制品、燃具
东涌万洲产业园	小规模企业	金属制品
小虎沙仔岛产业区	化工	化工

③大气污染物增量严控区，总面积为 334.8 km²，占广州市陆域国土面积的 4.5%，主要包括增城区北部及从化区南部、从化区西南部、从化区北部、黄埔区北部、花都区西部、白云区西部和荔湾区西部。该区域内禁止新建、改建、扩建

除热电联产以外的煤电、钢铁、建材、焦化、有色、石化、化工等高污染行业项目；禁止新建 20 t/h 以下的燃煤、重油、渣油锅炉及直接燃用生物质锅炉；禁止新建涉及有毒、有害气体排放的项目；优先淘汰区域内现存的上述禁止类项目。

从化区西南部区域内包括广州从化明珠产业基地主园区和聚宝片区及龙星片区。区域内汽车零件、精密仪器、家电制造业须严格控制涂装过程中的 VOCs 排放；生物医药、日用化工业须严格控制锅炉排放，注重原辅料的无组织排放。花都区西部区域内包括联东 U 谷产业园、大涡纺织工业区和花都港物流园区。大涡纺织工业区应大力整治、改造燃煤锅炉，减量减排；花都港物流园区应合理规划转运路线，避免运输车辆穿越商业及人口稠密区。

4.6.3　烟台市

首先，采用中尺度气象模型 WRF 建立覆盖山东半岛及沿海区域的高时空分辨率（3 km×3 km）流场模型，解析大气环境系统格局。其次，耦合空气质量模型 CALPUFF/CMAQ，分别模拟每个网格或区块单位污染物排放对空气质量的影响范围和程度，开展污染物排放源头敏感性、污染物聚集脆弱性和受体重要性评价。最后，结合行政区划、地形地貌等因素，将烟台陆域划分为大气环境一级管控区、大气环境二级管控区和大气环境一般管控区，实行分级管理。烟台市大气环境空间管控分区如表 4-7 所示。

表 4-7　烟台市大气环境空间管控分区汇总

类别	大气环境一级管控区	大气环境二级管控区	大气环境一般管控区
划分依据	受体极重要区	源头极敏感区和较敏感区、聚集极脆弱区和较脆弱区、受体较重要区	其他区域
面积/km²	1 581.56	1 985.58	10 178.86
占全市面积比例/%	11.5	14.4	74.1

大气环境一级管控区。包括长岛国家级自然保护区、山东昆嵛山国家级自然保护区、海阳招虎山省级自然保护区、莱阳老寨山省级自然保护区、山东莱州大基山省级自然保护区、龙口依岛省级自然保护区、龙口之莱山省级自然保护区、

牟平山昔山省级自然保护区、蓬莱艾山省级自然保护区、栖霞牙山省级自然保护区、烟台市沿海防护林省级自然保护区、招远罗山省级自然保护区、栖霞崮山市级自然保护区等需要特别保护的地区,面积约 1 581.56 km^2,占烟台陆域面积的11.5%。大气环境一级管控区执行《环境空气质量标准》(GB 3095—2012)一级标准,实施严格的保护。禁止新建、改建、扩建涉及大气污染物排放项目,对现有工业大气污染源(燃煤锅炉、工业炉窑等)责令关停或实施搬迁。禁止使用《关于划分高污染燃料的规定》中规定的重污染燃料,禁止秸秆野外焚烧。禁止在自然保护区核心区、缓冲区建设与保护环境无关的建设项目,禁止在实验区建设各类工业项目;禁止交通干线穿越自然保护区核心区、缓冲区,尽量避免穿越实验区,加强实验区、旅游区等区域内餐饮、旅游、商贸等项目的环境管理,餐饮业及居民要使用天然气、液化石油气、生物酒精等清洁能源。

大气环境二级管控区。包括烟台市区及各市建成区、主导风向上风向等源头敏感区域和市域内山谷、盆地等聚集脆弱区域,面积约 1 985.58 km^2,占烟台陆域面积的 14.4%。实施严格的环境准入和环境管理措施,执行《环境空气质量标准》(GB 3095—2012)二级标准。禁止新建、改建、扩建除热电联产以外的煤电、石化、化工、建材、冶金、冶炼等高污染项目,禁止新建 20 t/h 以下的燃煤、重油、渣油锅炉及直接燃用生物质锅炉;新建 20 t/h 以上燃煤锅炉需执行严格的大气污染物排放标准,并实行区域内现役源 2 倍量削减量替代;新建其他项目,严格控制挥发性有机物、氨等污染物的排放。

大气环境一般管控区。包括除大气环境一级、二级管控区以外的其他区域,面积约 10 178.86 km^2,占烟台陆域面积的 74.1%。该区域属于优化开发和重点开发区域。对现有涉气工业、企业加强监督管理和执法检查,定期开展清洁生产审核,逐渐降低企业能耗与排污强度,提高运行效率。新建、改建、扩建项目,满足产业准入、总量控制、排放标准等管理制度要求的前提下,实行工业项目进园、集约高效发展。

第 5 章　城市水环境系统解析、评价与分级管控技术

经过《重点流域水污染规划》《海河流域水污染防治规划》以及福州、宜昌、威海、广州等试点城市的实践探索，逐渐摸索出一套相对成熟的水环境系统解析和分级管控思路。核心管理思路是规划管理人员基于精细化的水环境控制单元，开展水环境系统的重要性、敏感性和脆弱性评价，将全市域划分为水环境一级管控区、水环境二级管控区、水环境三级管控区，并制定科学合理的管控办法，实行分区分级管理。

5.1　水陆关系空间化

划分控制单元是目前国内公认的推动水陆统筹管理的重要手段，通过划分控制单元，可以把复杂的流域水环境问题分解到各控制单元内，使得具体的流域水环境管理措施和政策能够得到有效实施和落实，从而实现流域水环境质量的改善。

5.1.1　控制单元划分原则

控制单元划分的一般原则有以水定陆、体现流域水生态功能特征、清洁边界隔离、水体类型隔离、可操作落地等。同时控制单元划分应遵循水循环系统的完整性，根据自然汇水特征确定陆域汇流范围，综合考虑社会经济发展、水环境主要问题、水污染特征、区域污染防治重点和方向等，形成水陆结合的控制区。

5.1.2　控制单元划分方法

控制单元的划分方法一般包括基于水文单元、水生态区和行政区的 3 种划分方法。①基于水文单元的控制单元划分方法最早应用于美国的最大日负荷总量计划，是在美国地质勘测局（USGS）绘制的水文单元地图的基础上，根据流域汇水特征划分控制单元，目的是利用划分的控制单元解决复杂的水环境污染问题。②基于水生态区的控制单元划分方法的主要思想是以流域水生态区为基础，根据环境要素、水生态系统特征及其生态服务功能在不同地域的差异性和相似性，将流域及其水体划分为不同的空间单元，以实现流域水生态保护的目标。③基于行政区的控制单元划分方法是指以流域管理理论和行政区管理理论为基础，充分考虑水体流域特征、水系特征、水环境等要素，并结合行政区划划定控制单元，通过解决各单元内水环境问题和处理好单元间关系达到流域水环境管理的目的。

从实践角度来看，划定工作的主要影响因素有水系、产汇流关系、功能区范围、污染源、现状水质、控制断面、县级与乡镇级行政边界等。所需的基础数据包括水域位置和面积、现状使用功能、现状水质类别、规划主导功能、水质功能目标、起始断面和终点断面、排污口位置等。

其中，汇水单元的划分主要是对自然汇水特征的识别过程，能最大化体现自然产汇流规律。主要方法是基于 DEM 数据，采用 GIS 软件的水文分析模块开展划定工作。此外，也有较为简便的基于各种界面友好使用成熟的水文水质模型划分方法，该方法对于模型操作要求较高，但是相对科学、便捷。因此，试点城市探索直接使用构建 SWAT 模型进行汇水单元的划分。总体来看，城市尺度汇水单元的划分精细化水平要求较高，在 SWAT 模型中子流域划分面积阈值的选择主要根据当地环境保护和管理需求及水平确定。子流域面积阈值范围一般为 1 000～10 000 m²，使得城市水环境分级管控体系更加精细，管控措施更容易操作落地。模型划分出汇水单元（在 SWAT 模型中称为"子流域"）之后，可结合行政边界对汇水单元进行微调，以达到全域覆盖且能匹配到相应管理责任主体的目的。

随着数据共享进程的加快，目前 DEM 数据可获取渠道越来越多，精度也越来越高。如中国科学院官网能够下载 30 m×30 m、90 m×90 m 分辨率的数据，日本官网能够下载 20 m×20 m 分辨率的 DEM 数据，有研究表明 20～90 m 尺度的

DEM 数据均能够较好地满足汇水单元划分的精度需求。

5.2　水环境功能重要性评价技术

水资源的功能用途不同，对水质、水环境容量、排污控制等的要求也不同。例如，饮用水水源地水质安全要求高，饮用水水源保护区内禁止设置排污口；农业、渔业、景观娱乐用水等对水质要求略低，但也根据使用情况有一定差异。因此，水环境功能重要性评价主要是依据水体用途和功能的重要性开展评价（表 5-1）。

表 5-1　水环境控制单元重要性评价

水体类型	极重要	中度重要	一般重要
源头水		√	
水质维持在 Ⅱ 类或 Ⅰ 类	√		
饮用水水源地一级、二级保护区	√		
饮用水水源地准保护区		√	
其他水体类型			√

5.3　水环境脆弱性评价技术

水环境脆弱性是指因自然、人为等因素的干扰和破坏，致使水环境系统失去其稳定性和协调性，无法恢复原有系统的状态和功能，或者自我循环和恢复的周期缓慢。水环境脆弱性的研究源于地下水环境脆弱性评价，近年来，水资源脆弱性、水灾害脆弱性和水环境承载力脆弱性等方面的研究逐渐深入。然而，水环境不仅是单一的水资源系统，而且也是一个涵盖水资源、水环境质量、生态环境以及社会、经济的复杂环境系统。作为一个完整、复杂的环境系统，水环境系统脆弱性包含了众多影响因素，众多因素之间又存在许多不确定性。目前城市环境总体规划中主要考虑地表水水环境质量和水生态流量等因素，评价标准见表 5-2，部分城市开展水环境脆弱性评价主要结合水环境容量情况，对于济南等地下水资源较为脆弱的城市需要结合具体情况探索评价体系。

表 5-2　水环境控制单元脆弱性评价

水体类型	极脆弱	中度脆弱	一般脆弱
生态流量较难保障		√	
未达到功能区目标要求		√	
未纳入功能区管理的黑臭河道	√		
其他水体类型			√

5.4　水环境敏感性评价技术

水环境敏感性是指水环境对各种环境变化和人类活动干扰的敏感程度，即在遇到干扰时，水环境问题出现的概率大小。在自然状态下，水环境中各种生态过程维持着一种相对稳定的耦合关系，保持着生态系统的相对平衡，当外界干扰超过一定限度时，这种耦合关系将被打破，某些生态过程会趁机"膨胀"，导致严重的环境问题。

水环境敏感性评价是基于对水生生物栖息地、洄游通道等重要敏感目标活动的集水范围的评价，我们将敏感目标所在的控制单元划定为极敏感区，1 000 m 缓冲区范围内的控制单元划定为较敏感区，其余区域划定为一般敏感区。水环境敏感性评价实质上是对现状自然环境背景下潜在的问题进行辨识，并将其落实到具体的空间区域。水环境敏感性评价已成为确定重点水环境保护区域和产业格局调整方向的重要手段。水环境控制单元敏感性评价见表 5-3。

表 5-3　水环境控制单元敏感性评价

水体类型	分项	执行标准	极敏感	中度敏感	一般敏感
自然保护区	国家级	Ⅰ类		√	
	地方级	Ⅰ类和Ⅱ类	√		
渔业用水区	珍贵鱼类保护区	Ⅱ类	√		
	一般渔业用水区	Ⅲ类		√	
饮用水水源保护区		Ⅰ～Ⅲ类	√		
工业用水区		Ⅳ类		√	

水体类型	分项	执行标准	极敏感	中度敏感	一般敏感
景观娱乐用水区	与人体直接接触的天然浴场、游泳区等	Ⅱ类			√
	与人体非直接接触的景观娱乐用水区	Ⅳ类、Ⅴ类			
农业用水区		Ⅴ类			√
过渡区和混合区					√

5.5　水环境分区管控规划

　　水环境分区依托水环境控制单元，分区整合依托初级分区结果和省级水污染防治行动计划控制单元边界，最终形成市域控制单元，并遵循现状底线的原则，即各水环境控制单元范围内的控制断面和各水环境功能区应以现状水质为底线，反降级、不退化。重点流域水环境控制单元质量目标要与重点流域水污染防治"十四五"规划以及《水污染防治行动计划》相一致。

5.5.1　初步分区

　　基于汇水单元，根据水环境重要性、敏感性和脆弱性，制订水环境分区管控方案，实行分区分类的差异化管控措施。划分原则为：水环境极重要区和水环境极敏感区纳入水源保护重要区；水环境较重要区和水环境较敏感区纳入水源保护缓冲区；进一步筛除水环境风险防控区；其他区域为水环境质量维护区。

　　①水源保护重要区，主要包括自然保护区（含各种珍稀水生生物保护区）、饮用水水源一级保护区和二级保护区、源头水、景观娱乐用水区（与人体直接接触的天然浴场、游泳区等）、连续 3 年保持Ⅰ类或Ⅱ类水质的水体。已有管控要求的水体及陆域参照现有管控措施，其他区域参照饮用水水源地二级保护区管控要求。

　　②水源保护缓冲区，主要包括水源地准保护区以及水源保护重要区所在汇水单元的其他区域，管控要求参照饮用水水源地准保护区管理要求，具体涉及生物多样性、湿地等，分别参照各自的管控要求。

③水环境风险防范区，指水环境保护区周边存在的石油化工企业、废弃裸露矿区、医药制造、垃圾处理厂/填埋场、工业园区、危险化学品和危险废物储存区、核能利用厂区等环境风险重点管控区域。水环境风险防范区的管控要求为：加强水环境监控预警机制建设，限制大规模人群聚集、居民建设用地开发和医院、学校等敏感目标布设。

④水环境质量维护区。以上三类以外的其他区域均为水环境质量维护区，按照水环境脆弱性评价结果，进一步细分为工业污染主导型、农业面源污染主导型和村镇生活污染主导型三种分区类型，根据实际情况制定不同的修复方案。

5.5.2　分区整合

借助 GIS 软件的空间分析板块，将初步分区中相邻且属性相同的单元合并，并根据镇边界和省级水污染防治行动计划对控制单元进行切分整合，形成最终的控制单元划分方案。控制单元划定需结合汇水区、省域水环境功能区、省级水环境控制单元与行政边界，有机融合自然汇水边界和行政区划边界，既遵从自然规律又满足管理的需要。

5.6　实践与应用——以广州市为例

5.6.1　控制单元划分

5.6.1.1　确定水域范围

对照《广东省地表水环境功能区划》，通过图表对应关系校核，结合饮用水水源取水口、县级以上行政交界等的环境敏感目标分布、入河排污口分布和容量计算需要，识别适宜污染源调查和容量测算的控制单元水域范围，并确定控制单元水域范围的起点、终点、长度、面积等数据。

原则上，一个功能区至少由一个以上的控制单元构成。当一个功能区有几个控制断面时，可将其划分为若干个控制单元。广州市域范围内共分为 121 个控制单元，其中河段总长 1 326.6 km，具体见表 5-4。

表 5-4　广州市地表水体控制单元划分

编号	水体	水域	控制单元起点	控制单元终点
1034001	东江北干流	东莞石龙—增城新塘	县界（石碣镇）	石龙桥
1034002	东江北干流	东莞石龙—增城新塘	石龙桥	增江口
1034003	东江北干流	东莞石龙—增城新塘	增江口	西福水（中堂镇）
1034004	东江北干流	东莞石龙—增城新塘	西福水（中堂镇）	汇流处
1034005	东江北干流	东莞石龙—增城新塘	西福水（中堂镇）	下游汇流
1034006	东江北干流	东莞石龙—增城新塘	大敦吸水口（县界）	新塘
1034201	东江北干流	增城新塘—广州黄埔新港东岸	增城新塘	南坦河—县界（增城）
1034202	东江北干流	增城新塘—广州黄埔新港东岸	南坦河—县界（增城）	黄埔新港
1820001	里波水	博罗罗浮山—博罗里波水	增城—博罗交界（英山）	增城—博罗交界
1831401	增江	龙门城下—增城磨刀坑	龙门城下	永汉河入口
1831402	增江	龙门城下—增城磨刀坑	龙门九龙潭（永汉河入口）（市界）	增城磨刀坑
1832001	增江	增城磨刀坑—增城小楼	增城磨刀坑	增城正果镇
1832002	增江	增城磨刀坑—增城小楼	增城正果镇	增城小楼镇西园（派潭河、二龙河汇入处）
1832201	增江	增城小楼—增城梁屋	增城小楼	增城梁屋
1832401	增江	增城梁屋—观海口	增城梁屋	文屋
1900001	派潭河	增城佛坳—增城派潭	增城佛坳	增城派潭
1900201	派潭河	增城派潭—增城大楼	增城派潭	增城大楼
1910001	二龙河	增城铜罗山—增城大楼	增城铜罗山	增城大楼
1920001	西福河	增城大鹧鸪—增城西福桥	增城大鹧鸪	增城联安水库入口
1920002	西福河	增城大鹧鸪—增城西福桥	增城联安水库出口	白洞
1920101	西福河	增城西福桥—增城仙村	增城西福桥	沙河坊
1930001	金坑水	广州蓝屋—增城莲塘	广州蓝屋	金坑水库入口
1930002	金坑水	广州蓝屋—增城莲塘	金坑水库出口	长岭咀
1940001	雅瑶水	增城马岭—增城前海	增城马岭	河背
1941001	水声溪	广州南蛇坳—高田	广州南蛇坳	高田
1942001	潭洞水	大盘围—金坑	大盘围	金坑
1943001	官湖河	萝岗红旗水库坝下—增城坭紫	萝岗红旗水库坝下	增城坭紫

编号	水体	水域	控制单元起点	控制单元终点
1950001	南岗河	广州萝岗鹅头—广州萝岗石桥	广州萝岗鹅头	广州萝岗石桥
1950201	南岗河	广州萝岗石桥—龟山	广州萝岗石桥	龟山
2020001	广州河段后航道	广州白鹅潭—广州洛溪大桥	白鹅潭	过渡段（广州造船厂）
2020002	广州河段后航道	广州白鹅潭—广州洛溪大桥	丫髻沙	东朗（洛溪大桥）
2021001	后航道黄埔航道	广州洛溪大桥—广州莲花山	洛溪大桥	番禺大桥
2021002	后航道黄埔航道	广州洛溪大桥—广州莲花山	县界（番禺，海珠）	县界（番禺，海珠）
2021003	后航道黄埔航道	广州洛溪大桥—广州莲花山	沥滘南	县界（黄埔，番禺）
2021004	后航道黄埔航道	广州洛溪大桥—广州莲花山	县界（黄埔，番禺）	沙基
2021005	后航道黄埔航道	广州洛溪大桥—广州莲花山	大蚝沙	墩头基（长洲）
2021006	后航道黄埔航道	广州洛溪大桥—广州莲花山	东江入口	莲花山
2021101	广佛河	荔湾区芳村沙溪—东漖	荔湾区芳村沙溪	东漖
2021201	花地水道	荔湾区芳村—荔湾区芳村南漖	荔湾区芳村	荔湾区芳村南漖
2021301	黄埔涌	海珠区黄埔涌西口磨蝶沙—官洲水道洪安围东口	海珠区黄埔涌西口磨蝶沙	官洲水道洪安围东口
2022001	狮子洋	广州莲花山—广州大沙尾	狮子洋	莲花山
2022002	狮子洋	广州莲花山—广州大沙尾	莲花山	南支流入口
2022201	狮子洋	广州大沙尾—广州凫洲	大沙尾	番禺市康复医院
2022202	狮子洋	广州大沙尾—广州凫洲	番禺市康复医院	凫洲
2023001	伶仃洋	广州凫洲—广州新垦24涌	凫洲	十七冲围
2024001	广州河段西航道	广州鸦岗—广州沙贝	西南涌汇流	石门（鸦岗）
2024002	广州河段西航道	广州鸦岗—广州沙贝	石门分汊	分汊（白塔）
2024003	广州河段西航道	广州鸦岗—广州沙贝	右汊（县界以北分汊）	支汊汇合（象拔咀）

编号	水体	水域	控制单元起点	控制单元终点
2024201	广州河段西航道前航道	广州沙贝—广州大桥	沙贝	雅瑶水入流
2024202	广州河段西航道前航道	广州沙贝—广州大桥	雅瑶水入口	支汊汇合（左）
2025001	广州河段前航道	广州大桥—广州大蚝沙	新中国造船厂	猎德
2025002	广州河段前航道	广州大桥—广州大蚝沙	猎德	分汊
2025101	三枝香水道	南海市三山港—广州丫髻沙	过渡段（平洲街办北）	平洲
2025102	三枝香水道	南海市三山港—广州丫髻沙	平洲	三山港
2025201	三枝香水道	番禺丫髻沙—番禺北联	丫髻沙	大石大桥
2025401	三枝香水道	番禺北联—番禺新基	大石大桥	新基
2025601	大石水道	番禺北联—番禺西二村	陈村水道汊口	大石大桥
2025701	莲花山水道	番禺狮子岩—番禺清流沙	狮子岩	清流沙
2025901	陈村水道	南海三山口—番禺紫坭	南海三山口	西三西南部
2025902	陈村水道	南海三山口—番禺紫坭	勒竹（县界）	碧江大桥（顺德，番禺县界）
2025903	陈村水道	南海三山口—番禺紫坭	泮浦	紫坭
2026001	沙湾水道	番禺紫坭西—番禺墩涌	紫坭西	紫坭岛尾
2026002	沙湾水道	番禺紫坭西—番禺墩涌	沙湾水厂	墩涌
2027001	沙湾水道	番禺墩涌—番禺八塘尾	番禺墩涌	番禺八塘尾
2028001	沙湾水道大九律	番禺泊刀—番禺蟛蜞南	番禺泊刀	番禺蟛蜞南
2028201	蹓江	番禺蹓江口—番禺太婆份	番禺蹓江口	番禺太婆份
2028401	蹓江	番禺太婆份—番禺梅山	番禺太婆份	番禺梅山
2028601	榄核水道	番禺磨碟头—番禺沙栏	番禺磨碟头	番禺沙栏
2028801	榄核水道	番禺沙栏—番禺雁沙	沙栏	雁沙
2029001	市桥水道	番禺芳地岗—番禺三沙口大刀沙头	芳地岗	都那（石壁水闸）
2029002	市桥水道	番禺芳地岗—番禺三沙口大刀沙头	大龙涌口	泊刀头
2029201	蕉门水道	番禺大坳口—番禺下北斗	西樵水道上（北斗大桥以东分汊处）	下北斗

编号	水体	水域	控制单元起点	控制单元终点
2029301	蕉门水道	番禺下北斗—番禺龙穴围尾	下北斗	蕉门分汊
2031001	流溪河	从化呔根枫—从化鹅公头	良口镇	米玙
2031002	流溪河	从化呔根枫—从化鹅公头	从化温泉	新塘下
2031201	流溪河	从化鹅公头—从化李溪坝	从化鹅公头（龙潭水、小海水汇入）	从化流溪河山庄
2031202	流溪河	从化鹅公头—从化李溪坝	从化流溪河山庄	从化白云区界（牛心岭）
2031203	流溪河	从化鹅公头—从化李溪坝	莘塘	龙岗
2031301	流溪河	从化李溪坝—广州鸦岗	白云区李溪坝	白云区人和
2031302	流溪河	从化李溪坝—广州鸦岗	白云区人和	白云区江村
2031303	流溪河	从化李溪坝—广州鸦岗	白云江村	白坭河入口
2031601	天马河	花都磨石顶—洪秀全水库	花都磨石顶	洪秀全水库
2031701	天马河	秀全水库坝下海布—新街河口罗溪	秀全水库坝下海布	新街河口罗溪
2032001	流溪河花干渠	花都梨园—花都新杨村	花都梨园	新街水入口
2033001	流溪河右灌渠	从化大坳坝—花都梨园	从化大坳坝	从化花都县界
2033002	流溪河右灌渠	从化大坳坝—花都梨园	从化花都县界	九湾潭水入口
2034001	流溪河左灌渠	从化大坳坝—广州大陂	从化大坳坝	从化广州交界
2034002	流溪河左灌渠	从化大坳坝—广州大陂	从化广州交界	安平庄
2034301	石井河	广州清湖莲塘—西航道沙贝	广州清湖莲塘	西航道沙贝
2034601	吕田河	从化桂峰山—从化垇岭	从化桂峰山	从化垇岭
2034602	吕田河	从化桂峰山—从化垇岭	从化垇岭	水口村
2040001	玉溪水	从化长塘—从化溪水	从化长塘	东明镇
2040002	玉溪水	从化长塘—从化溪水	东明镇	从化溪水
2050001	牛栏河	从化白石顶、三角山—从化水口村	南山	镇安市（陈禾洞水、九曲水汇入）
2070001	坋田水	从化黄金脑—从化坋田口	从化黄金脑	黄龙带水库入口
2070002	坋田水	从化黄金脑—从化坋田口	黄龙带水库出口	从化坋田口
2080001	九湾潭	花都鸡枕山—花都白鹤	花都鸡枕山	花都白鹤
2080001	九湾潭	花都白鹤—花都北兴	花都白鹤	花都北兴

编号	水体	水域	控制单元起点	控制单元终点
2090001	小海河	从化天堂顶—从化龙门坳	龙门坳	南大水库大坝
2090201	小海河	从化天堂顶—从化龙门坳	鸡笼岗	留田坑
2091001	龙潭水	从化鹿钻—从化洪山围	从化鹿钻	茂墩
2100001	白坭河	扶基头—埗云	清远花都县界	白坭
2100002	白坭河	扶基头—埗云	白坭	流溪河花干渠汇入口
2100201	白坭河	埗云—小塘	埗云	小塘
2100401	白坭河	小塘—鸦岗	小塘	天马河口（花都白云区界）
2100402	白坭河	小塘—鸦岗	天马河口（花都白云区界）	大坳
2100403	白坭河	小塘—鸦岗	大坳	鸦岗
2100601	新街河	田美—五和	花都田美	花山镇
2100602	新街河	田美—五和	花都—白云共河界	白坭河入口
2110001	九曲河	花都白坭—三水门口坑	白坭	门口坑（三水－花都县界）
3250001	渑二河	从化西坑岭—从化茂墩水库大坝	从化西坑岭	从化茂墩水库大坝
3250201	渑二河	从化茂墩水库大坝—佛冈县龙山	从化茂墩水库大坝	鳌头镇
3340001	迎咀河	花都大芒山—清城区黄毛布	花都大芒山	迎咀水库入口（花都、清城交界）
3350001	银盏河	花都尖峰望—银盏水库大坝	花都尖峰望	银盏水库大坝
3670001	洪奇沥	顺德板沙尾—番禺沥口	顺德番禺交界	谭洲镇（左叉）
3670002	洪奇沥	顺德板沙尾—番禺沥口	谭洲镇	上横沥汇合口
3670003	洪奇沥	顺德板沙尾—番禺沥口	下横沥汇合口	三角民众交界
3671001	上横沥	番禺横沥镇上八顷—番禺横沥镇大福围	番禺横沥镇上八顷	番禺横沥镇大福围
3672001	下横沥	番禺横沥镇北围—番禺横沥镇智隆	番禺横沥镇北围	番禺横沥镇智隆
3673001	大岗沥水道	番禺大岗—番禺庙贝农场	番禺大岗	番禺庙贝农场
3674001	潭州沥水道	放马—九十亩	放马	九十亩

1．高要求水域的处理方法

功能要求较高的特殊控制区水域也应划定对应的控制单元，但其理想环境容量取天然容量、面源入河量、现状入河量、按照一级排放标准核定的允许排放量之中的最小值，以符合广东省地方标准《水污染物排放限值》（DB 44/26—2001）的有关要求。

2．未划定功能水域的处理方法

没有进行功能区划的河流，原则上作为下游已划分功能区划河流的排污河道处理，防止重复计算。但对较大的重要河流，将其纳入附近功能区统一管理，因而应适当扩大已划定功能区的范围。

3．功能区目标不可达情况的处理方法

当出现上游功能区水质目标低、下游水质目标高，而河流自净能力不足以实现下游水质目标时，可将两个相关功能区合并考虑，适当减少上游可利用环境容量。

5.6.1.2　确定控制断面

控制断面决定了控制单元的划定结果，一般情况下，规划应以功能区的边界、县级以上行政交界、省（市）常规监测断面以及饮用水水源取水口作为控制断面。一个环境功能区至少应存在一个控制断面（功能区终点断面）。当某一功能区划水域内存在多个常规性监测断面时，规划选取最高级别的监测断面、最有代表性的监测断面和反映最大水量取水口水质的监测断面若干个作为控制断面。控制断面确定后，由两个以上控制断面形成的闭合水域即为一个控制单元。

5.6.1.3　确定陆域控制单元——排污控制区

根据《广东省地表水环境功能区划》和排污口点位信息，规划初步确定功能区对应的排污控制区（县）。在此基础上，分析各行政区地形特征、汇水区划分和主要污染源去向，核实各控制单元水域的排污控制区（县）。控制单元水域与陆域对应关系如图 5-1 所示。

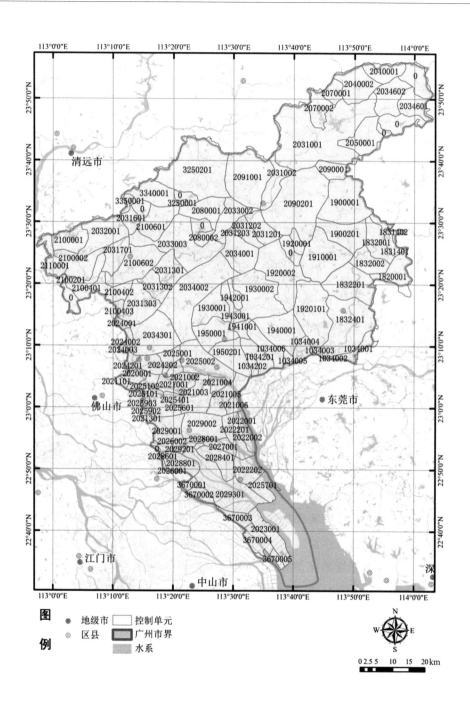

图 5-1　控制单元水域与陆域对应关系

5.6.2 水环境重要性评价

基于水环境功能区划、饮用水水源分级管控区划分的结果以及现状水质状况，遵循行政边界完整性的原则，充分考虑饮用水格局调整以及水环境功能调整的战略趋向，对广州市水环境重要性进行评价。

水环境重要性主要根据水体功能区的划分将重要性分为五个等级进行评价：极重要（A）、较重要（B）、重要（C）、一般重要（D）和不重要（E）。其中，①承担饮用水功能、目标要求为Ⅰ类和Ⅱ类的控制单元，如饮用水水源一级保护区、二级保护区及源头水，评价等级为极重要（A）；②目标要求为Ⅱ类、Ⅲ类，除了具有饮用水功能外，还兼顾工农、综合用水功能的控制单元，评价等级为较重要（B）；③目标要求为Ⅲ类，兼具饮用水、综合用水等多样功能的控制单元，评价等级为重要（C）；④目标要求为Ⅲ类、Ⅳ类，主要为工农渔用水、不单纯具有饮用水功能的控制单元，评价等级为一般重要（D）；⑤其他控制单元，主要用于航运、工业用水的控制单元，评价等级为不重要（E）。根据现有供水格局及未来规划格局，广州市有 28 个控制单元被评定为极重要（A）；37 个控制单元被评定为较重要（B）；分别有 22 个控制单元被评定为重要（C）和一般重要（D）；不重要（E）的控制单元有 12 个。

5.6.3 水环境敏感性评价

广州市水环境敏感性评价包括五个等级：极敏感（A）、较敏感（B）、一般敏感（C）、潜在敏感（D）、不敏感（E）。敏感性指标主要体现了控制区内是否存在对水环境具有较高敏感性的对象，如珍稀物种保护区、鱼类产卵区等自然保护区，以及森林公园等重要生境保护区。控制单元内若存在珍稀物种保护区，则该控制单元及其上游河段的控制单元均被评定为极敏感（A）；具有森林公园等生境保护区的控制单元，按照该生境保护区与控制区内主要河流的距离进行评价，主要河流与重要生境保护区 3 km 以内区域被评定为较敏感（B），重要生境保护区 3 km 以外区域被评定为一般敏感（C）；控制单元内无重要生境保护区，但具有饮用水功能的极重要水体区域被评定为潜在敏感（D），其他控制单元被评定为不敏感（E）。

评价结果显示，自然保护区所在的 18 个控制单元为极敏感（A）；20 个控制单元内存在各级森林公园，其距离均在 3 km 以内，故被评定为较敏感（B）；7 个控制单元距离森林公园相对较近，被评定为一般敏感（C）；16 个控制单元虽然没有保护区、森林公园等重要生境，但单元内河道水质功能要求较高（Ⅱ类水），被评定为潜在敏感（D）；其余 60 个控制单元被评定为不敏感（E）。

5.6.4　水环境脆弱性评价

5.6.4.1　概念及评价方法

广州市将水环境 COD 及 NH_3-N 的环境容量作为水环境脆弱性评价指标，分为极脆弱（A）、较脆弱（B）、脆弱（C）、一般脆弱（D）及不脆弱（E）五个评价等级，分级指标具体如下：①单位水道长度天然 COD 容量＜1 t/（km·a）和天然 NH_3-N 容量＜0.10 t/（km·a）的河段，评价等级为极脆弱（A）；②单位水道长度天然 COD 容量为 1～10 t/（km·a）的河段及天然 NH_3-N 容量为 0.1～1 t/（km·a）的河段，评价等级为较脆弱（B）；③单位水道长度天然 COD 容量为 10～400 t/（km·a）的河段及天然 NH_3-N 容量为 1～10 t/（km·a）的河段，评价等级为脆弱（C）；④单位水道长度天然 COD 容量为 400～4 000 t/（km·a）的河段及天然 NH_3-N 容量为 10～100 t/（km·a）的河段，评价等级为一般脆弱（D）；其余控制单元河段，评价等级为不脆弱（E）。

5.6.4.2　水环境脆弱性分析结果

结合广州市水环境容量测算的初步结果，规划对广州市现有 121 个控制单元的水环境容量进行了初步的估算和评价，花都梨园—花都新杨村等河段单位水道长度天然 COD 和 NH_3-N 容量都相对较低，其中，18 个控制单元被评定为极脆弱（A）；25 个控制单元被评定为较脆弱（B）；29 个控制单元被评定为脆弱（C）；33 个控制单元被评定为一般脆弱（D）；其他 16 个控制单元被评定为不脆弱（E）。

5.6.5　水环境空间管控规划

①在全市范围内划分 4 类水环境管控区，涉及饮用水水源保护、重要水源涵

养、珍稀水生生物保护、环境容量超载相对严重的管控区。总面积为 2 183.8 km^2，占全市陆域面积的 29.4%。

②涉饮用水水源保护管控区主要位于流溪河、沙湾水道，增江等河段及两侧，承担水源保护功能，以保障饮用水安全为主，禁止影响安全供水的开发建设行为。

一级饮用水水源保护区，禁止新建（改建、扩建）与供水设施和保护水源无关的建设项目，已经建成的，依法责令限期拆除或关闭。禁止向水域排放污水，已设置的排污口必须拆除。不得设置与供水需要无关的码头，禁止停靠船舶。禁止堆置和存放工业废渣、城市垃圾、粪便和其他废弃物，禁止设置油库。禁止从事种植、放养畜禽和网箱养殖活动。禁止从事旅游、游泳、垂钓或者其他可能污染饮用水水体的活动。限期拆除或关闭区内已建成的污染物排放项目，严格划定畜禽养殖禁养区，控制面源污染。

二级饮用水水源保护区，禁止一切破坏水环境生态平衡的活动以及破坏水源涵养林、护岸林、与水源保护有关的植被。禁止向水域倾倒工业废渣、城市垃圾、粪便及其他废弃物。禁止运输有毒、有害物质以及油类、粪便的车辆进入保护区，确需进入的，应当事先申请，经有关部门批准、登记，并设置防渗、防溢、防漏设施。禁止使用剧毒和高残留农药，不得滥用化肥，不得使用炸药、毒品捕杀鱼类。禁止设置排污口。禁止建设畜禽养殖场和养殖小区。禁止新建（改建、扩建）排放污染物的建设项目，已建成的依法责令限期拆除或关闭。

准保护区及其以外的区域，禁止破坏水源涵养林、护岸林以及与水源保护有关的植被。禁止新建、扩建对水体污染严重的建设项目，改建建设项目不得增加排污量。禁止淘金、采砂、开山采石、围水造田。禁止造纸、制革、印染、染料、含磷洗涤用品、炼焦、炼硫、炼砷、炼汞、炼铅锌、炼油、电镀、酿造、农药以及其他严重污染水环境的工业项目。禁止设立装卸垃圾、油类及其他有毒、有害物品的码头。严格控制网箱养殖规模，湿地保护区不得从事畜禽饲养、水产养殖等生产经营活动。

③涉重要水源涵养管控区，主要包括从化吕田河、牛兰河、增城派潭河等上游河段两侧区域，以及白洞水库、增塘水库等区域，主要承担水源涵养功能。该区域应加强水源涵养林建设，禁止破坏水源林、护岸林和与水源保护有关的植被等，强化生态系统修复。禁止新建排放有毒、有害物质的工业企业，现有工业废

水排放须达到国家规定标准；达不到标准的工业企业，须限期治理或搬迁。

④涉水生生物保护管控区，主要包括花都天马河、流溪河鹅公头—李溪坝、从化小海河、增江龙门城下—增城磨刀坑等河段两侧区域，具体包括增城兰溪河珍稀水生动物自然保护区、从化温泉自然保护区、从化唐鱼自然保护区等。该区域应切实保护野生动植物及其栖息环境，严格限制新设排污口，加强排水总量控制，关闭直接影响珍稀水生生物保护的排污口，严格控制网箱养殖活动。温泉地热资源丰富的地区要进行合理开发，禁止开发污染水体的旅游项目。

⑤涉环境容量超载相对严重的管控单元（现状污染物排放量超出环境容量30%以上），主要包括西福河、西航道前航道、市桥水道、花地水道、榄核水道。该区域应加强现有水污染源和排污口综合治理，持续降低入河水污染物总量，使水质达到功能区划目标要求。区域内违法、违规建设项目，由各区人民政府责令拆除或者关闭，限期恢复原状或采取其他补救措施，并依法处罚。

⑥ 22 个与水环境管控区存在空间交叉关系的产业聚集区，禁止新建、改建和扩建企业，并逐步清理区域内现有污染源。

其中，新华工业区、北兴工业园区、神山工业园区（含民科园江高 B 园区）和万顷沙南部产业区，与水源涵养保护区和珍稀水生生境保护区存在重叠，主要涉及涂料、布纺加工、家具制造、化纤、化妆品生产等行业。这些区域要严禁高毒性生产废水外排，控制温排水排放，鼓励节约用水和废水回收利用，监控流域水生态风险，防范生态风险。

沙湾镇工业集聚区（含珠宝产业园）、狮岭镇杨屋工业区、狮岭镇芙蓉工业区、联东 U 谷产业园、花都汽车产业基地、花都港物流园区、广州花都经济开发区、白云工业园区、民营科技园科新区、居家用品园区、良田物流园、粤港澳台流通服务合作试验区、榄核北部产业组团、东涌北部产业园、从化高技术产业园核心区、新塘纺织工业园、荔三产业带工业园（江龙和元美）、石滩镇沙庄工业园、增城经济技术开发区（增江）东区高新技术产业园等 19 个园区与饮用水水源保护区重叠。这些区域要加强涂料生产、电镀、制药、食品饮料等行业的排污监控，不允许企业直接外排污水，对园区的全部污水要进行深入处理和分质回用。

第 6 章　环境容量评估与承载率控制技术

资源环境承载力评估测算的基础理论和技术方法已相对成熟。尽管其精准性还有争议，但其科学性毋庸置疑。规划实践发现，一味地追求资源环境承载力绝对值的精准性不仅费时、费力，而且现有管理需要也做不到太过精细的测算，因此，资源环境承载相对值的应用在规划中具有更重要的意义。

6.1　高分辨率城市大气环境承载评价与调控

我们采用中尺度 WRF+CALMET 气象模型，结合地形高程数据，分别模拟分析省域、城乡和重点区块三个尺度的三维气象场。在此基础上，应用 CMAQ 等空气质量模型模拟城市间空气污染的跨界传输、扩散和转化，应用 CALPUFF 等空气质量模型模拟城市内部和重点区块空气污染扩散、转化。

6.1.1　建模准备

基础数据：近几年社会经济、人口、能源消费数据、监测点位空气质量数据、源排放清单（污染源普查动态更新数据或环境统计数据等）。

气象数据：近几年地面气象观测与高空观测资料，地面观测数据包括逐时风向、风速、气压、气温、湿度、降水数据等。

空间数据：人口分布、地形高程、土地利用、行政区划、城市大气环境功能区划图以及各功能区划面积等。

模型软件：ArcGIS、中尺度气象模型（MM5、WRF、CALMET 等）、空气质量模型（CMAQ、CAMx、CALPUFF）等。

6.1.2　网格化空间单元划分

我们将所研究城市划分为若干个规则（等间距网格）或不规则（依据省、市、县行政区划划分）的空间单元，全市域尺度上建议采用 3 km×3 km 的网格设置，城市内部重点区块，建议采用 1 km×1 km 的网格设置，进行网格化划分。

6.1.3　系统模拟

规划利用高频率气象场模拟技术，模拟典型月份研究区域不同尺度的流场特征。一般多采用中尺度气象模型 MM5/WRF，结合城市地形高程数据和城市监测站点全年逐时气象数据（风速、风向、总云、气温、湿度、气压、降水），模拟区域 3 km×3 km 分辨率的三维动态气象风场。基于 WRF 模拟结果，结合市域地形数据，利用 CALMET 模型模拟中小尺度上 1 km×1 km 分辨率的风场，细化重点区域不同网格处的大气扩散能力差异。大气环境资源利用底线评估技术路线如图 6-1 所示。

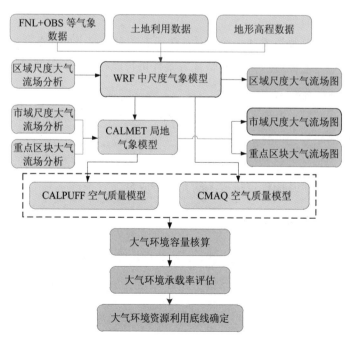

图 6-1　大气环境资源利用底线评估技术路线

6.1.4 容量测算方法

我们根据城市气象特征，选取适当月份作为大气环流特征不同季节的代表，利用空气质量模型对污染物浓度进行模拟，得到网格化的浓度分布数据。参考实际监测数据对模拟结果进行评估、估算模拟误差并进行校正。

我们根据《环境空气质量标准》（GB 3095—2012），计算空气质量达标率，将该达标率条件下的污染物排放量作为该达标率条件下污染物的大气环境容量。具体操作中，以不同污染物相对《环境空气质量标准》（GB 3095—2012）二级标准的达标率作为基准方案，进而通过调整源排放强度，拟合得出排放强度与达标率的关系，源排放强度即为对应达标率下的大气环境容量，进一步计算未来目标达标率的基础上污染物的大气环境容量。

我们选取的污染物包括一次污染物 SO_2、NO_x、PM_{10}，二次污染物 O_3，复合污染物 $PM_{2.5}$ 等。

测算推荐技术方法有：A 值法、多源模式法、线性规划法等，各方法在国内和各个项目中都有使用。

①A 值法：将城市看成一个箱体，在地表和混合层之间，通过对区域通风量、雨洗能力、混合层厚度、下垫面特征等条件进行综合分析，计算由大气自净能力所清除的大气污染物总量；

②多源模式法：在基准模拟方案的基础上，对污染源的排放量进行削减，确定各污染源的平权允许排放量；

③线性规划法：将污染源及其扩散过程与控制点相联系，以控制点的浓度达标作为约束条件，从而确定排放源的允许排放量。

6.1.5 大气承载状况分析

基于大气环境容量的测算结果与污染源排放现状核算，得到大气环境承载率，根据承载率的不同，规划将各评价单元分为五个等级，详见表 6-1。

表 6-1　大气环境承载率评价等级

等级	表征状态	承载率/%	等级描述
I	理想，低承载	≤50	发展空间很大
II	良好，较低承载	50～80	发展空间较大
III	一般，中承载	80～100	发展空间一般
IV	预警，较高承载	100～150	发展空间较小
V	危机，高承载	≥150	发展空间很小

I 级（高承载）表明城市大气环境处于理想状态，应进一步减少大气污染物排放。

II 级（较高承载）表明城市各大气环境要素承载水平处于良好状态，该类区域要严格要求企业达标排放，做好承载水平监测分析。

III 级（中承载）区域的空气质量状况处于一般水平，大气环境承载级别一般，已经处于接近满载状态。这类区域应做好监测，实现污染物排放总量持续下降，谨防污染向严重的方向发展。

IV 级（低承载）区域的大部分大气环境要素承载水平达到临界状态，或其中有部分大气环境指标处于严重超载水平。这类地区应提高环境准入，对超载类大气污染物排放实行总量削减控制，逐步降低超载类污染物的排放总量，使其限期达到环境质量标准。

V 级（弱承载）指城市环境主要指标处于严重超载的危机状态，大气环境污染严重。这类地区要实行更严格的大气污染物排放标准和总量控制指标，对各类污染物排放总量进行削减控制，大幅减少大气污染物的排放量，在规定时限内分期逐步使环境承载水平降低到正常状态。

规划按照承载核算结果，筛选重点超载污染物，明确不同阶段大气环境承载率的调控底线，制定主要大气污染物排放上限，提出未来城市重点废气排放产业布局及结构的调控建议。

6.1.6 案例分析

大气环境容量计算方法较多，为更好地测算大气环境主要污染物环境容量，我们在不同试点城市探索应用了不同的空气质量模拟模型、流场模拟模型，部分试点城市的详细情况梳理见表 6-2。

表 6-2 大气环境承载率测算模型的选择与计算方法

序号	福州市	宜昌市	广州市	威海市
空气模型选择	CALPUFF	CALPUFF	CMAQ	CALPUFF/CMAQ
气象模型选择	WRF	WRF	MM$_5$/WRF	WRF
大气环境容量与承载率计算方法	WRF-修正 A 值法计算 SO$_2$、NO$_x$、PM$_{10}$ 的大气环境容量与承载率	WRF-修正 A 值法计算 SO$_2$、NO$_x$、PM$_{10}$ 的大气环境容量与承载率	CMAQ 模型的多源模式法计算 NO$_x$、PM$_{2.5}$ 的大气环境容量与承载率	WRF-修正 A 值法计算 SO$_2$、NO$_x$、PM$_{10}$ 的大气环境容量与承载率；CMAQ 模型的多源模式法计算 PM$_{2.5}$ 的大气环境容量与承载率

6.1.6.1 福州市大气环境容量评估思路与技术方法

福州市以 SO$_2$、NO$_x$、一次颗粒物三项污染物年均浓度达到《环境空气质量标准》（GB 3095—2012）一级标准和二级标准为约束条件，分别计算了各区（县）三种大气污染物环境容量的空间格局。规划大气环境污染物排放约束目标的确定原则是所有区（县）大气环境质量不退化、不利气象条件月份排放量不超载、大气环境质量不断改善。

基于 WRF-CALMET 模型测算的 1 km×1 km 分辨率通风系数，福州市城市环境总体规划采用 A 值法测算 SO$_2$、NO$_x$、一次颗粒物三项污染物在 1 月、4 月、7 月、10 月四个典型月份以及全年的最大允许排放量，各区（县）三种大气污染物环境容量的空间格局如图 6-2 所示。

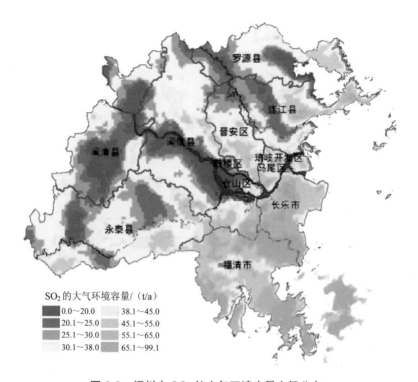

图 6-2　福州市 SO_2 的大气环境容量空间分布

6.1.6.2　广州市大气环境容量评估思路与技术方法

广州市采用多源线性规划法，利用 CMAQ 模型对 2012 年 SO_2、NO_2、PM_{10}、$PM_{2.5}$ 和 O_3 等污染物的大气环境容量进行了模拟和评估。根据《环境空气质量标准》（GB 3095—2012）二级标准，规划计算国控站点的空气质量现状达标率，并将该达标率条件下的污染物排放量作为大气环境容量。模型通过设置一系列达标率，并通过调整源排放强度拟合出各污染物大气环境容量与达标率的关系，确定不同污染物在目前情况下的允许排放量。

模型选取污染最为严重的月份——10 月，确保在最严格的条件下估算污染物的允许排放量，并保证其他季节环境空气质量的达标要求。CMAQ 的网格采用多重嵌套的方式进行设置，珠三角地区网格分辨率为 4 km×4 km。

模型以 2010 年源排放清单为基准，利用 2012 年的气象场模拟结果作为输入条件，对广州市 SO_2、NO_2、$PM_{2.5}$ 和 O_3 进行基准方案模拟，并调整源排放清单进行情景分析。考虑广州市污染水平和削减可行性，情景计算方案设置如下：①源排放减为基准条件的 40%；②源排放减为基准条件的 60%；③源排放减为基准条件的 80%；④源排放增为基准条件的 1.2 倍。NO_x 在现状和模拟情景条件下的达标率见表 6-3，根据 NO_x 的削减量，按比例削减 VOCs。

表 6-3　在现状和模拟情景条件下的达标率　　　　　　　　　　单位：%

情景	情景 1：现状（100%）	情景 2：源排放减为基准条件的 60%	情景 3：源排放减为基准条件的 80%	情景 4：源排放增为基准条件的 1.2 倍
达标率	79.8	98.8	89.9	69.3

1. SO_2 的大气环境容量

广州市 SO_2 控制工作较好，SO_2 浓度逐年下降，大幅低于《环境空气质量标准》（GB 3095—2012）二级标准，不会出现超标状态，在未来一段时间内 SO_2 的大气环境容量不会成为空气质量的限制因素。

2. NO_x 的大气环境容量

根据各国控站监测数据及相同时段基准方案和情景 2、情景 3、情景 4 方案（改变 NO_x 排放量）的模拟结果。在目标达标率下，广州市 NO_x 的环境容量约为 9.54 万 t，现状排放总量为 12.74 万 t。全市范围内，在秋季气象条件下，NO_x 的大气环境承载率为 134%。广州市各区 NO_x 大气环境承载率结果见表 6-4。

表 6-4　广州市各区 NO_x 大气环境承载率

行政区	NO_x 排放量/万 t	NO_x 容量/万 t	NO_x 承载率/%
越秀区	1.14	0.04	2 850
海珠区	1.09	0.12	908
荔湾区	0.94	0.08	1 175
天河区	0.78	0.12	650
白云区	1.27	1.02	124
黄埔区	1.75	0.62	282
花都区	0.98	1.24	79

行政区	NO$_x$排放量/万 t	NO$_x$容量/万 t	NO$_x$承载率/%
番禺区	0.83	0.68	122
南沙区	1.60	1.01	158
从化区	0.60	2.53	24
增城区	1.76	2.07	85
中心城区	5.22	1.38	378
全市	12.74	9.54	134

注：中心城区包括越秀区、海珠区、荔湾区、天河区、白云区。

3．O$_3$前体物的大气环境容量

因为大气中的 O$_3$ 主要是通过光化学反应生成的，不是来自直接排放，所以讨论 O$_3$ 的达标问题需要考虑其前体物 NO$_x$ 和 VOCs 的排放。当城区机动车 NO$_x$ 排放浓度较高时，VOCs 对 O$_3$ 浓度有限制作用。情景分析显示，当 NO$_x$ 削减 10%、VOCs 削减 30% 时，10 个国控站中，O$_3$ 日最大浓度下降 4.4%～9.9%；当 NO$_x$ 削减 20%、VOCs 削减 60% 时，O$_3$ 日最大浓度下降 12.6%～35.1%。

4．PM$_{2.5}$的大气环境容量

广州市 PM$_{2.5}$ 的环境容量约为 3.29 万 t，现状环境统计量为 1.53 万 t，其余污染源排放量为 1.76 万 t，全市 PM$_{2.5}$ 环境排放总量为 3.95 万 t。全市范围内，在秋季气象条件下，PM$_{2.5}$ 的大气环境承载率为 120%。根据广州市各区 PM$_{2.5}$ 排放量与各区 PM$_{2.5}$ 环境容量对比，全市 PM$_{2.5}$ 容量略有超载，超载重点区主要集中于越秀区、海珠区、荔湾区和天河区。广州市各区 PM$_{2.5}$ 大气环境承载率见表 6-5。

表 6-5　广州市各区 PM$_{2.5}$大气环境承载率

行政区	PM$_{2.5}$排放量/万 t	PM$_{2.5}$容量/万 t	PM$_{2.5}$承载率/%
越秀区	0.22	0.01	2 200
海珠区	0.20	0.04	500
荔湾区	0.15	0.03	500
天河区	0.16	0.04	400
白云区	0.42	0.35	120
黄埔区	0.38	0.21	181
花都区	0.62	0.43	144

行政区	PM$_{2.5}$排放量/万 t	PM$_{2.5}$容量/万 t	PM$_{2.5}$承载率/%
番禺区	0.28	0.23	122
南沙区	0.36	0.35	103
从化区	0.57	0.87	65
增城区	0.59	0.72	82
中心城区	1.15	0.47	245
全市	3.95	3.28	120

注：中心城区包括越秀区、海珠区、荔湾区、天河区、白云区。

测算结果显示，广州市 SO$_2$ 污染物排放状况尚在大气环境容量范围之内；NO$_x$ 和 PM$_{2.5}$ 排放超出大气环境容量。PM$_{2.5}$ 作为重点超标污染物，规划建议明确不同阶段大气环境承载率的调控底线，制定主要大气污染物的排放上限，提出未来广州市重点废气排放产业布局及产业结构的调控要求。

6.1.6.3 烟台市大气环境容量评估思路与技术方法

烟台市大气环境容量评价的污染因子主要包括 SO$_2$、NO$_x$、PM$_{10}$、PM$_{2.5}$，以污染物年均浓度达到《环境空气质量标准》（GB 3095—2012）二级标准为约束条件。首先，一次污染物 SO$_2$、NO$_x$、PM$_{10}$ 采用基于高分辨率气象模型核算理想环境容量；其次，新型污染物采用基于 CMAQ 模型的多源模式法，定量模拟测算 SO$_2$、NO$_x$、PM$_{10}$、一次细颗粒物、VOCs、NH$_3$-N 等污染物与二次细颗粒物之间的转化关系；再次，结合烟台市 PM$_{2.5}$ 浓度空间现状分布，估算烟台市 PM$_{2.5}$ 环境容量；最后，结合各区（市）污染排放数据，利用 ArcGIS 软件进行统计分析，计算各区（市）承载情况。

1. SO$_2$、NO$_x$、PM$_{10}$ 环境容量

规划基于 WRF-CALMET 模型测算 1 km×1 km 分辨率的通风系数，采用 A 值法测算 SO$_2$、NO$_x$、一次颗粒物三项污染物在 1 月、4 月、7 月、10 月四个典型月份以及全年的最大允许排放量，并分析三种大气污染物环境容量的空间格局。

2. PM$_{2.5}$ 环境容量

由于 PM$_{2.5}$ 来源复杂，且无相关统计数据，给 PM$_{2.5}$ 环境容量及环境承载率测算带来较大难度。规划采用基于 WRF-CMAQ 的多源模式法，定量测算一次污染

物排放与二次 $PM_{2.5}$ 生成之间的响应关系，并基于现状 $PM_{2.5}$ 监测数值，核算烟台市 $PM_{2.5}$ 的环境容量与环境承载率。

如图 6-3 所示，烟台地区硫酸盐、铵盐和硝酸盐分别占 $PM_{2.5}$ 组分的 15%、7% 和 6.1%，三者之和占比为 28.1%，说明在同等条件下，二次无机盐的生成能力为硫酸盐＞铵盐＞硝酸盐。

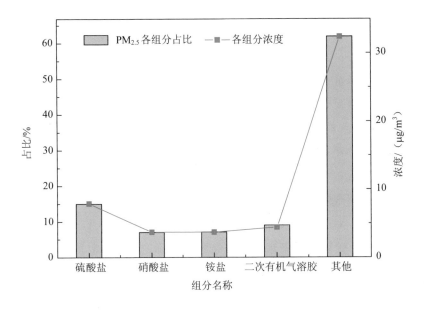

图 6-3　$PM_{2.5}$ 组成及各组分占比

基于现有的总量控制模式，设定 SO_2 和 NO_x 联合削减 10%、20%、40% 和 60% 等不同情景，分别测算不同情景对城市 $PM_{2.5}$ 及其各组分的影响。SO_2 和 NO_x 联合削减对城市 $PM_{2.5}$ 浓度下降的响应比约为 10∶1.1，SO_2 和 NO_x 联合削减对硫酸盐、硝酸盐和铵盐浓度下降的响应比分别为 10∶3.1、10∶5.9 和 10∶3.1。按此测算比例，若要降低 $PM_{2.5}$ 浓度，需对一次颗粒物、VOCs、氨等多种污染物协同控制。

一次细颗粒物削减对城市 $PM_{2.5}$ 整体浓度下降影响较为显著，其响应比例约为 10∶8；此外，一次细颗粒物排放量的削减同样降低了二次无机盐的生成，影响程度为硫酸盐＞铵盐＞硝酸盐，与其在 $PM_{2.5}$ 中的占比呈正相关。根据 2014 年烟台市 $PM_{2.5}$ 监测数据，$PM_{2.5}$ 年均值如果要达到《环境空气质量标准》(GB 3095—

2012）二级标准的要求，现状浓度仍需下降43%；按此情景烟台市需削减54%以上的一次细颗粒物，才可达标。

1．环境容量测算结果

烟台市 SO_2、NO_x、PM_{10}、$PM_{2.5}$ 环境容量分别约为32.71 万 t/a、19.95 万 t/a、8.34 万 t/a、4.17 万 t/a，烟台市环境容量整体较好，各区（市）大气环境容量与气象条件、地形条件关系相关，差异性显著。烟台市北部环海蓝色经济带及与中部部分地形较高的地区环境容量较大，西南部与莱西市交接的内陆及南部海湾地区环境容量相对较小；大气环境承载力总体呈环海蓝色经济带及山区较强、内陆及海湾地区较弱的特征；夏季由于海陆风交替环流作用，瞬时静风天气多发，引起部分海陆交接区域夏季环境容量相对较小。

2．大气环境承载率评估

烟台市大气环境承载率见表 6-6。在不考虑颗粒物承载状况时，芝罘区 SO_2 和 NO_x 承载率均超过 300%，为大气环境严重超载区域；龙口市承载率超过 100%，为大气环境一般超载区域；莱山区、福山区、牟平区、蓬莱市、莱州市、招远市、栖霞市、莱阳市、海阳市、长岛县等地区大气环境承载率小于 1，为大气环境容量结余区域。由于颗粒物污染来源的复杂性和不确定性，考虑 PM_{10} 承载状况时，各区（市）均存在不同程度的超载状况。综合各区（市）大气环境承载率与发展定位，芝罘区和龙口市要增减平衡并适度削减，严格控制 SO_2 和 NO_x 排放；中心城区通过能源结构调整、技术改造逐步减少大气污染物的排放，重点防治机动车尾气、建筑扬尘，严格控制采暖期工业废气排放。我们建议烟台市根据承载力格局和规划压力，明确不同阶段大气环境承载率的调控底线，制定主要大气污染物排放上限，提出未来烟台市重点废气排放产业布局及产业结构的调控要求。

表 6-6　烟台市大气环境承载率　　　　　　　　　　单位：%

区（市）	SO_2 承载率	NO_x 承载率	PM_{10} 承载率	一次 $PM_{2.5}$ 承载率
芝罘区	323.68	366.94	371.48	156.14
莱山区	42.72	63.17	231.00	134.29
福山区	44.18	59.35	219.90	151.43
牟平区	8.30	9.24	100.45	151.43

区（市）	SO₂ 承载率	NOₓ 承载率	PM₁₀ 承载率	一次 PM₂.₅ 承载率
蓬莱市	20.52	60.92	128.95	142.86
龙口市	123.80	206.13	170.76	154.29
莱州市	17.54	19.45	165.39	134.29
招远市	9.18	7.01	90.02	136.14
栖霞市	6.33	31.56	106.30	136.14
莱阳市	14.45	5.85	111.46	140.00
海阳市	5.26	2.75	97.91	131.43
长岛县	42.85	20.02	326.39	128.57

6.1.7　城市大气环境质量管理技术

作为城市环境保护规划的顶层设计和中长期规划，城市环境总体规划在大气环境质量改善过程中，既要有大局观、全局观，响应党和国家政策要求，前瞻大气环境质量发展形势，以持续改善大气环境质量、保障人体健康为最终目标，实施生态与经济再平衡战略；同时也要兼顾地方发展实际，同现状经济建设和社会发展相协调，对接《环境保护法》（2014 年修订）、《环境空气质量标准》（GB 3095—2012）、《大气污染防治行动计划》等要求，确定规划期内环境保护的战略方向、实施路径、关键措施，增强规划实施的科学性、协调性和可持续性。

①以法律为准绳，明确大气环境利用容量底线。《环境保护法》（2014 年修订）确立了环境保护优先的原则，从原来的环境保护工作要同经济建设和社会发展相协调转变为现在的坚持经济发展要和环境保护相协调。规划需从资源环境约束角度，按照生态文明建设的要求，确定适宜的城市发展规模、结构及布局，明确环境承载力（阈值）底线，确定规划期内城乡生态环境保护的战略方向、实施路径、关键措施。

②推行煤炭总量控制制度，实施能源结构与环境再平衡战略。研究制定煤炭消费总量中长期控制目标，推广清洁能源，加强原煤经营和使用的管理，使用低灰分、低硫分煤炭，禁止原煤散烧，积极推进城区无燃煤区建设，饮食娱乐服务业要全部使用清洁能源。进一步加强风能、太阳能、核能等清洁能源的开发利用，

对接国家和省级大气污染防治规划中能源结构调整的目标要求，适时提出能源利用指标和管控要求。

③深化治理颗粒物，逐步消除雾霾污染。$PM_{2.5}$的防治应针对其成因，严格控制$PM_{2.5}$及其前体物的排放。$PM_{2.5}$的来源决定了对其控制不仅要控制一次污染物，而且还要减排其前体物。因此，应全面控制工业污染源、移动污染源、生活污染源、农业污染源、城市扬尘五个重点领域的污染物排放。

④加强VOCs污染防治，积极应对O_3超标。规划对重点领域，如加油站、油气储罐、喷涂行业、汽车制造、轮船制造、家具制造等重点行业和领域提前开展污染防控。规划针对各地污染生成机理和前体物各不相同的特点，强化O_3污染防控的顶层设计，加强管理部门与科研部门合作，开展雾霾、O_3的形成机理、来源解析、迁移规律等研究。

6.2 精细化水环境承载评价与调控

水环境承载力是区域某个时期社会经济活动与水环境之间协调发展程度的表现。水环境承载力计算是按照一定的功能要求、设计水文条件和水环境目标，计算水体所允许容纳的污染物量，也就是指水环境功能不受破坏的条件下，受纳污染物的最大量。关于水环境承载的概念主要分为两类：一类是广义的概念，综合水资源、水生态、水环境和经济社会指标的水环境承载研究；另一类是狭义的概念，聚焦水环境的纳污能力和纳污现状的承载研究。由于城市环境总体规划是综合性的环境规划，水环境承载研究是其中一个专题，因此，在实践过程中一般沿用狭义概念。

6.2.1 评价思路

水环境承载力的评估关键在于水环境容量的核算和全口径的污染源解析，具体的核算流程如图 6-4 所示。规划基于控制单元，统筹考虑水环境点源和面源污染数据，计算水环境承载力，基于水环境承载状况及污染源解析状况，制定后续水环境优化利用的调控策略。

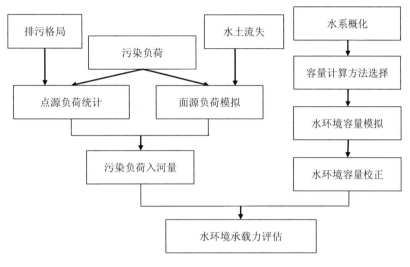

图 6-4　水环境承载力计算流程

6.2.2　水环境容量测算

水环境容量测算一般可以采用零维水质模型、一维水质模型、二维水质模型,并引入不均匀系数、降解系数等进行校正。对于湖库、河口等区域可以采用水动力模型模拟估算。对于数据量较少、数据支撑不足的城市,可以采用断面法、径流量法对水环境容量进行粗略评估测算。

流域尺度的水环境容量测算选择方法越复杂,计算结果越精确,相应需要的数据也越多。城市水环境容量测算尽管也是以流域为单位,但是又不同于一般流域尺度的研究。因其涉及的流域较多,数据需求量比较大,且多数河流因其水文数据缺失或数据涉密等因素,一般难以获得详细的水文数据。尽管政府部门都有数据,但是各个城市的水文部门通常都是由省直管,城市层面的资料分享机制通常难以达成。

在城市环境总体规划中,对于水环境容量,关注更多的是水环境容量的相对值大小,因此,无须过多纠结基础数据是否齐全,水环境容量数值计算是否准确等问题。由于城市环境总体规划核算的是整个城市层面的数据,因此多采用较为简单的核算方法,诸如零维水质模型和一维水质模型、径流量法等。后续如果城市的管理能力提升，基础研究储备足够之后，规划可基于相关项目的研究成果，做出更为精准的综合决策。

一般城市尺度的水环境容量仅评估水环境承载力的空间差异，提出差异化的水环境空间管理措施，仅考虑可降解的有机污染物，对于难降解、易沉淀的重金属等污染物不考虑其环境容量。核算的污染因子一般选择 COD 和 NH_3-N，海边城市应按照《水污染防治行动计划》中的相关要求增加 TN 和 TP 两项污染物。研究的河流对象建议征求水利部及生态环境部的意见，参照水环境功能区划和水功能区划，将其中的河流全部纳入，以实现城市水环境的全覆盖管理。

6.2.2.1　断面法

我国对水环境容量的研究已有近 20 年，建立了比较成功、有效的计算河流、湖泊等地表水体水环境容量的方法学体系。该体系基本上采用各种水质模型，所以常被称为水质模型法。具体计算时，首先，将流域和河流划分为小的河流单元；其次，以控制断面为界，每一个河流单元建立一维或二维的水质模型，利用模型计算该河流单元的水环境容量；最后，通过一次叠加法得出一条河流和一个流域的水环境容量。主要工作可划分为：

①划分河流单元；

②确定单元水体功能目标；

③确定河段上段污染物的初始浓度；

④确定河段中城市排污口或支流河口的位置及污染物浓度（边界条件）；

⑤确定设计流量和流速；

⑥建立河段水质模型和率定模型的有关参数；

⑦建立单元河段容量计算模型；

⑧用叠加法计算整条河流水质或区域的总容量。

断面法计算水环境容量也存在一些问题，如同一河流的不同控制断面流量，流速彼此不同，计算得出的水环境容量相差较大；对于同一控制断面，因其不同季节、不同水期、不同年份的流量，流速差别较大，计算得出的水环境容量也彼此不等，由于其控制断面在环境监测上尚无统一的监测统计资料，因此无法采用水质模型计算水环境容量。另外，断面法需要众多的水文、水质和排污资料，而且还需要确定许多参数，如水质模型的衰减系数、纵向离散系数、二维模型的横向扩散系数、设计流量和流速、河段内各出流口及入流口的位置等，即使对于流域而言，这种方法已是十分烦琐，也难以获取足够的系统资料，而且对每一条河段建立水质模型，其模型误差的累积值将会超出允许范围。

6.2.2.2　径流量法

径流量法所需资料较少，能一次性计算整个水系的环境容量，比断面法简便且效率高，其计算地表水环境容量的主要工作包括：

①根据各河流水系的多年水资源综合评价成果选取设计径流量；

②给定各流域或各河流水系的平均水质控制目标；

③确定各流域或各河流水系本身对污染物的消纳能力；

④计算各流域或各河流水系的环境容量。

计算不同水体所能容纳的污染物最大值时一般假设两个前提：

①假定本区域的全部径流都对污染物有消纳稀释的作用；

②假定各区域内的污染物均匀排入本区域的地表径流并可以完全混合。

在以上假定条件下，理想水环境容量可由下式求得

$$W = Q \times C_{\mathrm{s}} \tag{6-1}$$

式中，Q——区域内多年平均径流量，m^3/s；

C_{s}——区域水体中污染物水质目标规定的污染物浓度上限，mg/L。

该方法测算得出的水环境容量仅为确定排污量与水质状况之间的关系提供参考依据，由于计算方法和计算精度的限制，径流量法不能作为由水环境质量标准反推允许排污量的方法使用。

6.2.3　点源污染核算

点源污染负荷主要包括工业源、污水处理厂源、规模化畜禽养殖源。工业源和污水处理厂源的核算一般采取调查统计法。对于无监测数据的规模化畜禽养殖源，一般结合调查情况采用经验系数法估算污染物排放情况和入河情况。

6.2.3.1 工业源

工业源一直以来都是我国地表水污染物控制的重点，具有量大、面广的特点。污染负荷集中产生于造纸、焦化、氮肥、有色金属、印染、农副食品加工、原料药制造、制革、农药、电镀等重污染行业以及工业园区和集聚区。规划数据来源一般为生态环境部基准年的环境统计数据或污染源普查数据。环境统计数据一般为企业自行上报，上报的数据真实性不足，对最终的承载结果造成较大影响。建议规划人员对重点排污企业采用补充调查、水量平衡倒推等多种形式进行复核，构建尽量真实的污染源清单，便于支撑污染物的排放管理。

6.2.3.2 污水处理厂源

污水处理厂作为重要的环境公共服务设施，为城市水环境削减了大量的污染负荷，对城市水环境质量的维护起到了举足轻重的作用。但是由于我国人口众多，污水排放设施覆盖面不全，污水处理厂出水标准偏低等问题，也使得污水处理厂成为最大的二次污染源。污水处理厂除了作为城市污染物的消纳地，还是重要的中水资源所有者，因此城市环境总体规划也将对其尾水的排污情况进行核算，部分城市还根据需求设计了具备条件的污水处理厂尾水资源化再利用方案，使其从污染物的排放者转变为水环境容量提升的重要推动力。

城市污水处理厂的出水浓度和实际处理水量、中水回用量等一般有较为详细的监管数据，但是对于中小型的污水处理设施尤其是农村污水处理站等污水处理设施的数据就相对难以获取了。对于难以获得相关排污数据的，可以根据污染源普查数据中给定的各个地方污水处理模式对应的排污系数进行核算。

6.2.3.3 规模化畜禽养殖源

近几十年，我国畜禽养殖业得到了迅速发展，畜禽养殖业的养殖规模、养殖方式和分布区域发生了巨大变化，它所带来的污染问题总体呈现出总量增加、程度加剧和范围扩大的趋势。规模化畜禽养殖业已成为一个重要的污染源，占比远超过了点源污染。为了控制畜禽养殖污染，近些年，管理者尝试通过划定禁养区，通过畜禽养殖场的规模化和规范化建设等方式推动畜禽养殖污染的治理。

畜禽排泄物排放量指标主要指畜禽粪便和尿液污染，用畜禽粪尿负荷表示。畜禽粪尿负荷指单位耕地面积的畜禽粪尿排放量。粪尿排泄量=饲养数量×粪尿平均排放量×饲养天数。在确定畜禽饲养天数时，应根据畜禽的品种、饲养方式、管理水平等因素确定，例如，大牲畜的平均饲养期长于 1 年，饲养数量是当年的存栏数；猪的平均饲养期一般为 180 d，饲养数量即为当年的出栏数；羊的饲养期一般长于 1 年，因此采用年末存栏量作为当年的饲养量；家禽分为蛋禽和肉禽，蛋禽的饲养期长于 1 年，肉禽的饲养期一般为 55 d。蛋禽和肉禽数量按照蛋禽占家禽总量的 1/3、肉禽占家禽总量的 2/3 的比例来折算饲养数量。畜禽粪尿排放系数可以参照文献或者根据污染源普查结果得出全国各地的经验系数而定。

为了更精确地核算畜禽养殖的污染负荷，一般还要收集调查畜禽养殖企业的排污方式、处理工艺、排污去向等，进而结合入河系数得出实际排入水体中的污染物负荷。

6.2.4　面源污染模拟估算

6.2.4.1　农业面源污染

农业面源污染是由于农户不合理施用化肥、农药等农用化学品，使过量的污染物在土壤中积聚，随着降雨、径流、侵蚀等自然因素的作用，导致污染物的迁移转化，使污染物从土壤圈向水环境扩散。与固定点源污染相比，农业面源污染源分散，受自然因素影响较大，发生位置和地理边界难以确定和识别，具有广泛性、不确定性、随机性、难检测性以及时空分布异质性等多种特点，因此对其进行判断、监管和防治的难度较大。

农业面源污染的核算方法可以采用经验模型（如输出系数模型），依据各类土地利用类型的排污系数核算。输出系数模型在农业面源污染负荷的估算中有其独特的价值，具体估算公式如下：①农作物秸秆污染源排放量指标，用农作物秸秆排放量表示，即农作物秸秆排放量=作物产量×折算系数×（1−秸秆利用率）×污染物平均含量×入河系数。②禽畜养殖污染源排放量指标，用畜禽养殖排污量表示，即畜禽养殖排污量=出栏数×排泄系数×污染物平均含量×（1−畜禽粪尿利用率）×入河系数。③农村居民生活污染源排放量指标，用生活污染排放量表示，即人粪尿、生活污水和生活垃圾三种排污量的总和。人粪尿排污量=乡村人口×每人每年产污量×（1–粪尿处理率）×入河系数；生活污水排污量=乡村人口×每人每年产污量×（1–生活污水处理率）×入河系数；生活垃圾排污量=乡村人口×每人每年产污量×（1–生活垃圾处理率）×入河系数。④水产养殖污染源排放量指标，用淡水养殖排放量表示，即淡水养殖排放量=淡水养殖面积×排污系数×入河系数。⑤化肥污染源排放量指标，用氮肥和磷肥排放量表示。即氮肥排放量 =（氮肥+磷肥× 0.185 +复合肥×0.325）×0.7×20%；磷肥排放量=（磷肥+复合肥×0.514）×43.66%×0.89×15%。需要说明的是，由于化肥对土壤的影响主要是总氮（TN）、总磷（TP）的排放量，根据对氮肥和磷肥流失进行定点试验研究，复合肥氮：磷的养分比为 0.325：0.514，磷肥折纯量需乘以系数 43.66%才可得出 TP 量。输出系数主要指排污系数和入河系数。由于农业面源污染受污染来源和污染排放方式的影响较大，迄今还没有统一的排污系数和入河系数，因此需根据具体情况采取做实验或者文献调研的方式获取。

农业面源污染也可采用机理模型进行核算。机理模型基于 DEM、土地覆盖、土壤类型、气象数据等建模，模拟大自然的产汇流、水循环、污染物的迁移转化等，预测面源污染负荷的产生量和水质、水量的变化。机理模型的精度较高，同时模型建模、校准周期长，且仅适用于流域，一般针对重点流域开展试点研究支撑规划方案的编制。建模需要的资料包括土地利用数据、DEM 数据、土壤数据、近 10～40 年气象（如降雨、风速、温度、湿度、太阳辐射等）监测数据。模型可输出逐日、逐月、逐年各类污染物的负荷以及水量、水质数据。由于模型较为复杂，详细的模型原理、使用手册等可见模型官网。

6.2.4.2 城镇地表径流面源污染

城镇地表污染物主要指城市垃圾、大气降尘、动植物遗体和部分交通遗弃物。影响城镇地表污染物的因素主要是土地利用情况、人口密度、街道地面类型、清扫效率和交通流量等。地表污染物经降水冲刷后流入水体，进入水体的主要污染物通常是有机物、重金属、农药、细菌和灰尘。其成分主要有五日生化需氧量（BOD_5）、COD、挥发性固体、凯氏氮、正磷酸盐（PO_4-P）、硝酸盐氮（NO_3-N）及大肠杆菌等。

城镇地表径流的调查采用资料收集的方法，收集项目主要包括土地利用类型的面积（km^2）、人口密度（人/km^2）、平均降水量（cm/a）等。

城镇地表径流污染负荷的计算可采用单位负荷法。对某一城市土地利用类型，单位面积上的年污染负荷量可按下式计算：

$$L_i = a_i F_i r_i P \qquad (6\text{-}2)$$

式中，L_i —— 污染物年流失量，kg/（km^2·a）；

　　　a_i —— 污染物浓度参数，kg/（cm·km^2）；

　　　F_i —— 人口密度参数，人口密度计算按照区域内的全部人口统计；

　　　r_i —— 扫街频率参数，计算公式如下：

$$r_i = \min(N_s / 20, 1) \qquad (6\text{-}3)$$

其中，N_s —— 扫街的时间间隔；

　　　P —— 年降水量，cm/a；

　　　i —— 第 i 种土地类型。

城镇的总污染负荷量为

$$L = \sum L_i A_i \qquad (6\text{-}4)$$

式中，A_i —— 第 i 种土地利用类型的面积，km^2。

污染物浓度（a_i）的取值参见表 6-7，人口密度参数（F_i）见表 6-8。

表 6-7　污染物浓度参数（a_i）　　　　单位：kg/（cm·km^2）

城市土地利用类型	污染物浓度参数				
	BOD$_5$	SS	PO$_4$-P	NO$_3$-N	COD
生活区	35	720	1.5	5.8	51
商业区	141	980	3.3	13.1	207
工业区	53	1 290	3.1	12.2	78
其他	6	12	0.4	2.7	9

表 6-8　人口密度参数（F_i）

城镇土地利用类型	F_i
生活区	$F_i=0.142+0.111 \times D_p \times 0.54$ 式中，D_p 为人口密度
商业区	$F_i=1$
工业区	$F_i=1$
其他	$F_i=0.142$

6.2.5　水环境承载力评估与调控

水环境承载力一般用水环境承载指数表示。水环境承载指数 =现状排放量（压力）/水环境容量（状态）。在水环境容量与污染负荷的具体计算中，考虑城市污染排放特征、数据量大小等因素，采取不同的计算方法，见表 6-9。

表 6-9　试点城市水环境承载力测算模型选择与计算方法

城市	福州市	宜昌市	广州市	威海市
评价范围	结合汇水区与水环境功能区划分的 16 个控制单元	结合汇水区与水环境功能区划分的375 个控制单元	结合汇水区与水环境功能区划分的 120 个控制单元	结合主要河流水环境功能区与实际监测断面划分的 43 个河段
基础单元	控制单元	控制单元	控制单元	河段
容量测算方法	采用一维模型和二维模型，并引入不均匀系数进行校正	径流量法	采用一维模型和二维模型	径流量法
污染负荷测算方法	①面源：经验系数法 ②点源：调查统计法	①面源：经验系数法 ②点源：调查统计法	①面源：经验系数法 ②点源：调查统计法，精细到排污口	①面源：经验系数法 ②点源：调查统计法

经过试点城市的实践探索，根据数据可得性、城市水环境特点的不同，可采取不同的评价单元和计算方法。水环境承载力评估测算的单元可以是控制单元，也可以是具体河段。控制单元划定需结合汇水区、水环境功能区与行政区域，此外，还需注意自然特征与行政管理特征的衔接。若具体河段为评价单元，则需结

合主要河流水环境功能区与实际监测断面，考虑行政区域，实施分河段、分行政区的评估和管理。

规划基于水环境和水资源的时空分布规律，结合供排水管网格局研究，从城市的产业结构、产业布局、排污格局等方面出发，提出水环境承载力调控的路径。规划结合城市实际的三产用水效率、水资源供给结构和模式、供给现状和存在的问题等综合分析水资源对水环境造成的约束，并制定相应的调控策略。

6.2.6　实践与应用——以威海市为例

威海市位于山东半岛东端，下辖环翠区、文登区、荣成市和乳山市，地处东经 121°11′~122°42′，北纬 36°41′~37°35′。全市多年平均气温 11.9℃，多年平均降水量 768 mm。全市有大小河流 1 000 多条，主要有母猪河、乳山河和黄垒河三条大河，河网平均密度为 0.22 km/km^2。北、东、南三面濒临黄海，为低山丘陵区。规划基于水环境功能区划，选择威海市 32 条较为重要的河流，从水环境容量和环境承载力的角度为威海市的可持续发展提供规划建议。

6.2.6.1　污染源核算

基于 235 家环境统计企业和 40 家污水处理厂的统计分析结果及面源污染的核算结果得出点源和面源污染统计和核算结果，见表 6-10。研究结果表明，威海市 COD 和 NH$_3$-N 的点源污染负荷分别为 2 116.7 t/a 和 193 t/a，COD 和 NH$_3$-N 的面源污染负荷分别为 2 448 t/a 和 163.4 t/a。面源污染比例稍高于点源污染，其中 COD 面源污染负荷占比为 54%，点源占比为 46%；NH$_3$-N 面源污染负荷占比为 46%，点源占比为 54%。因此威海市域河流水质的改善应同时加强面源和点源污染防治。

表 6-10　点源和面源污染统计和核算结果　　　　单位：t/a

序号	河流	点源		面源		总计	
		COD	NH$_3$-N	COD	NH$_3$-N	COD	NH$_3$-N
1	沽河	15.3	2.0	100.6	6.7	115.9	8.7
2	小落河	48.2	6.4	55.4	3.7	103.6	10.1
3	车道河	2.2	6.4	28.1	1.9	30.3	8.3

序号	河流	点源		面源		总计	
		COD	NH₃-N	COD	NH₃-N	COD	NH₃-N
4	崖头河	0.0	0.3	9.7	0.6	9.7	0.9
5	桑沟河	0.0	0.0	4.1	0.3	4.1	0.3
6	十里河	0.0	0.0	3.1	0.2	3.1	0.2
7	马道河	65.7	8.8	0.3	0.0	66.0	8.8
8	王连河	32.9	4.4	1.5	0.1	344	4.5
9	白龙河	262.8	35.0	6.1	0.5	268.9	35.5
10	石家河	8.8	1.2	81.0	5.4	89.8	6.6
11	五渚河	0.0	0.0	32.8	2.2	32.8	2.2
12	羊亭河	0.0	0.0	3.9	0.3	3.9	0.3
13	张村河	0.0	0.0	14.1	0.9	14.1	0.9
14	望岛河	0.0	0.0	48.5	3.2	48.5	3.2
15	城南河	0.0	0.0	40.4	2.7	40.4	2.7
16	戚家庄河	0.0	0.0	13.3	0.9	13.3	0.9
17	竹岛河	0.0	0.0	26.4	1.8	26.4	1.8
18	乳山市—徐家河	8.8	1.2	61.0	4.1	69.8	5.3
19	渤海河	0.0	0.0	11.2	0.7	11.2	0.7
20	海峰河	0.0	0.0	18.5	1.2	18.5	1.2
21	初村河	0.0	0.0	23.4	1.6	23.4	1.6
22	涝台河	0.0	0.0	96.4	6.4	96.4	6.4
23	钦村河	0.0	0.0	74.6	5.0	74.6	5.0
24	母猪河	765.0	60.7	616.1	41.1	1 381.1	101.8
25	吕阳河	9.2	1.2	91.3	6.1	100.5	7.3
26	青龙河	59.1	7.9	119.3	8.0	178.4	15.8
27	乳山河	564.8	38.8	514.7	34.3	1 079.5	73.1
28	黄垒河	273.8	18.7	259.2	16.3	533.0	35.0
29	山马河	0.0	0.0	35.4	2.4	35.4	2.4
30	阮岭河	0.0	0.0	2.6	0.2	2.6	0.2
31	草庙子河	0.1	0.0	12.0	0.8	12.1	0.8
32	经区—徐家河	0.0	0.0	42.0	2.8	42.0	2.8
	总计	2 116.7	193.0	2 447.0	162.4	4 564.7	355.4

点源排放包括工业企业直排和污水处理厂尾水排放，其中工业企业直排污染负荷较少，主要分布在母猪河米山水库坝下—文登营段、乳山河、昌阳河上游、草庙子河，仅占 COD 和 NH₃-N 点源污染负荷的 1.5%和 1.8%。由污水处理厂尾水排放造成承载率超标的河流有东母猪河、荣成市白龙河和马道河，因此这几条河流水质提升重在污水处理厂的提标改造及尾水的深化处理。

农村面源污染负荷占总面源污染负荷的 59%，城市面源污染负荷占总面源污染负荷的 41%。当前 COD 承载率超标的河流主要源于面源污染，NH₃-N 承载率超标的河流中，马道河、白龙河、王连河主要是由于污水处理厂点源排放造成，望岛河、城南河、戚家庄河、竹岛河、涝台河、钦村河主要由于城市面源污染引起。农村面源主要分布在乳山市和文登区，尽管排污量较大，但是水环境容量也较大，尚未造成更多的环境超载（母猪河的文登营—南桥段除外）。未超载的乳山河、青龙河、沽河和石家河下游、涝台河、钦村河、母猪河源头英武河段面源污染负荷均占总污染负荷的 60%以上。

6.2.6.2　水环境容量计算

威海市的环境状况整体较好，污染物排放量较低，其中 COD 排放量偏高，三条较大的河流承载率均低于 100%。若按照 90%流量保证率下的水环境容量计算承载率，则有 80%的河段都是超载的。由于威海市属于北方季节性河流，有明显的枯水期，枯水期多数河流处于断流状态，因此本书选择 75%流量保证率下的水环境容量计算承载率。

水环境容量计算结果和现状排放量的统计结果见表 6-11。在 50%、75%、90%流量保证率下，威海市 COD 的水环境容量分别为 21 009.7 t/a、10 265.4 t/a、2 589.8 t/a；NH₃-N 的水环境容量分别为 5 217.7 t/a、2 373.1 t/a、643.9 t/a。通过水环境容量的计算结果与现状、排污量的对比，得出 50%的河段 COD 现状排污量已经超过了 75%流量保证率下的水环境容量，28%的河段 NH₃-N 现状排污量已经超过了 75%流量保证率下的水环境容量。

表 6-11　威海市 32 条河的现状排放量、水环境容量及削减量

单位：t/a

河流名称	河段	COD							NH₃-N						
		现状排放量	50%流量保证率 水环境容量	削减量	75%流量保证率 水环境容量	削减量	90%流量保证率 水环境容量	削减量	现状排放量	50%流量保证率 水环境容量	削减量	75%流量保证率 水环境容量	削减量	90%流量保证率 水环境容量	削减量
沽河	大山口水库—后龙河水库	22.6	216.1	0.0	96.2	0.0	10.8	11.8	1.6	54.0	0.0	20.0	0.0	2.7	0.0
	后龙河水库坝下—入海口	93.4	1 134.5	0.0	510.5	0.0	56.7	36.6	6.2	283.6	0.0	104.9	0.0	14.2	0.0
小落河	全河段	103.6	930.0	0.0	418.5	0.0	46.5	56.1	10.1	232.5	0.0	86.0	0.0	11.6	0.0
车道河	全河段	30.3	348.3	0.0	156.7	0.0	17.4	12.9	2.2	86.1	0.0	32.2	0.0	4.4	0.0
崖头河	全河段	9.7	15.6	0.0	7.0	2.7	0.8	8.9	0.6	3.9	0.0	1.4	0.0	0.2	0.5
桑沟河	全河段	4.1	6.6	0.0	3.0	1.1	0.3	3.8	0.3	1.7	0.0	0.6	0.0	0.1	0.2
十里河	全河段	3.1	5.0	0.0	2.2	0.9	0.2	2.9	0.2	1.2	0.0	0.5	0.0	0.1	0.1
马道河	全河段	66.0	6.0	60.0	2.7	63.3	0.3	65.7	8.8	1.5	6.3	0.6	8.2	0.1	8.7
王连河	全河段	34.3	27.8	6.6	12.5	21.8	1.4	32.9	4.5	6.9	0.0	2.6	1.9	0.3	4.1
白龙河	全河段	269.9	61.1	208.8	27.5	242.4	3.1	266.8	35.5	15.3	20.3	5.6	29.9	0.8	34.7
石家河	所前泊水库坝下—孟家庄大桥	35.7	223.6	0.0	100.6	0.0	11.2	24.5	3.0	55.9	0.0	20.7	0.0	2.8	0.2
	孟家庄大桥—入大海口	54.1	559.0	0.0	251.5	0.0	27.9	26.1	3.6	139.7	0.0	51.7	0.0	7.0	0.0

河流名称	河段	COD							NH$_3$-N						
		现状排放量	50%流量保证率		75%流量保证率		90%流量保证率		现状排放量	50%流量保证率		75%流量保证率		90%流量保证率	
			水环境容量	削减量	水环境容量	削减量	水环境容量	削减量		水环境容量	削减量	水环境容量	削减量	水环境容量	削减量
五渚河	全河段	32.8	382.0	0.0	171.9	0.0	19.1	13.7	2.2	95.5	0.0	35.3	0.0	4.8	0.0
羊亭河	全河段	3.9	33.4	0.0	15.0	0.0	1.7	2.2	0.3	8.3	0.0	3.1	0.0	0.4	0.0
张村河	全河段	14.1	185.4	0.0	83.4	0.0	9.3	4.8	0.9	46.4	0.0	16.1	0.0	2.3	0.0
望岛河	全河段	48.5	18.8	29.7	8.5	40.1	0.9	47.6	3.2	4.7	0.0	1.7	1.5	0.2	3.0
城南河	全河段	40.4	15.6	24.8	7.0	33.4	0.8	39.6	2.7	3.9	0.0	1.4	1.3	0.2	2.5
戚家庄河	全河段	13.3	5.2	8.1	2.3	11.0	0.3	13.1	0.9	1.3	0.0	0.5	0.4	0.1	0.8
竹岛河	全河段	26.4	10.4	16.0	4.7	21.7	0.5	25.9	1.8	2.6	0.0	1.0	0.8	0.1	1.6
乳山市—徐家河	全河段	69.7	589.4	0.0	265.2	0.0	29.5	40.2	5.2	147.4	0.0	54.5	0.0	7.4	0.0
渤海河	全河段	11.2	10.4	0.8	4.7	6.6	0.5	10.7	0.7	2.6	0.0	1.0	0.0	0.1	0.6
海峰河（长峰河）	全河段	18.5	16.2	1.3	7.7	10.7	0.9	17.6	1.2	4.3	0.0	1.6	0.0	0.2	1.0
初村河	全河段	23.4	100.8	0.0	45.4	0.0	5.0	18.3	1.6	25.2	0.0	9.3	0.0	1.3	0.3
涝台河	全河段	96.4	21.2	75.2	9.5	86.8	1.1	95.3	6.4	5.3	1.1	2.0	4.5	0.3	6.2
钦村河	全河段	74.6	16.4	58.2	7.4	66.2	0.8	73.8	5.0	4.1	0.9	1.5	3.5	0.2	4.8
母猪河	源头—米山水库坝上	208.2	535.1	0.0	298.6	0.0	284.1	0.0	15.9	133.8	0.0	74.9	0.0	71.0	0.0
母猪河	米山水库坝下—文登营	33.7	66.9	0.0	36.3	0.0	35.5	0.0	2.4	16.7	0.0	9.4	0.0	8.9	0.0

河流名称	河段	COD							NH₃-N						
		现状排放量	50%流量保证率		75%流量保证率		90%流量保证率		现状排放量	50%流量保证率		75%流量保证率		90%流量保证率	
			水环境容量	削减量	水环境容量	削减量	水环境容量	削减量		水环境容量	削减量	水环境容量	削减量	水环境容量	削减量
母猪河	文登营—南桥	216.6	401.3	0.0	223.9	0.0	213.1	0.0	21.7	100.3	0.0	56.2	0.0	53.3	0.0
	银河—九里水头村	48.2	66.9	0.0	36.3	10.9	35.5	12.7	3.2	16.7	0.0	9.4	0.0	8.9	0.0
	东母猪河源头—麦疃后	148.2	301.0	0.0	167.9	0.0	159.8	0.0	9.9	75.2	0.0	42.1	0.0	40.0	0.0
	郭格庄水库坝下—东母猪河入口	71.1	186.3	0.0	104.5	0.0	99.4	0.0	4.7	46.8	0.0	26.2	0.0	24.9	0.0
	南桥—入海口	39.0	107.0	0.0	59.7	0.0	56.8	0.0	2.7	26.8	0.0	15.0	0.0	14.2	0.0
昌阳河	源头—二马桥	53.5	679.3	0.0	305.7	0.0	34.0	19.5	3.6	169.8	0.0	62.8	0.0	8.5	0.0
	二马桥—入海口	47.0	548.6	0.0	246.9	0.0	27.4	19.6	3.7	136.2	0.0	50.7	0.0	6.9	0.0
青龙河	全河段	178.5	2 006.6	0.0	902.9	0.0	100.3	78.1	15.8	501.6	0.0	185.6	0.0	25.1	0.0
乳山河	源头水库—台依水库（除去龙角山水库）	359.8	4 054.0	0.0	2 335.1	0.0	486.5	0.0	24.5	1 013.5	0.0	587.8	0.0	121.6	0.0
	台依水库坝下—入海口	205.0	2 606.1	0.0	1 501.1	0.0	312.7	0.0	14.3	651.5	0.0	377.9	0.0	78.2	0.0

河流名称	河段	COD 现状排放量	COD 50%流量保证率		COD 75%流量保证率		COD 90%流量保证率		NH₃-N 现状排放量	NH₃-N 50%流量保证率		NH₃-N 75%流量保证率		NH₃-N 90%流量保证率	
			水环境容量	削减量	水环境容量	削减量	水环境容量	削减量		水环境容量	削减量	水环境容量	削减量	水环境容量	削减量
黄垒河	上游—瓦善水库取水口	42.3	398.7	0.0	158.3	0.0	47.8	0.0	2.9	66.4	0.0	25.6	0.0	8.0	0.0
	瓦善水库取水口—瓦善水库坝下	102.7	1 395.4	0.0	554.0	0.0	167.4	0.0	7.0	348.8	0.0	134.3	0.0	41.9	0.0
	瓦善水库坝下—浪暖口	128.8	2 093.1	0.0	830.9	0.0	251.2	0.0	8.8	523.3	0.0	201.5	0.0	62.8	0.0
山马河	全河段	35.4	303.9	0.0	136.8	0.0	15.2	20.2	2.4	76.0	0.0	28.1	0.0	3.8	0.0
阮岭河	全河段	2.6	34.6	0.0	15.6	0.0	1.7	0.9	0.2	8.6	0.0	3.2	0.0	0.4	0.0
草庙子河	全河段	12.1	216.2	0.0	97.8	0.0	10.9	1.3	0.8	54.3	0.0	20.1	0.0	2.7	0.0
经区—徐家河	全河段	42.1	69.9	0.0	31.5	10.6	3.5	38.6	2.8	17.5	0.0	6.5	0.0	0.9	1.9

威海市省控母猪河、乳山河和黄垒河 3 条河流环境承载状况较好，仅有银河—九里水头村河段 COD 承载率超标，达到 129%。虽然源头水质目标为Ⅲ类，但流域内污染企业密集，因此母猪河的污染控制工作仍要继续推进。其中黄垒河涉及跨界保护问题，水环境承载状况较好，污染负荷的 90% 以上来自面源污染，流域内点源排放较少，但水质较不稳定，仍需加强跨境协作。

威海市市控其他 7 条河流（五渚河、石家河、小落河、车道河、沽河、青龙河和昌阳河）环境承载率均不超过 50%，承载状况良好。区控 22 条河流，环境承载状况较差，COD 超载河流有环翠区的羊亭河、望岛河、城南河、戚家庄河、竹岛河，高区的涝台河、钦村河，经区的徐家河、渤海河、海峰河，好运角的白龙河及荣成市的崖头河、桑沟河、马道河、王连河；NH$_3$-N 超载河流有环翠区的望岛河、城南河、戚家庄河、竹岛河，经区的渤海河、海峰河、徐家河，高区的初村河、涝台河、钦村河，好运角的白龙河及荣成市的崖头河、王连河。因此，威海市未来应将污染防治工作落到区控河流的治理问题上。

威海市整体水环境承载状况良好，超标河流主要是城区的一些小型河流，主要原因是这些流域的河水流量较小导致水环境容量较小，人口密度高和城市下垫面的硬化引发城市面源污染较大。尽管乳山市和文登区的农业人口所占比重较大，农业面源污染负荷较大，但该区域拥有全市域 61.4% 的水环境容量，因此，目前几乎不存在超载问题。

我们将威海市水环境承载计算结果进行分类评价，按照河流的数量对比，威海市水环境承载状况分类结果见图 6-5，COD 承载在危机状态和警戒状态的有 28.1% 和 21.9%，NH$_3$-N 在危机状态和警戒状态的有 18.8% 和 12.5%。按照河段的长度对比，威海市水环境承载状况分类结果见图 6-6，COD 承载在危机状态和警戒状态的有 9% 和 10%，NH$_3$-N 在危机状态和警戒状态的有 11% 和 7%。按照不同的对比基准，评价结果有所不同，通过实地考察和分析发现这主要是由于威海市超标河流主要为小型河流，而中型和大型水系环境承载状况均为良好，水质相对较好，因此从河流的长度上评价水环境承载状况更为客观。

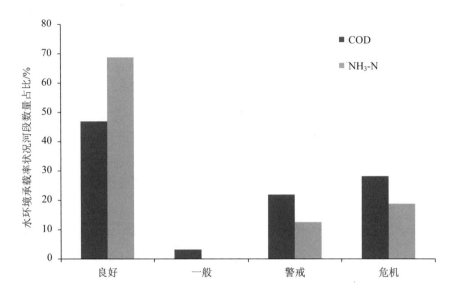

图 6-5　威海市 COD 和 NH₃-N 水环境承载状况分类结果（按照河段数量评价）

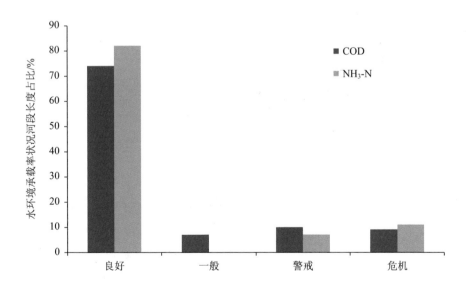

图 6-6　威海市 COD 和 NH₃-N 水环境承载状况分类结果（按照河段长度评价）

6.2.6.3 水环境承载与调控

结果表明威海市 COD 和 NH_3-N 的点源污染负荷分别为 2 116.7 t/a 和 193.0 t/a，COD 和 NH_3-N 的面源污染负荷分别为 2 447.0 t/a 和 162.4 t/a。COD 的水环境容量为 10 265.4 t/a，NH_3-N 的水环境容量为 2 373.1 t/a。整体上水环境承载状况良好，COD 的承载率为 30.9%，NH_3-N 的承载率为 10.8%。COD 承载在危机状态和警戒状态的有 9% 和 10%，NH_3-N 在危机状态和警戒状态的有 11% 和 7%。但是多数入海河流均存在超载现象，且主要原因是面源污染，因此威海市应逐渐重视起小型河流的治理，重视面源污染的防控。

由于环翠区、经区、高区和荣成市市级污水处理厂及部分海滨镇级及村级污水处理厂的出水全部排入深海，同时该区域内河流多断流，生态基流严重亏缺造成水环境容量偏低，水环境容量严重超载。因此应将中水作为一种重要的战略资源，设计合理、高效、多样的中水回用路径，应适当补充河流生态基流。

威海市超载河流主要分布在高区、经区、环翠区和荣成市北部。面源污染负荷占总污染负荷的 50%，多数超标河流由城市面源污染造成的。因此在条件允许的情况下，应综合采用工程性和非工程性最佳管理措施，在不放松点源污染控制的同时主动削减面源污染。

6.2.7 城市水环境质量管理技术

6.2.7.1 分流域，一河一策

对于一条河流，从上游到下游，逐段审核对应的水质目标和监测断面，重点复核：①水质目标的确定是否符合功能区划和有关规划要求；②上下游水质目标是否能够实现顺畅衔接；③监测断面的设置是否合理，是否在实际的监测监管工作中发挥了正面的作用。将以上复核的多方面因素进行总结整理，分流域进行阐述。

首先，我们将城市河流初步分为治理型河流、保护型河流、开发型河流。其次，搜集整理流域内是否存在非法排污口、直排企业、畜禽养殖散户、黑臭水体、固化河道等问题以及流域内水资源的断流情况、生态需水情况评估、部分城市存

在的地下水盐水入侵等问题。最后，针对每个流域存在的不同问题和原因分析，制订科学合理的改善对策。

6.2.7.2 分污染源，一源一策

1．分污染源提升环境质量

工业污染主导型应优先布设省域重大产业和项目，加快工业企业入园进度，提高生态工业示范园区创建比例；农业面源污染主导型应重点发展生态化农业，转变农业耕作方式，减少农药和化肥流失，减少水土流失，保持土壤肥力；镇村生活污染主导型应加快环境基本公共服务设施的完善进度，提高污水收集处理水平，做好承载产业转移准备。

2．制定点源污染分批达标规划

对水环境基础设施、污水处理厂配套覆盖率、工业排污格局等进行分析。对污水处理设施处理水平、处理方式、排放去向提出改善策略，对重点、难点区域提出提标改造方案、污水管网全覆盖需求、尾水生态化处置方案、中水回用方案。

3．制定面源污染分阶段控制策略

城市点源污染治理不断被重视甚至逐步被控制以后，城市面源污染日益加剧，尤其是雨水径流污染已成为城市面源污染的重要组成部分，这种雨水径流污染不仅是城市化过程中产生洪水灾害的突出"贡献者"，更是引起城市内河黑臭的重要原因之一。雨水径流污染的来源非常广泛，包括大气降尘、车辆运输及腐蚀、城市地表侵蚀、植物残体腐蚀、动物排泄物以及垃圾等。随着城市化的不断发展，城市区域不透水表面逐年增加，雨水径流污染物浓度不断提升。同时，雨水径流污染具有较大的随机性、突发性和广泛性，污染负荷时空变化大，污染物成分复杂，尤其是初期雨水径流污染最为严重，降雨形成的地表径流中所携带的污染物基本都集中在初期雨水中，其污染物浓度负荷远高于降雨中后期，这部分雨水径流若直接排放进入受纳水体必将引起严重污染。针对面源污染，应制订分阶段控制策略，中期以过程阻断策略为主，远期以源头削减为主。

6.2.7.3 识别关键源区，设计最佳管理措施

面源污染发生的广域性、分散性、随机性和低浓度等特征决定了面源污染

不可能像点源污染物那样能够进行集中处理。技术方法上，面源污染的治理难度更大，往往需要运用多种手段相结合的方法，治理成本也相对更高。在水环境质量改善迫在眉睫的当下，如何提高面源污染的治理效率成为各个城市关心的问题。

众多研究表明，流域内面源污染的输出负荷集中来源于少数的子流域单元，因此可以优先识别出污染的关键源区，针对关键源区设计最佳管理措施。面源污染控制的技术措施，以美国的最佳管理措施（Best Management Practices，BMPs）最具有代表性。美国国家环境保护局、农业部水土保持局和各州政府都有相应的 BMPs 实施细则和办法，提倡运用管理和工程措施控制面源污染。关键源区识别之后，可以有针对性地在关键源区设计不同的 BMPs 进行面源污染的"围追堵截"。较为有效的 BMPs 措施有植被缓冲带、树篱等绿色廊道和湿地等生态工程措施。

6.3　生态承载力评价与调控

生态资源给予城市发展动力，也是实现城市可持续发展的关键。保持生态系统功能的良性循环只有将人类活动控制在承载能力范围内，才能实现生态系统的可持续发展。

6.3.1　生态承载力内涵

世界各国不同领域的专家学者由于学术背景、所处的社会经济条件以及历史文化传统的差异，对于生态承载力有着不同的定义。国外学者对生态承载力含义的认识基本一致，即将其定义为在特定状况下某一生态系统所能承受的最大种群数量。

对于具体城市而言，人是一切活动的关注点，也应作为生态承载力的关注点。笔者较赞同的含义是，城市的生态承载力是指在维持区域生态系统稳定、健康运行的前提下，人类所能进行的经济社会活动的最大量。此处的活动最大量可以用城乡建设用地量和人口来表示。

6.3.2　生态承载力评价方法

6.3.2.1　评价方法类型

随着生态承载力描述的对象日趋复杂，评价方法相应地由单一到复合，体现出多角度、系统化、机制化、多元化的特点，目前应用较为广泛的评价方法大致分为以下三类。

1．资源供需平衡法

该方法通过计算承载体的功效体现承载体和承载对象之间对资源的供需对比，表现承载力的绝对大小。由于物质和能量的转移和转化构成了生态系统作用的具体过程，于是，一大类研究方法都试图将能量或者某一物质作为衡量系统承载功能的媒介完成承载力计算。代表性的方法有生态足迹法、能值分析法以及 NPP 法。

2．指标体系法

该方法是目前应用最广的一类承载力研究方法。通过组合一系列反映承载力各个方面及相互作用的指标使其模拟生态系统的层次结构，并根据指标间相互关联和重要程度，对参数的绝对值或相对值逐层加权并求和，最终在目标层得到某一绝对或相对的综合参数来反映生态系统承载状况。目前已形成 P-S-R 概念框架及以此为基础的 P-S-I-R、D-P-D-I-R 等发展模型框架。

3．系统模型法

该方法结合参数数据、指标体系、运算法则和权重，对区域系统进行模拟和抽象，形成一套整合的模型系统，并应用模型系统的运行和输出实现对现实区域生态系统承载力及承载状况的模拟和反映。按空间尺度可分为封闭系统和开放系统；按时间尺度可分为静态模型和动态模型；按研究目的可分为单目标和多目标。按内容可分为统计学动态模型、系统动力学模型、多目标规划模型、空间决策支持系统等。

6.3.2.2　代表性评价方法

1．生态足迹法

一个城市的生态足迹，就是支撑该城市经济和社会发展（有时仅从城市人口及其消费需求出发）所需要的生态上具有生产力的土地面积。生态足迹的计算基于以下两个基本事实：①人类可以确定自身消费的绝大多数资源及其产生废弃物的数量；②这些资源和废弃物能转换成相应的生物生产面积。因此，任何已知人口（某个人、一个城市或一个国家）的生态足迹是生产这些人口所消费的所有资源和吸纳这些人口所产生的所有废弃物所需要的生物生产总面积（包括陆地和水域）。

在生态足迹的概念中，生态承载力可视为一个地区所能提供给人类的生态生产性土地的面积总和。生态生产性土地是指具有生态生产能力的土地或水体，因此容易建立等价关系，从而方便计算自然资本的总量。生态生产性土地主要分为六类：化石能源地、可耕地、牧草地、森林、建设用地和水域。通过生态足迹减去生态承载力得到的生态赤字或生态盈余来评价研究对象的生态可持续发展状况。生态承载力大于生态足迹时，产生生态盈余，表明人类对自然生态系统的压力处于本地区所提供的生态承载力范围内，生态系统是可持续的；而生态赤字的部分主要靠进口和枯竭自然资源获得。

2．系统动力学法

系统动力学由麻省理工学院史隆管理学院福瑞斯特教授于 1956 年始创。系统动力学模型是建立在控制论、系统论和信息论的基础上，以研究反馈系统结构、功能和动态行为为特征的模型。其突出特点是能够反映复杂系统结构、功能与动态行为之间的相互作用关系，从而考察复杂系统在不同情景下的行为变化和趋势，为决策提供支持。其本质是含有时滞的一阶微分方程组。系统动力学从定量的角度模拟承载力中各要素之间的相互作用，克服定性描述的薄弱性以及单一要素评价预测的片面性。

生态系统是一个复杂的大系统。系统动力学从系统的角度全面深刻地揭示了生态承载力中人口、资源、环境、经济与社会要素之间的因果反馈关系，进行动态仿真模拟，提出不同调控方案，从而为决策者提供科学依据，适用于反映具有因果性、反馈性和动态性特点的生态承载力的研究。

系统动力学的建模过程，包括以下几个步骤：

①阐明问题，确定系统范围、解决问题的途径以及必须掌握的基本资料和数据；

②明确目标，拟订体现问题的目标，该目标一般是一个或一套指标体系；

③建立系统结构和功能模型框架，绘出表达这一模型的因果关系、反馈回路的系统流程图，这是系统动力学研究的核心步骤；

④建立数学模型，建立系统动力学方程，描述各个环节的数量关系；

⑤模拟，将方程及其所需要的参数值输入计算机进行模拟计算，得出模拟结果；并进行解释和分析，如对比分析、经济技术分析、效益分析等；

⑥修正并进行再模拟，修正、调整模型及其参数后再进行模拟，直到满足模拟的要求。

6.3.3 试点城市的生态承载力评价及调控

不同的生态承载力评估方法侧重点均不同。在对各试点城市生态承载力的评价方法进行选择时，我们充分考虑该城市所处的经济社会发展阶段、城市的土地利用类型分布、城市开发建设强度等诸多因素，选择能突出制约该城市生态承载力因素的评价方法。

6.3.3.1 生态足迹法——以广州市为例

广州市经济发展与城市化都进入转型发展的新阶段，水资源、土地资源消耗将持续加大，2020年超过70%的城市用水需跨区域供给，城市开发土地供给逼近上限，城市发展布局与资源环境格局冲突明显，生态安全保障风险加大。生态功能成为未来广州市发展的主要限制因素。

面临转型新阶段，我们坚持可持续发展模式是广州市的必然之选。而可持续发展的模式应是占用较少的生态足迹生产更多的经济产出的经济发展模式。我们按照生态足迹的计算模型计算广州市的生态足迹并同国际上不同发展水平的地区进行比较，判断广州市生态可持续性水平。

根据生态足迹的计算方法，我们对广州市2014年的生态足迹进行实际计算和分析。以下所有关于人均指标的计算值皆基于广州2014年常住人口（1 308.05万人）得出。

1. 广州全市域的生态足迹及生态承载力计算

广州市供给生物生产性土地面积的类型及数据见表6-12。

表 6-12 广州生物生产性土地面积现状（2014 年）

土地类型	土地面积/hm²	占全市总面积/%	人均面积/（hm²/人）
常用耕地	201 349.81	27.8	0.015 7
草地	3 679.31	0.5	0.000 3
林地	254 950.36	35.2	0.019 9
建设用地	170 096.80	23.5	0.013 2
水域	87 032.75	12.0	0.006 8
未利用土地	7 827.71	1.0	0.000 6
总计	724 936.74	100.0	0.056 5

注：资料来源于广州市土地利用现状 GIS 数据统计，与年鉴数据有误差。

人类的生产生活消费由两部分组成：生物资源消费（主要是农产品和木材）和能源消费。生物资源消费包括农产品、动物产品、水果和木材等资源的消费。能源消费主要涉及以下几种能源：煤、焦炭、燃料油、原油、汽油、柴油和电力。计算生态足迹时需将能源消费转化为化石燃料生产土地面积。我们以全球化石燃料生产土地单位面积的平均发热量为标准，将当地能源消费所消耗的热量折算成一定的化石燃料土地面积。

根据生态足迹的计算公式将广州生物资源消费和能源消费转化为提供这类消费所需要的生物生产性土地面积，结果见表 6-13、表 6-14。

表 6-13 广州市生物资源消费生态足迹（2014 年）

生物资源	全球平均产量	城市居民消费量/t	农村居民消费量/t	总消费量/t	总生态足迹/hm²	人均毛生态足迹/（hm²/人）	生产面积类型
粮食	2 744 kg/hm²	1 297 219.7	199 769.0	1 496 988.7	545 549.8	0.042	耕地
食用植物油	431 kg/hm²	96 817.5	18 276.9	115 094.4	267 040.5	0.020	耕地
鲜菜	18 000 kg/hm²	1 177 498.5	186 523.5	1 364 022.0	75 779.0	0.006	耕地
猪肉	74 kg/hm²	531 448.5	57 174.9	588 623.3	7 954 369.3	0.608	耕地
牛羊肉	33 kg/hm²	38 407.5	10 005.6	48 413.1	1 467 064.1	0.112	草地
鲜蛋	400 kg/hm²	111 132.4	10 825.1	121 957.5	304 893.8	0.023	耕地
肉禽类	764 kg/hm²	253 733.8	38 116.6	291 850.4	382 003.1	0.029	草地
水产品	29 kg/hm²	402 534.9	39 755.6	442 290.5	15 251 397.4	1.166	水域

生物资源	全球平均产量	城市居民消费量/t	农村居民消费量/t	总消费量/t	总生态足迹/hm²	人均毛生态足迹/(hm²/人)	生产面积类型
食糖	4 997 kg/hm²	205 241.5	3 468.6	208 710.1	41 766.1	0.003	耕地
鲜瓜果	18 000 kg/hm²	409 737.9	51 895.7	461 633.7	25 646.3	0.002	耕地
鲜奶	502 kg/hm²	558 733.6	7 470.8	566 204.4	1 127 896.2	0.086	草地
木材	1.99 m³/hm²	—	—	223 384.8	112 253.7	0.009	林地

注：木材总消耗量中包括商品林消耗、生态林消耗、自然枯损消耗。

表 6-14 广州市能源消费生态足迹（2014 年）

能源类型	消费量/万 t 标准煤	折算系数/(GJ/t)	人均消费量/(GJ/人)	全球平均能源足迹/(GJ/hm²)	人均毛生态足迹/(hm²/人)	生物生产性土地类型
煤炭	1 986.2	20.934	31.79	55	0.58	化石燃料土地
原油	1 726.7	41.868	55.27	93	0.59	化石燃料土地
汽油	−762.0	43.124	−25.12	93	−0.27	化石燃料土地
煤油	628.4	43.124	20.72	93	0.22	化石燃料土地
柴油	−896.9	42.705	−29.28	93	−0.31	化石燃料土地
燃料油	489.1	50.200	18.77	71	0.26	化石燃料土地
液化石油气	324.1	50.200	12.44	71	0.18	化石燃料土地
电力	3 156.7	11.84	28.57	1 000	0.03	建设用地

注：①化石燃料土地是提出生态足迹概念的学者 Wackernagel 定义的，指人类应该留出用于吸收 CO_2 的土地，但目前事实上人类并未留出这类土地。

②消费量数据是指可供本地区消费的能源量，汽油、柴油的消费量为负值，是因为它们是由原油炼油转化而来，原油的消费量中已经包含了它们的消费，因而要扣除它们占用的化石燃料土地面积。

③表中未包含热力资源消费也是因为热力全部由火力发电转化而来，煤炭的消费量已将其包含在内。

表 6-15 是广州市生态足迹与生态承载力的计算结果。生态足迹是前面计算的汇总，由于单位面积耕地、化石燃料土地、牧草地、林地等的生物生产能力差异较大，为了使计算结果转化为一个可比较的标准，因此有必要在每种生物生产面积前乘以一个均衡因子（权重），以便转化为统一的、可比较的生物生产面积。均衡因子的选取来自世界各国生态足迹计量研究的报告。

表 6-15 广州市生态足迹与生态承载力（2014 年）

土地类型	生态足迹			土地类型	生态承载力		
	总面积/（hm²/人）	均衡因子	均衡面积/（hm²/人）		总面积/（hm²/人）	产出因子	均衡面积（hm²/人）
耕地	0.704	2.8	1.973	耕地	0.016	2.24	0.098
草地	0.228	0.5	0.114	草地	0.000	3.29	0.001
林地	0.009	1.1	0.009	林地	0.020	1.2	0.026
建设用地	0.029	2.8	0.080	建设用地	0.013	2.24	0.083
水域	1.166	0.2	0.233	水域	0.011	1.00	0.002
化石燃料	1.250	1.1	1.375	CO_2 吸收	0	0.00	0.000
总生态足迹		3.784		总供给面积			0.210
				生物多样性保护（12%）			0.025
				总生态承载力			0.185
生态赤字				3.599			

本书对广州市采用的产出因子是文献中中国生态足迹计算取值的 2 倍（广州市的土地生产力是全国平均水平的 2 倍）。此外在计算广州市总体生态足迹的供给时应扣除 12%的生物多样性保护面积。

2. 广州市各区生态足迹及生态承载力

研究表明，人口数量和地区消耗能源是影响生态足迹的主要因素，广州市 2014 年各区的能源消费总量和生态足迹如表 6-16 所示。

表 6-16 广州市各行政区的能源消费总量和生态足迹（2014 年）

行政区	常住人口/万人	能源消费总量/万 t 标准煤	生态足迹/（hm²/人）
荔湾区	89.14	387.55	2.361
越秀区	114.65	912.45	4.933
海珠区	159.98	499.09	3.337
天河区	150.61	1 056.31	5.833
白云区	228.89	685.67	4.645
黄埔区	88.01	753.35	4.029
番禺区	146.75	501.66	3.262
花都区	97.51	503.71	2.948
南沙区	63.53	499.20	2.704
增城区	106.97	123.39	1.268
从化区	62.01	1 287.56	6.305

根据广州市各区的土地利用类型分布，运用 GIS 技术，计算每个区的生态承载力供给情况以及生态足迹、生态承载力和生态赤字见表 6-17、表 6-18。

表 6-17　广州市各行政区的生态足迹供给（2014 年）　　　　单位：hm²/人

行政区	耕地 产出因子 6.26		草地 产出因子 1.50		林地 产出因子 1.31		建筑 产出因子 6.27		水域 产出因子 0.22		生态承载力
荔湾区	0.000 78	0.004 8	0.000 05	0.000 1	0.000 0	0.000 0	0.005 47	0.034 2	0.000 74	0.000 2	0.039 4
越秀区	0.000 00	0.000 0	0.000 00	0.000 0	0.000 1	0.000 1	0.002 7	0.017 1	0.000 2	0.000 0	0.017 2
海珠区	0.000 77	0.004 8	0.000 01	0.000 0	0.000 0	0.000 0	0.003 9	0.024 9	0.000 9	0.000 2	0.030 0
天河区	0.000 57	0.003 5	0.000 06	0.000 1	0.001 7	0.002 2	0.006 3	0.039 4	0.000 4	0.000 1	0.045 3
白云区	0.006 79	0.042 5	0.000 31	0.000 4	0.006 5	0.008 5	0.011 7	0.073 6	0.003	0.000 7	0.126 0
番禺区	0.025 25	0.158 2	0.000 97	0.001 4	0.003 7	0.004 8	0.033 7	0.211 4	0.022 3	0.005 0	0.381 0
花都区	0.014 84	0.093 0	0.000 47	0.000 7	0.023 9	0.031 4	0.015 8	0.099 5	0.009 0	0.002 0	0.226 7
南沙区	0.011 49	0.072 0	0.000 23	0.000 0	0.001 7	0.002 2	0.010 6	0.066 6	0.020 4	0.004 6	0.145 8
增城区	0.090 50	0.567 0	0.001 09	0.001 6	0.103 5	0.135 6	0.037 3	0.234 2	0.020 0	0.004 56	0.943 0
从化区	0.056 55	0.354 3	0.000 16	0.000 2	0.107 1	0.140 3	0.014 2	0.089 2	0.006 8	0.001 53	0.585 7
黄埔区	0.001 12	0.007 0	0.000 24	0.000 3	0.027 2	0.035 6	0.027 6	0.173 2	0.006 0	0.001 3	0.217 6

表 6-18　广州市各行政区的生态足迹、生态承载力和生态赤字（2014 年）

单位：hm²/人

行政区	生态足迹	生态承载力	生态赤字
荔湾区	2.361	0.039	−2.322
越秀区	4.933	0.017	−4.916
海珠区	3.337	0.030	−3.307
天河区	5.833	0.045	−5.788
白云区	4.645	0.126	−4.519
番禺区	4.029	0.381	−3.648
花都区	3.262	0.227	−3.035
南沙区	2.948	0.146	−2.802
增城区	2.704	0.943	−1.761
从化区	1.268	0.586	−0.682
黄埔区	6.305	0.217	−6.088

3．广州市生态承载力分析

①广州市总生态足迹与总生态承载力情况见表 6-19、表 6-20。与 2000 年相比，2014 年生态足迹增加了 1 981.05 万 hm^2，但生态承载力只减少了 45.21 hm^2，生态足迹增加是生态超载情况加重的主要原因。

表 6-19　广州市 2014 年和 2000 年总生态足迹比较

土地类型	2014 年生态足迹			土地类型	2000 年生态足迹		
	总面积/万 hm^2	均衡因子	均衡面积/万 hm^2		总面积/万 hm^2	产出因子	均衡面积/万 hm^2
耕地	921.50	2.8	2 580.21	耕地	404.68	2.8	1 133
草地	297.69	0.5	148.84	草地	184.93	0.5	92
林地	11.22	1.1	12.347	林地	10.53	1.1	11
建设用地	36.37	2.8	104.65	建设用地	0.34	2.8	0.97
水域	1 525.14	0.2	305.02	水域	1 203.10	0.2	240
化石燃料	1 634.48	1.1	1 797.93	化石燃料	1 356.22	1.1	1 491
总生态足迹		4 949.02		总生态足迹			2 967.97

表 6-20　广州市 2014 年和 2000 年总生态承载力比较

土地类型	2014 年生态承载力			土地类型	2000 年生态承载力		
	总面积/万 hm^2	均衡因子	均衡面积/万 hm^2		总面积/万 hm^2	产出因子	均衡面积/万 hm^2
耕地	20.15	2.24	126.00	耕地	23.465 480	2.24	147.00
草地	0.38	3.29	0.63	草地	0.029 829	3.29	0.05
林地	25.54	1.20	33.00	林地	50.510 440	1.20	66.00
建设用地	16.94	2.24	106.00	建设用地	16.704 240	2.24	104.00
水域	13.60	1.00	3.00	水域	12.528 180	1.00	2.50
CO_2 吸收	0.00	0.00	0.00	CO_2 吸收	0.000 000	0.00	0.00
总供给面积		269.79		总供给面积			321.17
生物多样性保护（12%）		32.37		生物多样性保护（12%）			38.54
总生态承载力		237.42		总生态承载力			282.63

②广州市的人均生态足迹是人均生态承载力的约 20 倍，超载严重。

③广州市 2014 年和 2000 年人均生态足迹见表 6-21，2014 年人均生态足迹约

为 3.784 hm²/人，增加了 0.795 hm²/人，其中建设用地的人均需求量增加近 80 倍。2014 年人均生态承载力为 0.185 0 hm²/人，比 2000 年减少了 35%，见表 6-22。2014 年广州生态足迹是生态承载力的 20 倍左右，比 2000 年（10 倍）加大一倍。

表 6-21　广州市 2014 年和 2000 年人均生态足迹比较

土地类型	2014 年人均生态足迹			土地类型	2000 年人均生态足迹		
	人均面积/（hm²/人）	均衡因子	人均均衡面积/（hm²/人）		人均面积/（hm²/人）	产出因子	人均均衡面积/（hm²/人）
耕地	0.704	2.8	1.973	耕地	0.407 00	2.8	1.141
草地	0.228	0.5	0.114	草地	0.186 00	0.5	0.093
林地	0.009	1.1	0.009	林地	0.010 60	1.1	0.012
建设用地	0.029	2.8	0.080	建设用地	0.000 35	2.8	0.001
水域	1.166	0.2	0.233	水域	1.210 00	0.2	0.242
化石燃料	1.250	1.1	1.375	化石燃料	1.364 00	1.1	1.500
人均生态足迹			3.784	人均生态足迹			2.989

表 6-22　广州市 2014 年和 2000 年人均生态承载力比较

土地类型	2014 年人均生态承载力			土地类型	2000 年人均生态承载力		
	人均面积/（hm²/人）	均衡因子	人均均衡面积/（hm²/人）		人均面积/（hm²/人）	产出因子	人均均衡面积/（hm²/人）
耕地	0.015 7	2.24	0.098 5	耕地	0.023 60	2.24	0.148
草地	0.000 3	3.29	0.000 5	草地	0.000 03	3.29	0.005×10^{-2}
林地	0.019 9	1.20	0.026 3	林地	0.050 80	1.20	0.067
建设用地	0.013 2	2.24	0.082 8	建设用地	0.016 80	2.24	0.105
水域	0.010 6	1.00	0.002 1	水域	0.012 60	1.00	0.003
CO_2 吸收	0.000 0	0.00	0.000 0	CO_2 吸收	0.000 00	0.00	0.000
总供给面积			0.210 2	总供给面积			0.322
生物多样性保护（12%）			0.025 2	生物多样性保护（12%）			0.039
人均生态承载力			0.185 0	人均生态承载力			0.284

④综观世界各国的生态足迹水平（表 6-23），目前广州市的人均生态足迹高于世界平均水平（2.7 hm²/人）和中国平均水平（2.1 hm²/人），低于美国、日本等发达国家，也低于北京、上海，广州的生态本底良好。

表 6-23   广州市与部分国家和地区的人均生态足迹比较

国家/地区	人口/万人	2000 年人均生态足迹/（hm²/人）	2014 年人均生态足迹/（hm²/人）
世界平均	674 000	2.8	2.7
美国	31 525	10.3	6.2
日本	12 795	4.3	4.3
俄罗斯	14 410	6.0	4.8
新加坡	543	6.9	6.3
印度	121 019	0.8	1.0
中国平均	135 404	1.2	2.1
北京	17 801	—	3.9
上海	20 101	—	3.8
广州	1 284	3.0	3.8

⑤由表 6-24 可知，广州市的万元 GDP 生态足迹比北京市、上海市的指标低，但高于美国，约是日本的两倍，资源利用率与发达国家有一定差距，未来广州市须加大集约利用土地资源的力度。

表 6-24   2014 年广州市与部分国家和地区的万元 GDP 生态足迹比较

国家/地区	GDP/亿元	人均生态足迹/（hm²/人）	常住人口数/万人	万元 GDP 生态足迹/（hm²/万元）
广州	13 551	3.8	1 308	0.29
北京	17 801	3.9	2 152	0.45
上海	20 101	3.8	2 425	0.45
天津	12 885	2.7	1 516	0.28
中国	519 470	2.1	136 800	0.55
世界平均	5 019 490	2.7	709 000	0.38
新加坡	19 356	6.1	530	0.17
日本	417 476	4.3	12 666	0.13
韩国	79 065	4.7	5 000	0.30
美国	1 050 000	6.2	31 525	0.22
俄罗斯	238 000	4.8	14 410	0.29

⑥由表 6-25 可知，广州市人均生态足迹水平虽然高于广东省平均水平，但广州市以广东省 1/24 的面积承载着广东省 1/8 的人口，贡献了广东省 1/4 的 GDP。

表 6-25　2012 年广东省和广州市的指标对比

地区	常住人口/万	比例/%	面积/km²	比例/%	GDP/亿元	比例/%	人均生态足迹
广东省	10 724	—	179 800	—	67 810	—	2.4
广州市	1 308	12.1	7 434	4.2	16 707	24.6	3.8

⑦广州市生态足迹中，碳足迹的贡献率为 53%，煤炭对碳足迹的贡献率为 78.6%，优化能源结构是降低广州市生态足迹的必要措施。

一是调整产业结构，提高第三产业比重。根据广州市 2014 年产业产值和能源消耗情况可知，三大产业单位产值需求的碳足迹比例为 1.83∶1.41∶1.00，第三产业单位产值需求的碳足迹最低。目前，产业结构比例为 1.5∶34.8∶63.6，若保持产值总量不变，第三产业比重调整为 85%，则广州的碳足迹将减少 7%，若第三产业比重调整为 98%，则碳足迹将减少 11%，且随产值增加，提高第三产业比重将增大城市碳足迹的削减作用。因此，应合理调整产业结构，逐步降低第二产业（主要是工业）的比重，鼓励第三产业的发展。

二是调整工业行业结构，控制煤炭消费总量。根据广州市 2014 年各工业行业的能源消耗，得出各行业碳足迹情况如下：电力、热力、燃气生产和供应业的碳足迹占行业总量的 70%，其中煤炭的碳足迹贡献率为 99.8%；纺织业的碳足迹占行业总量的 6.2%，其中煤炭的碳足迹贡献率为 81.7%，且电力、热力、燃气生产和供应业的煤炭碳足迹占工业煤炭碳足迹总量的 76.7%，工业煤炭碳足迹对工业碳足迹的贡献率为 78.6%。

因此，应调整工业行业结构，重点发展电子信息、装备制造等高新、高效、低碳足迹的行业，并推动其向更加集约高效、节能环保的方向转变；控制发展纺织业、石油化工业、食品加工业、造纸及纸制品业、橡胶制品业等较高碳足迹行业，改善环保硬件设施，引导其向高技术、低耗能的方向发展；控制煤炭消费总量，加快能源结构优化，尤其电力、热力、燃气生产和供应业作为主要的煤炭消费行业，应大力发展一批以天然气为主要燃料的热电冷联产项目，逐步淘汰能耗高、污染大的燃煤产出设施，提高能源利用率；积极发掘新能源、可再生能源，在不破坏生态环境的前提下有序开发水电、风电、太阳能；进一步完善节能减排机制。

尽管广州市的人均生态足迹低于发达国家，但由于人口众多，资源有限，广州市的生态足迹已大大超过自身的承载力，且资源利用率明显低于发达国家，如果未来广州不能走出一条资源节约型、环境友好型的新道路，发展进程中将面临投资和消费两端带来的资源环境压力，这条道路必须是产业升级、消费转型的过程，依靠第二产业、第三产业的发展来创造就业、吸引人口，并为更多的城市人口提供服务和产品。一方面，要合理规划城市规模和结构，防止被动的无序扩张，统筹规划公共交通、区域功能，使得城市构造有助于居民选择低生态足迹的生活方式；另一方面，城市的建设要适应产业发展、经济发展，避免为了造城而造城。

⑧广州市各区的生态足迹分布。由表 6-26 可知，广州市各区均出现生态赤字，黄埔区、天河区、越秀区、白云区最为严重，且南部区域的严重程度普遍大于北部区域。南沙区作为广州的生态屏障区，土地资源利用潜力大，因此未来人口应考虑向南沙区疏解。

表 6-26　广州市各行政区的生态足迹、生态承载力和生态赤字（2014 年）

单位：hm²/人

行政区	生态足迹	生态承载力	生态赤字
荔湾区	2.361	0.039	−2.321
越秀区	4.933	0.017	−4.915
海珠区	3.337	0.030	−3.307
天河区	5.833	0.045	−5.787
白云区	4.645	0.126	−4.518
番禺区	4.029	0.381	−3.647
花都区	3.262	0.226	−3.035
南沙区	2.948	0.145	−2.802
增城区	2.704	0.943	−1.760
从化区	1.268	0.585	−0.682
黄埔区	6.305	0.217	−6.087

6.3.3.2　基于城市环境安全格局的土地适宜性评价法——以威海市为例

1．技术路线

我们基于 GIS 城市土地建设适宜性评价方法，根据 2012 年威海市土地利用数据、DEM 数据，采用 ArcGIS 空间分析软件和空间叠加分析，进行 7 个因素、11 个因子的土地建设适宜性评价，结果叠加后得到全部的适宜建设用地，扣减其中已建设用地和环境安全用地后得到适宜建设用地。适宜建设用地分为一类和二类。根据不同密度城市建设模式（紧迫型、宜居型、低密型）的城市人均建设用地标准，主要针对一类适宜建设用地，我们对规划期内威海市适宜人口增量进行测算，分析土地承载力状况。

基于城市环境安全格局的土地适宜性评价，具体工作分三步进行：

①土地建设适宜性评价。采用 ArcGIS 空间分析软件，通过多因子加权叠加，进行空间叠加分析，得到建设用地适宜性评价结果。

②构建城市环境安全格局。扣除维护城市水安全、生物安全、人文安全等用地，保护城市发展过程中不可逾越的底线用地。

③预测城市土地承载力。根据不同发展状态城市的人均建设用地标准，得出土地承载力。

2．威海市生态承载力评价

①土地未来适宜建设用地评价。我们根据城市用地建设适宜性评价基本原理，结合地区特征和数据的易获取性，选择对城市发展用地具有共性且影响相对较大的地形、地质、生态、植被、城市建设、环境容量、社会等独立因子。其中，地形因子主要评价坡度等直接影响土壤侵蚀和土地利用因素，维护生态系统稳定和生态适宜性。生态因子主要评价土壤侵蚀、水源涵养等生态功能因素。植被因子按照现状土地利用类型对土地覆盖类型进行评价，对城市气候调节、生态环境维持具有重要作用。城市建设因子主要评价高速公路、国道、干道等道路因素，以及城市基础设施的吸引力，主要反映已开发的城市空间分布以及具有开发优势的用地空间。环境容量因子主要对大气环境容量进行评价，反映环境质量现状以及潜在的开发空间。社会因子主要选取影响城市环境质量的人口密度指标。

我们按照可计量性原则、主导性原则和因地适宜性原则，根据各评价因子对区域建设贡献水平的影响，将评价因子划分为多个适宜性等级，在对比相关研究因子权重的基础上，最终综合确定了各因素的因子权重值，见表 6-27。

表 6-27　土地适宜性评价因子权重

一级指标	权重	二级指标	分类条件	评分	综合权重
地形	0.3	坡度	≤5°，5°～10°，10°～15°，15°～25°	5，4，2，1	0.22
植被	0.15	土地覆盖类型	采矿用地、裸地、沙地，旱地、农用地、草地园地，林地	5，4，2，1	0.15
环境	0.05	大气环境容量（PM$_{10}$年均容量）/（t/a）	15.25 以上，13.50～15.25，11.75～13.50，10.00～11.75，≤10	5，4，3，2，1	0.1
生态	0.2	土壤侵蚀	不敏感，较敏感，敏感，极敏感	5，4，3，1	0.12
		水源涵养	不重要，较重要，重要，极重要	5，4，3，1	0.12
城市建设	0.15	公路	高等级公路 1 km 缓冲区，2 km，>2 km	5，3，1	0.06
			一般公路 500 m 缓冲区，1 km，>1 km	5，3，1	
		基础设施	市区建成区 500 m 缓冲区，1 000 m，>1 000 m	5，3，1	0.08
			乡镇建成区 200 m 缓冲区，500 m，>500 m	5，3，1	
社会	0.05	人口密度	1 500 人以上，600～1 500 人，350～600 人，260～350 人，260 人以下	5，4，3，2，1	0.05
工程地质	0.1	地质灾害区	易发区，非易发区	1，5	0.1

根据用地分类条件，利用空间分析工具，对各因子进行加权叠加，土地建设适宜性评价公式为

$$S_{ij} = \sum_{k=1}^{n} W(k)C_{ij}(k) \qquad (6\text{-}5)$$

式中，S_{ij}——第 ij 个网格的建设适宜性；

　　　n——第 k 个因子；

　　　$W(k)$——第 k 个因子的权重，k=1，2，…；

　　　$C_{ij}(k)$——第 k 个因子在第 ij 个网格的适宜等级。

我们依据确定的因子权重，将各因子进行加权叠加分析，得出威海市土地利

用综合发展用地评价值 S_{ij} 在 0.95～3.9，以此制作各适宜类加权综合指数和出现频率直方图。根据各适宜类直方图中加权指数和在空间上的聚散和分布规律，确定各评价单元的土地适宜区范围，得到威海市土地适宜性综合评价结果，分数在 3 分以上的为一类适宜建设区，即威海市城市建设的最大面积，分数在 2.5～3.0 为二类适宜建设区。

经研究，威海市一类适宜建设用地面积为 556 km²，占总面积的 9.6%；二类适宜建设用地面积为 632 km²，占总面积的 10.9%。

②扣除城市环境安全用地格局情况。我们在相关研究的基础上，结合威海市多山、多林的生境特点，考虑城市生态用地的重要性，将维护区域城市安全的河流、湖泊、水库、湿地、山体林地等区域作为不适宜建设用地，构建城市安全用地格局。

通过相关研究的对比分析，同时结合威海市水域蓝线控制要求，我们将一级河流两侧控制 50 m 范围、其他河流控制 30 m 范围、主要湖库控制 100 m 范围，作为维护区域排水安全的底线范围，严格控制开发，范围外的建设项目应达到防洪标准规定，并采用生态化工程措施。重点保护各级自然保护区、森林公园、地质公园、风景名胜区、湿地等生物多样性较高的区域。我们将各类自然保护区、风景名胜区的核心范围作为底线保护区，严禁私自进行旅游开发，维护生态格局安全。维护区域生态安全，保障城市粮食供给，保护生物栖息地与迁徙廊道，保护区域生物多样性。

各因子在维护城市安全中具有同等的重要性，按照均等的权重叠加得到底线发展水平下维护城市安全的用地格局。底线水平是维护区域生态安全的最低标准，不计重复用地，城市安全用地面积为 2 225.8 km²，占市域总面积的 38.4%，见表 6-28。

表 6-28　城市安全用地汇总

类别	面积/km²	占总用地比例/%
水安全用地	1 153.5	20.4
生态安全用地	1 550.4	26.7
合计（不计重复用地）	2 225.8	38.4

③全市适宜建设用地情况（扣除城市环境安全用地后）。根据评价结果（表6-29），扣除现状建设用地797.8 km²，得到未来威海市有208 km²适宜开发建设用地，占总面积的3.6%，用地紧缺。经区—东部滨海新城连接带，荣成文登乳山内陆乡镇的一类适宜建设用地较多，南海新区适宜建设用地较少。

表6-29　城市安全用地汇总

等级	分类	扣除前		扣除后	
		面积/km²	比例/%	面积/km²	比例/%
一类适宜区	$3.0 < S \leq 3.9$	556	9.6	208	3.6
二类适宜区	$2.6 < S \leq 3.0$	632	10.9	553	9.5

④基于适宜建设用地情况的土地承载力。环境人口容量的主要制约因素包括资源丰富程度、科技发展水平、生活和文化消费水平、地区开发程度及环境的地域范围等，我们通过情景分析、案例借鉴及经验值法评价建设用地、水资源、绿色生态空间等子系统的土地承载力，威海市城市总体规划中的建设用地指标严格参照国家城市建设用地分类与标准，并将其逐步调整到合理的范畴，得到不同人均建设用地标准下的威海市域人口容量，其中宜居指标中的人均建设用地为150 m²。

依据前文确定的一类适宜建设用地面积作为2020年土地建设的最大量，结合城市总体规划与土地利用规划2030年城市规模的预测情况，确定威海市土地承载力（表6-30）。

表6-30　不同发展模式下威海市土地资源承载力

人口容量	环境人口容量 （紧迫型）	宜居人口容量 （宜居型）	理想人口容量 （低密型）
综合预测结果	181万	138万	115万
目标借鉴城市	孟买、深圳、北京	珠海、金华	温哥华、墨尔本、维也纳

综上所述，在只考虑一类适宜建设用地的前提下，按照宜居标准计算，威海市适宜建设用地可满足人口增长需求，生态保护红线划定不会与城市建设产

生较大冲突。

3．威海市生态承载力调控

威海市适宜建设用地紧缺，未来提高城市绿化覆盖率势必占用更多用地，且已开发建设用地的利用率低，经济效率不高；农村建设用地分散、粗放拓展，耕地面积逐年减少。因此，威海市生态承载力调控包括以下三方面：

①集约利用建设用地。严格限制建设用地增长，2030 年建设用地比例控制在 19.2%以内，人均建设用地控制在 115 m² 以内。集约利用低效城市建设用地，引导城市中心区低产出、高耗能、占地多的传统产业逐步外迁，提高工商业用地容积率，调低绿地配套比例，促进高污染生产环节向标准工业园区集聚，提高土地地均产值，提高城市建成区绿化覆盖率，保持不低于 48%。

②完善村镇用地格局。对现状村镇用地布局进行调整，将零散工业企业等向工业开发园区集中，实现布局集中、产业集聚。合并并集中建设村庄，形成大而集中的农村居民点和主要村镇。继续开展农村环境综合整治，改善农民居住环境条件。

③严格保护耕地资源。规划维持耕地保有量不低于 284.72 万亩①；将环翠区、高区、经区范围内的农田景观作为重要的自然生态景观和环境文化景观予以保护，最大限度地发挥土地资源生态效益；整合零碎分散的耕地，发展高效生态农业。

---

① 1 亩≈666.67 m²。

第 7 章　环境风险评估与分区控制技术

随着我国社会经济的快速发展，区域工业化、城市化进程的加快，我国地方突发性环境污染事件已进入高发期，成为城市可持续发展的重大制约因素。城市如何进行有效的环境风险防范，预防和控制潜在的重特大事故，降低其造成的损失和影响，以确保经济可持续发展和社会安全稳定，已成为各市级政府日益关心、关注和需要解决的核心问题。城市环境总体规划中的环境风险防范体系构建对于协调城市经济和社会科学、安全、可持续发展具有深远意义。本章在对环境风险源和敏感受体识别与评价、环境风险分区与管理的国内外研究现状和关键问题进行系统分析的基础上，从城市环境风险防范体系构建思路、环境风险源和受体识别、环境风险分区评估、政策管理框架构建等角度做了系统阐述和应用分析，契合我国当前城市环境风险防范管理的迫切需求。

7.1　城市环境风险防范的基本思路和原则

7.1.1　环境风险相关概念

7.1.1.1　环境风险

环境风险是指由自然原因和人类活动引起的，通过环境介质传播的，能对人类社会及自然环境产生破坏、损害乃至毁灭性作用等事件发生的概率及其后果。环境风险广泛存在于人类的各种活动中，其性质和表现方式复杂多样。

7.1.1.2　环境风险源

所谓环境风险源，即导致环境风险发生的客体以及相关的因果条件，是可能对环境或生态系统或其组分产生不利作用的部分。环境风险源的存在是环境风险事件发生的先决条件。区域发展所涉及的重大环境风险源指使用易燃、易爆或有毒、有害危险物质的企业、集中仓储仓库和危险物质供应过程中的运输等。它的产生是随机的，有相应的概率，可以通过数学、物理、化学方法来确定。从运动状态的角度划分，风险源大体上可以分为固定环境风险源和移动环境风险源。

固定环境风险源主要指生产、贮存、使用、处置危险物质的企业、装置、设施、场所等。事故发生的原因主要有以下三点：①工艺技术水平缺陷，生产贮存装置、设备陈旧老化及相关公共设施发生故障；②人为的不安全行为（如操作不当）、自然灾害、安全管理不到位等因素；③污染性废物没有经过安全处置或者处置不当，人为或事故性因素导致废物不当排放，如农药、化工企业废水未经处理直接排放。

移动环境风险源主要发生于危险物质的装卸运输过程，由危险物质贮存装置故障、运输或装卸中违章作业、交通工具发生交通事故引发，导致危险性的化工原料、产品或危险废物的燃烧、爆炸、泄漏等危险事故。移动风险源的事故特点是随时随地可能发生，危险性不仅与有害物质的性质、泄漏到环境中的数量有关，还与事故发生地的地理环境、气候条件以及环境敏感点的分布情况有关。

7.1.1.3　环境风险物质

环境风险物质指一种物质或若干物质的混合物，具有有毒、有害、易燃、易爆、强腐蚀性等特性，在泄漏、火灾、爆炸等条件下释放可能对厂界外公众或环境造成伤害、损害、污染的化学物质。

7.1.1.4　敏感环境受体

敏感环境受体指风险因子可能危害的人类、生命系统各组织层次、水源保护地和社会经济系统。敏感环境受体的规模、脆弱性、价值都会影响环境风险的大小。人口密度越大，单位面积上建成区面积越大，价值越高，该地区的风险损失就越大。风险的大小还与当地的社会环境因素密切相关，包括人群的生活习惯、教育程度，以及媒体的活跃程度、政府的管治水平等。

7.1.2　基本思路和原则

城市环境风险防范体现了"事前行政"的思想，是以保护人类及敏感环境受体的环境安全为出发点，以城市环境风险最小化为目标，是城市安全发展战略的具体体现。开展城市环境风险防范，是提升环境管理水平的必然路径，是落实科学发展观和坚持以人为本的本质需求。

城市环境风险防范，首先要做好环境风险源的识别分级，掌握区域环境风险的基本情况，分清主次，排好优先级；其次要做好环境风险分区，结合生态保护红线划分，做好空间优化；最后要构建全过程环境风险管理体系，提出分区分行业管理要点，建立应急预警系统。

环境风险防范本身既受经济、社会、科技、文化、法制等条件的制约，也受水文、气象、卫生、公安、城建、交通等系统运作效率的影响。因此，在城市环境总体规划中实现合理、有效的城市环境风险防范，需要遵循以下原则：

①防范惠民化。以人为本是科学发展观的核心要求，城市环境风险防范首先应当考虑保护人民生命财产安全，将风险防范与基本公共服务均等化相结合，将公众利益作为一切决策和措施的出发点，最大限度地做到惠民，以减少风险损害。

②防范系统化。城市环境风险防范需要政府、企业、社会团体、公众等多主体参与，环保、安监、交通等领域或部门密切协作，要从全局的高度统筹协调各方利益，风险防范渗透城市环境总体规划的各个方面，贯穿环境管理的全过程。

③防范程序化。城市环境风险防范要有结构化的程序或步骤，包括环境风险识别、评估、风险地图绘制、分级监控、分区管理、布局调整等程序。

④防范前置化。环境风险防范重点在于预防和减少环境污染事件的发生，要对环境风险进行预防式管理，将环境管理的重心前置，并将预防与应急相结合，达到降低城市环境风险的目的。

⑤防范科学化。城市环境风险防范要基于客观事实，采用不断完善的评价评估模型，科学地对风险进行识别和评估，以便采取相应的有效管理措施对风险进行防范。

⑥防范透明化。城市环境风险防范决策的制定和执行应保证公众参与度，强化风险交流，透明防范程序，以利于管理的改进和公众的支持，保证决策的公开性、透明性和合法性。

⑦防范区域化。我国幅员辽阔，各个城市环境风险类型、风险水平以及所影响的人群范围和敏感环境受体均不同，需要依据各个城市的特点进行区域化、差异化的环境风险防范规划。

⑧防范动态化。规划中要明确将城市环境风险防范工作贯穿于日常工作流程之中，构建风险源和敏感环境受体的动态数据库，开展监测和预警体系构建，实现城市环境风险防范的全覆盖。

7.2　城市环境风险识别与源分级评估

7.2.1　城市环境风险源分类方法

城市在开展环境风险识别和评估的过程中，首先，应排查环境风险源，建立基础信息数据库，全面掌握本市主要环境风险源的基本情况，包括源的属性信息、各类风险物质的物理化学特性、源所涉及敏感环境受体的信息等。其次，根据环境风险源状态、环境受体、行业类别等不同，将城市环境风险源进行分类，这是开展环境风险源识别分级的基础，科学合理的分类有助于客观地了解环境风险源的本质特征，为环境风险源的控制提供必要、科学、可靠的依据。

考虑我国重大环境污染事件的常发类型，鉴于不同地区、不同区域环境风险源类型、存在形式的差异，重大环境风险源应按照环境受体、物质状态、事故传播途径分别分类，具体如下。

①按环境受体分类：水环境风险源、大气环境风险源、土壤环境风险源。

②按事故类型分类：非正常排放事故环境风险源、溢油事故环境风险源、液态泄漏事故环境风险源、气体泄漏事故环境风险源、爆炸/火灾伴生污染事故环境风险源、爆炸/火灾次生污染事故环境风险源。

③按源移动性分类：固定环境风险源、车辆移动环境风险源、船舶移动环境风险源、管道流动环境风险源。

④按源所处场所分类：生产场所环境风险源、库区环境风险源、罐区环境风险源、运输区环境风险源和废弃物处理区环境风险源。

⑤按源大小及用户需求分类：单元环境风险源、场所环境风险源、企业环境风险源、园区环境风险源、高风险区域环境风险源。

⑥按行业分类：采矿业环境风险源，制造业环境风险源，电力、燃气及水的生产和供应业环境风险源，交通运输业环境风险源，仓储和邮政业环境风险源，其他环境风险源。

⑦按风险物质分类：石油类环境风险源，有毒、有害化学品环境风险源，易燃、易爆化学品环境风险源，废弃化学品物环境风险源，其他污染物环境风险源。

尽管各种分类方法对环境风险源的归类方式不同，但几种分类方法所涉及的环境风险物质基本一致，识别评估风险源的本质是对环境风险源所涉及物质的潜在环境危害进行评估。在实际应用中，环境风险源的分类需综合考虑当地环境管理需求、环境受体状况、涉及主要环境风险物质类别等，选择合适的分类方法。

7.2.2　城市环境风险源识别方法

城市环境风险源识别主要是采用临界量法。为了便于环境风险源（污染源、危险源）的识别管理，国内外分别以清单的形式对危险物质进行了划分，并规定其临界量。《塞维索指令》中列出了 180 种物质及其临界量，并提出了 19 种重点控制的危险物质及临界量清单。经济合作与发展组织在 OECD Council Act（88）中也列出了 20 种重点控制的危险物质。1992 年美国政府颁布了高度危险化学品处理过程的安全管理标准，提出了 130 多种化学物质及其临界量；1996 年 9 月，澳大利亚国家职业安全卫生委员会颁布了重大危险源控制国家标准。系统中是否存在风险因子与其在系统中的存量是环境风险源辨识的重要依据。在环境风险源的辨识中，通常以规范中限定的物质数量或浓度为临界值，通过系统内风险因子的实际存量或浓度与临界值的比值识别风险源。根据《塞维索指令》提出的重大危险源辨识标准，英国已确定了 1 650 个重大危险源，德国确定了 850 个重大危险源。临界量法将单元内危险化学品的数量等于或超过临界量的单元识别为重大危险源，以系统中危险物质的存量之和大于或等于临界量作为环境风险源识别或评估的重要依据。

7.2.3　城市敏感受体识别方法

敏感环境受体是风险系统组成的要素之一，敏感环境受体差异直接影响企业的环境风险等级。2008 年 9 月 2 日，环境保护部发布了《建设项目环境影响评价分类管理名录》。其中第 3 条规定环境敏感区指依法设立的各级各类自然、文化保护地，以及对建设项目的某类污染因子或者生态影响因子特别敏感的区域，分为需特殊保护地区、生态敏感与脆弱区和社会关注区三大类。

①需特殊保护地区：国家法律、法规、行政规章及规划确定或经县级以上人民政府批准的需要特殊保护的地区，包括饮用水水源保护区、自然保护区、风景名胜区、森林公园、地质公园等。

②生态敏感与脆弱区：珍稀动植物栖息地或特殊生态系统、鱼虾产卵场、重要湿地和天然渔场等，重要湿地、重要水生生物的自然产卵场及索饵场、越冬场和洄游通道、天然渔场。

③社会关注区：人口密集区、文教区、党政机关集中的办公地点、疗养地、医院等，以及具有历史、文化、科学、民族意义的保护地等。

7.2.4　城市环境风险源分级评估方法

城市环境风险源评估的目的是确定环境风险源的风险级别，需考虑环境风险源对生态环境的综合影响，包括人口、生态、社会、经济等多个方面。环境风险源分级评估主要是通过爆炸、泄漏、扩散等相关模型计算环境风险源潜在污染事故对环境的危害范围；在此基础上，通过调研资料分析，统计危害范围的环境敏感点个数；依据敏感点类型，结合已有环境敏感点的危害概化指数体系确定模型计算参数，计算环境风险源对人口、经济、社会、生态的损失指数；进一步计算环境风险源对大气、水、土壤的环境危害指数；通过加权得到环境风险源综合评价指数；依据分级标准体系，评估环境风险源的级别。

7.3　城市环境风险分区

城市环境风险分区能够对风险进行宏观、全局把握，便于在管理上结合生态保护红线对环境风险源进行环境空间布局优化。目前，环境风险分区方法主要有风险地图法、综合指数法以及多方法的配合使用。

7.3.1 风险地图法

风险地图法主要是利用空间分析技术将影响区域环境风险水平的各因素进行图形直接叠加，进而得到环境风险分区，以图表的形式表现一个区域内各亚区域环境风险水平（等级）。

风险地图法除了将分区结果直观地展示出来以外，还能够将地理数据、环境风险源分布、环境敏感目标分布以及行政区划、土地利用等其他相关信息整合到风险地图当中。特别是近年来，以环境风险分区图为代表的环境风险地图受到越来越多的重视，由于具有可视化、直观性等特点，逐渐被广泛应用于环境风险管理以及应急决策之中。

7.3.2 综合指数法

通过构建指标体系，加权计算风险指数，以综合指数表征区域环境风险水平，作为城市环境风险分区的依据。该方法常用于环境风险因素复杂、空间尺度较大的综合环境风险分区。根据区域自然环境及社会环境的结构、功能及特点，划分不同等级的地区，确定环境风险管理的优先顺序，针对不同风险区的特点提出减少风险的对策措施。该方法包括区域环境风险评估指标体系构建、指标量化与综合评估等内容。基于环境风险场系统理论，围绕风险源、风险受体、控制水平等因素，构建指标体系，利用层级分析法、模糊数学、信息扩散等模型方法，进行单一指标量化与风险综合评估。

7.4 城市环境风险全过程管理体系

7.4.1 分区分行业管理

考虑各市各区域环境风险承载力不同，不同区域的功能定位和发展方向存在差异，对照城市环境风险分区，针对不同区域的风险特征，明确各区风险防范的侧重点，对识别评估出的需重点管理的风险源和敏感环境受体提出分区、分级管理措施。

对于环境风险大的企业、污染物产生量大的企业、产业密集区域、环境质量已经严重恶化的区域以及重点环境保护区域（如饮用水水源地）进行优先重点管理。提高突发环境污染风险防范的针对性和有效性，从而显著降低环境风险或风险发生后的不利影响。

同时，各地市人民政府应责令相关单位对本行政区域内容易引发突发环境事件和公共卫生事件的重点行业进行定期检查和开展常规监控。环境风险源的有效监控直接影响到区域环境污染的综合管理、重大污染事件的预防及其综合决策。因此，环境风险源的监控要保证监控对象与管理目标的一致性、监控指标与风险特征的一致性、监控方法与质量控制的一致性、监控方式与监控目的的一致性、监控系统与安全保障的一致性。各项指标监控预警的级别应与环境风险评估的分级结果相匹配。通过对环境风险源的监控，可以有效分析污染物排放源对空气质量和水环境的影响，评价环境治理措施的效果，对突发性污染事件进行预警，从源头减少、遏制环境事故的发生，为环境管理和决策提供技术支持。

7.4.2　应急预警系统构建

应急预警系统是整个城市环境风险防范的技术中枢。基于物联网，建立应急预测预警系统，构建统一、高效的环境风险信息平台，实现安全环境预警预测智能化，就可以依据环境风险信息变化趋势，及早发现引发突发环境事件的线索和诱因，预测出将要出现的问题，采取有效措施，力求将突发环境事件遏制在萌芽状态，化解于萌芽之中。

应急预警系统包括基础信息和动态监控信息。基础信息主要包括空间数据库、属性数据库和管理信息数据库三部分。空间数据库包括市辖区内的河流、企业、村庄、学校等图层；属性数据库包括各环境风险源和敏感受体等基本信息、风险物质基本信息等；管理信息数据库包括查询权限数据、用户信息、应急预案、物质储备、模型案例、政策法规等信息。动态监控信息主要是结合 GIS 实时显示监控系统传输过来的监控数据、对超过阈值的情况进行报警显示以及历史曲线和地理分布统计查询等。良好的应急预警平台管理可以增强城市对环境污染事件的防御能力，最大限度地减少突发事件造成的不良影响。

7.4.3　法律政策保障

在目前环境风险防范法律不完善的情况下，拥有地方立法权的市级人民代表大会，可以率先引导性地开展城市环境风险防范的法律建设，修订完善地方环境保护法律法规和标准，明确政府和公民在环境风险防范中的权利、责任和义务，使公民基本权益得到最大限度的保护，使环境风险防范工作日趋规范化、制度化、法制化。在严格执行现有法律的基础上，健全环境污染损害鉴定评估和污染责任保险管理方面的法律法规，建立人体健康危害诊疗及监测、风险物质安全运输管理等方面的相关法规。

法律是基础，政策的有效贯彻是防范城市环境风险的重要保障。一个城市要做好环境风险防范，重要的一点就是要对环境风险物质的市场准入、排污收费、环境信用、风险审计、信息公开和公众参与等提出明确要求。信息公开要求发布重点环境风险源名单，制定高环境风险淘汰工艺和化学品名单，为政府制定调整城市规划、重大建设项目选址提供依据。各市级政府在开展城市环境总体规划的同时，要严格市场准入，强化总量控制。对由于产业布局引起的环境与健康风险要进行产业布局优化，以调整当地的经济结构为手段，结合社会经济发展规划、土地利用总体规划、城市总体规划和城市环境总体规划四者的要求，控制重点污染企业和行业的有毒物质排放的种类和数量，减少全社会生产和消费的有毒物质排放总量，改善产业布局和区域的空间安排，促进地方政府合理布局工业和保障城市可持续发展。

第 8 章　环境公共服务评估与提升
模式研究

8.1　城市环境公共服务的内涵与评价方法

8.1.1　城市环境公共服务的内涵

环境安全（如核辐射安全）、公益性环境基础设施、饮用水安全、污水处理达标、生态环境、大气环境质量等，都是保障所有人环境基本权利不可或缺的重要条件。环境基本公共服务是指能保障全体居民都可公平获得的公共性环境服务和条件，这种权利不因居民所在地区环境基础条件、经济发展程度和财政能力的不同而有差异。

作为基本公共服务的内容之一，环境公共服务应具有保障性、普惠性（广覆盖）、公平性三个属性特征。

①环境公共服务的保障性，指环境公共服务供给的基本目的在于为公民提供健康安全的基本生存环境，保障公民的基本生存环境条件。"喝上干净的水，呼吸上清洁的空气，吃上放心的食物，生活在安全舒适的环境中"是环境公共服务的主要目标，为公民提供健康安全的生活环境是政府的责任。

②环境公共服务的普惠性，指环境公共服务的供给范围应面向所有社会公众，而不应具有排他性和局部性。但在一些经济不发达的地区，水、垃圾等多项基本环境治理仍十分缺乏和薄弱，还远未实现广覆盖和全面普及的服务目标。因

此，推动环境公共服务的供给范围应逐步扩大到所有地区，最终使全体公民都成为环境公共服务体系的受益者和服务对象，该项服务必须纳入各级政府的职责目标之中。

③环境公共服务的公平性，指在服务供给过程中，所有公民享受服务的权利、机会与结果基本一致和平等。目前，我国环境公共服务的非均等化问题仍十分突出，区域间、城乡间和不同人群间享受服务的机会、质量和水平都有较大差别。

因此，环境公共服务均等化的含义可以从四个层面来把握。首先，基本公共服务供给的总量充足，这是实现基本公共服务均等化的前提。其次，全体公民享有基本公共服务的机会和原则应该均等，由于每个人的天赋能力不同，所占有的资源也不尽相同，但享受基本公共服务均等化的机会和原则应该是均等的。再次，全体公民享有基本公共服务均等化的结果应该大体相等。这里讲的"大体相等"绝非平均主义，只是在结果上尽量向"均等化"靠拢，内容上也绝非所有公共服务，而是仅限于基本公共服务。最后，社会在提供大体均等环境公共服务成果的过程中，尊重某些社会成员的自由选择权。

8.1.2　城市环境公共服务评价方法

环境公共服务均等化评价指标体系的功能在于为测度环境公共服务的均等化程度和实际差距提供科学分析与客观判断的工具；通过对城市环境公共服务均等化进行横向比较和纵向比较，把握环境公共服务均等化推进中的实际问题，为分析环境公共服务均等化的问题和复杂成因提供客观准确的依据，为城市政府决策和管理提供重要参考。

通过对国内外相关文献和研究成果的广泛查阅与梳理，在指标选择和结构设计方面，我们主要参考了国内外有关政府环境治理绩效考核体系、基本公共服务绩效评估指标体系等方面的资料。在充分考虑我国城市基本公共服务的现实国情和制度背景，并把握基本公共服务的共性特征和环境公共服务均等化的个性问题的基础上，我们初步建立了环境基本公共服务均等化评价指标体系的三级层级结构的方案。引起环境质量变化的污染物排放强度属于压力指标，反映环境基本公共服务效果的环境质量保障能力及污染治理效率属于状态指标，政府对环境基本公共服务效果进行改进的措施和投入属于响应指标。

　　各类指标所采用的数据均来源于公开的统计年报。指标体系不仅应遵循科学性、客观性、完整性、有效性等普遍原则，还应综合考虑指标数据的可得性与可比性。理论上指标体系应涵盖环境基本公共服务范围所包含的各项内容，但由于目前统计数据的可得性问题，不得不舍弃部分指标，如表征信息服务的环境信息公开率和表征应急服务的突发环境污染事件处理率等指标。

　　在福州市基本公共服务评估过程中，我们结合福州市实际情况，建立环境基本公共服务均等化的"压力、状态、响应"指标，据此进行均等化评估、划分绩效等级，运用评估结果进行有针对性的改善计划，使得环境基本公共服务工作的改进更为量化、目标化。

　　福州市环境基本公共服务评价体系见表 8-1。

表 8-1　福州市环境基本公共服务评估指标体系

指标	一级指标	二级指标
压力指标	废水及其污染物排放	人均废水排放量
		人均 COD 排放量
		人均 $NH_3\text{-}N$ 排放量
	废气及其污染物排放	人均 SO_2 排放量
		人均 NO_x 排放量
		人均烟（粉）尘排放量
	固体废物产生量	人均工业固体废物排放量
		人均生活垃圾排放量
状态指标	城市环境质量保障	城市污水处理率
		生活垃圾无害化处理率
		城市饮用水水源地水质达标率
		城市 $PM_{2.5}$ 年均浓度
		建成区绿地覆盖率
	农村环境质量保障	农村卫生厕所普及率
	工业"三废"处置能力	工业废气治理设施处理能力
		工业固体废物综合利用率
响应指标	资金投入保障	环保投资占 GDP 比重
		环境监测业务经费占财政支出比重
		环境系统人员工资总额占各行业工资总额比重

指标	一级指标	二级指标
响应指标	机构投入保障	每平方千米环境保护系统机构数
		每平方千米饮用水水源地个数
		每平方千米环境空气监测点位数
	环境服务效益	环境信访、来访办结率
		环境影响评价制度执行率
		环保验收执行率

8.2 城市环境公共服务重点领域

结合我们在福州、广州、青岛等城市的研究经验，我们认为，城市环境公共服务应重点关注以下四个领域。

8.2.1 实现城市环境基本公共服务体系全覆盖

确定城市环境基本公共服务的范围、种类和标准。依据《国家国民经济和社会发展第十二个五年规划纲要》，"十二五"时期确定的范围为污水处理垃圾处置、环境监测评估和饮用水水源地安全保障 3 个重点领域。随着财力增长，逐步增加服务项目。"十三五"可以考虑将环境监察执法能力建设、环境应急能力建设和环境公众参与等纳入环境基本公共服务范围。在制定标准时要考虑源头、过程和结果 3 个环节的标准。源头标准就是投入标准，如规定某区域的环境基本公共服务投入必须达到 GDP 或者财政收入的百分比，人均环保经费等；过程标准主要指实物标准，如设施、设备和人员配备等；结果标准指效果的衡量标准，如污水处理率、垃圾处置率，饮用水达标率等。通过 3 个层次的标准设计，形成可计量和量化的基本公共服务均等化所需财政支出的技术基础，并逐步提高服务标准，从而循序渐进地逐步达到为全体公众提供环境健康基本保障型的环境质量。

8.2.2 弥补环境基本公共服务体系短板

县、乡、村，尤其是农村的环境基本公共服务一直是我国环境公共服务体系的短板和薄弱环节。在继续做好省、市两级环境基本公共服务的同时，应将环境保护工作重心下移，加大对基层环境公共服务的财力、人力投入。以县级环境基本公共服务能力建设为重点，全面推进监测、监察、宣教、信息等环境保护能力标准化建设。加快污水处理设施、垃圾处置设施建设步伐，实现县县具备污水、垃圾无害化处理能力和环境监测评估能力。结合地方人民政府机构改革和乡镇机构改革，探索镇（乡）、村环境基本公共服务提供模式，保障农村饮用水安全，开展农村饮用水水源地调查评估，推进农村饮用水水源保护区或保护范围的划定工作，强化饮用水水源环境综合整治，建立和完善农村饮用水水源地环境监管体系，加大执法检查力度，在有条件的地区推行城乡供水一体化。提高农村生活污水和垃圾处理水平，鼓励乡镇和规模较大村庄建设集中式污水处理设施，将城市周边村镇的污水纳入城市污水收集管网统一处理，居住分散的村庄要推进分散式、低成本、易维护的污水处理设施建设。加强农村生活垃圾的收集、转运、处置设施建设，统筹建设城市和县城周边的村镇无害化处理设施和收运系统；交通不便的地区要探索就地处理模式，引导农村生活垃圾实现源头分类、就地减量、资源化利用。提高农村种植、养殖业污染防治水平，改善重点区域农村环境质量，实施农村清洁工程，开发推广适用的综合整治模式与技术，着力解决环境污染问题突出的村庄和集镇。

8.2.3　提高环境基本公共服务的整体水平

　　环境基本公共服务均等化的核心在于提高服务供给能力。加大环境基本公共服务领域支出，将环境基本公共服务纳入公共财政范畴予以重点保障，在现有环保投资（投入）统计的基础上，把政府环保投资（投入）作为指标试行纳入考核。着力增强政府环境基本公共服务能力，公共财政要逐步成为"民生财政""绿色财政"，落实"工业反哺环保"。为了增强中西部地区以及县以下基层政府的环境基本公共服务提供能力，应该在明晰中央和地方事权划分的基础上改革转移支付制度。安排专项资金对地方不能达到环境基本公共服务水平的地区予以支持，以环境基本公共服务提供能力为参数设计专项转移支付或作为一般转移支付的考虑因素之一，保证基层政府可支配财力达到一个适应总体经济社会发展程度的均等化公共服务水平，保证国家环境意志和地方全国性公共产品的效率。

8.2.4 强化环境基本公共服务体系的顶层设计

在理念上向服务型政府转变，明确政府提供环境基本公共服务的主体责任，在管理理念、政策设计、阶段重点上将民生、服务等有机融入。在宏观思路上，着力实现环境管理向环境服务的转变。在指标设计上，多考虑以人为本类型的指标，广泛采用覆盖率、服务人口比例、达标天数等可测量、可感官的指标体系。在设置环境监管能力建设标准、污水处理率标准时要摒弃现有东部、中部、西部分别设置不同环境服务标准的做法。在具体政策上，要建立有利于推进均等化的财政政策体系，要建立一种可监测、可评估、可考核的政府环境基本公共服务绩效评价考核体系。

8.3 城市环境公共服务供给模式研究

城市环境公共服务，尤其是城市环境公共服务设施大多具有强烈的正外部效应。各种环境公共服务的外部性相互叠加，最终形成不同阶层社会群体之间的竞争和冲突。转型期，城市环境公共服务可探索基于市场化的改革模式，通过企业组织和社会非营利性组织惩戒政府释放的部分公共服务供给职能。

8.3.1 推进环境基础设施建设，提高环境公共服务供给能力和效率

在城乡生活污水处理厂及管网建设、城乡生活垃圾处置、城市环境综合整治、污染场地修复、环境监测等环境保护基本公共服务领域引入社会资本，推行政府和社会资本合作。鼓励模式创新，通过与周边土地开发、供水、发展林下经济、旅游项目等经营性较强的项目组合，吸引社会资本参与。加大财政支持，在资金使用方式上，充分考虑 PPP 项目的需要，逐步从"补建设"向"补运营""前补助"向"后奖励"转变，突出基于治理效果的环境绩效服务，强化财政专项资金使用的灵活性，最大限度地发挥专项资金的引导作用，带动社会资本对环境保护项目的投入。开展基于环境质量改善和污染物减排效果付费的环境绩效合同服务试点示范，确立适合于不同类型环境服务的技术标准、商业经营模式、项目管理办法、流程、绩效评价体系和标准等，明确政府采购环境服务合同的谈判框架、

标准文本、重点条款等。

8.3.2　创新环境金融产品，拓宽环境保护投融资渠道

试点建立环境保护基金，探索基金的筹措、管理、使用、政策需求等，引导社会资本积极参与污染防治和环境监管领域的投资建设与运营管理；在土壤、地下水修复等环境保护领域试点采用租赁方式进行融资。创新抵押担保服务，试点开展排污权、收费权、购买服务协议质（抵）押等担保贷款业务，探索利用污水垃圾处理等预期收益质押贷款。在城镇污水处理等环境基础设施领域试点资产证券化，促进具备一定收益能力的经营性环保项目形成市场化融资机制。在环境保护部门与金融机构、金融机构监管部门之间搭建信息沟通机制，试点建立企业环境信用评价体系和绿色信贷信息共享机制，以及制定其他促进环保产业与金融业相融合的政策措施。

8.3.3　加快完善价格政策，体现资源稀缺性和环境成本

推行差别水价，将资源稀缺性计入水价，重点对工业和第三产业用水推行差别性水价政策；保持农业生产和居民生活用水价格的连续性和稳定性。建立水价级差动态调整体系，以保证水价在促进节约用水中的持续刺激效应。加快污水处理厂脱氮除磷提标改造进程，将污泥处置成本纳入污水处理费征收范围，完善垃圾处理收费标准和方式，保障环保治理运营提供资金来源。提高排污收费标准，扩大征收范围，将有毒有机有害污染物、特征污染物、重金属等污染物纳入征收范围。

8.3.4　试点实施环境污染责任保险，建立环境风险评估服务监督管理机制

鼓励城市涉及有毒、有害化学物质企业、重金属企业、危险废物产生企业试点实施环境污染责任保险。建立环境风险评估服务的工作运行机制和监督管理机制。开展企业环境风险评估服务，将环境风险管理纳入环境日常管理。将环境风险评估与企业突发环境事件应急预案报备制度等相关环保工作相结合。将环境风险评估等级与企业环境污染责任保险等级对接，鼓励企业参加环境污染责任保险。实现环境高风险企业"应保尽保"，为进一步改善区域环境质量做出贡献。

第 9 章　重点区域环境战略规划指引设计技术

9.1　重点区域筛选识别思路与评价指标

　　城市不是一个均质体，存在部分区域环境问题相对突出或者环境保护要求相对较高的情况。因此，城市环境总体规划除对城市在全市域进行统一研究的基础上，按照"好坏两头"的原则，对重点区域进行重点分析。重点区域筛选可通过宏观分析与微观评估相结合的方式进行识别。宏观上，通过分析城市空间发展战略、城市开发建设趋势、产业空间布局、污染排放格局、环境质量空间差异等进行初步判断；之后，借助指标评价的方法，对初步筛选出的重点区块围绕生态环境状况、环境质量现状、资源环境压力、环境绩效水平等方面进行进一步的评估。结合各城市实践经验，我们设置了覆盖 6 大领域、54 个具体指标的评估指标体系。

　　按照环境保护的重点方向，重点区域可以分为以生态维护为主的生态环境优良区域、以城镇环境质量提升为主的城市中心城区、以工业污染防治为主的产业集聚区等不同类型。进一步评估不同类型的区域时，可按照不同类型，从领域全覆盖的指标体系中筛选部分指征性相对明显的指标进行细化分析，见表 9-1。

表 9-1　重点区域筛选识别评价指标体系

一级指标	二级指标	三级指标	一级指标	二级指标	三级指标
资源丰度	土地资源	人均土地资源	资源环境压力	水资源压力	供水总量（水资源消耗总量）
		生态保护红线面积比例			工业水耗
	水资源	水资源总量			生活水耗
		人均水资源量		水环境压力	COD 排放总量
		水网密度指数			NH₃-N 排放总量（工业废水）
		单位面积水资源量（全市域）			单位水资源量的 NH₃-N 排放量
环境质量	生态资源	生物丰度指数			单位水资源量 COD 排放量
		植被覆盖指数		大气环境压力	SO₂ 排放总量（工业）
		土地退化指数			烟（粉）尘排放总量（工业）
		建成区绿化覆盖率			单位面积的 SO₂ 排放量
		公园绿地面积			单位面积的烟（粉）尘排放量
		人均公园绿地面积	环境绩效水平	土地绩效	市辖区单位面积 GDP
	大气环境	SO₂ 浓度			市辖区单位面积工业总产值
		NO₂ 浓度		水资源利用	单位 GDP 水资源消耗量
		PM₁₀ 浓度			万元工业总产值新鲜水耗
	水环境	各断面 COD 平均浓度		能源利用绩效	单位 GDP 能耗
		各断面 NH₃-N 平均浓度			万元工业增加值能耗
	生态环境	EQI 指数			单位 GDP 电耗
		噪声环境质量		污染物排放强度	单位工业总产值 COD 排放强度
		交通干线噪声平均值			单位工业总产值 NH₃-N 排放强度
资源环境压力	土地压力	人口密度			单位工业总产值 SO₂ 排放强度
		市辖区人口密度			单位工业总产值烟（粉）尘排放强度
		市辖区建成区面积占市辖区面积比例		环境基础设施建设	城镇生活污水处理率
		人均居住用地			城市生活垃圾处理率
	能源压力	用电量			机动车环保定期检测率
		工业用电量			公众对环境保护满意率
		人均生活用电量			
		清洁能源使用率			

9.2   重点区域环境规划指引设计一般思路

重点区域的环境保护任务不同，环境规划指引的方向也有所不同。但总体上来讲，从环境保护与经济发展相互协调的角度而言，重点区域环境规划指引的设计可以大致按照"问题分析—指引方向识别—重点区块识别—经济发展与产业调控—环境质量战略"的脉络，对重点区域进行重点研究。

9.2.1   环境保护重点问题的研究

分析各重点区域在城镇化、工业化发展过程中所面临的突出问题。例如，生态空间占用、环境功能混乱、资源环境超载、产业格局与环境空间错位等。基于各重点区域的突出、重大环境问题，设计各区域的环境规划指引方向。

9.2.2   生态保护红线的落地与政策细化

基于城市生态保护红线划定结果，细化评估重点区域生态保护红线与当地土地利用规划、城市总体规划、各乡镇总体规划的协调性，校核生态保护红线边界范围，详细探勘边界；同时，对纳入生态保护红线的区域进行详细调查，全面掌握红线区域内污染企业、人口、养殖、资源开发、生态破坏等基本情况，评估红线区域内生态环境状况，制定实施分单元、分阶段保护、治理、退出修复等保护方案和管理对策。

9.2.3   高脆弱、高敏感、高重要区域的细化甄别

在城市大气环境、水环境重点维护区域识别的基础上，开展更高精度的大气环境、水环境系统模拟评估，细化识别区域内需重点关注的大气环境、水环境高脆弱、高敏感、高功能的区块，提出环境空间分区环境保护目标、要求和保护对策。

9.2.4   环境准入负面清单

围绕生态状况、环境质量、污染排放、环境承载、资源开发等方面主要问题，

提出区域环境保护定位、产业布局调整、产业结构优化升级、环境质量底线控制、污染物总量与强度控制、资源承载限值等优化调整要求。针对重点区域的空间特征，遵循自然规律，结合重点区域主导产业环境影响分析，提出空间准入、负面清单、总量准入等环境准入标准。

9.2.5　中长期环境质量改善战略

针对重点区域较为重要或问题相对突出的环境领域，设计从城市发展、工业布局到污染防治层面的环境质量改善"一揽子"措施，提升重点区域环境质量短板。

9.3　重点区域环境规划指引任务设计

受重点区域环境保护目标的影响，重点区域的环境规划指引任务侧重点也不同。我们在福州市罗源湾地区进行研究时发现，罗源湾地区面临三方面较为突出的生态环境保护战略问题：一是区域发展定位错位，环境保护与城市开发之间的冲突显著。罗源湾地区是《中国生物多样性保护战略与行动计划》确定的全国海洋与海岸生物多样性保护优先区域之一，但在整个福州市的城市发展中，将罗源湾定位为海西经济区重要港区和临港工业基地。区域发展定位与环境保护定位之间的冲突严重。二是产业以重工业为主，产业布局杂乱。在福州市及罗源湾相关规划中，环罗源湾地区各片区均开发布局有重化工产业，工业发展对港湾环境造成极大影响。三是生态用地占用明显，建设开发占用大量生态用地。

因此，我们在罗源湾地区重点区域环境规划指引中，重点围绕罗源湾发展与保护定位的修正、工业产业布局的分区分组、生态用地的严格保护等方面进行设计，具体内容见专栏 9-1。

专栏 9-1　罗源湾地区环境规划指引

1．环境功能定位。罗源湾地区是《中国生物多样性保护战略与行动计划》确定的全国海洋与海岸生物多样性保护优先区域之一，是海西经济区发展规划确定的海西经济区重要港区和临港工业基地，是福州市主要的环境风险防范区，是福州市近岸海域环境质量维护区和重要渔业水产资源区，是罗源县城空气质量的源头影响区。因此，罗源湾的环境功能定位为：具有国家意义的生物多样性保护区，现代化的港口和临港产业集聚区，人居环境质量维护区和环境风险防范重点区。

2. 控制目标指标。TP 和 NH_3-N 排放总量分阶段达到湾区容量范围内、湾区海域环境质量不恶化、自然岸线比例保持在 37% 左右、重要湿地受到保护、废水排放企业实现达标排放等。

3. 重点产业发展的环境指引。罗源湾应提前实现"面向工业的第二代港口"向"面向商业的第三代港口"的转变，逐步淘汰石化等产业，重点发展装备制造业，适当发展冶金、能源等产业，积极壮大物流业、商贸、旅游业，建设现代港口加工和物流等临港工业。加强园区整合与产业重组、升级，走规模发展、集约发展、清洁发展的模式。

4. 重点区块的环境指引。罗源湾地区 11 个重点区块，包括松山、金港、可门、大官坂、马透、牛坑湾、鉴江、濂澳 8 个工业产业发展重点区块，罗源湾水域养殖区、罗源湾口、陆域生态维护区 3 个生态环境保护重点区块。

松山组团应以罗源经济开发区和台商投资区建设为主体，调整工业企业布局，优化功能分区；整合现有产业，逐步淘汰石材业等产业，鼓励发展精密机械制造与物流加工业。金港地区应促进冶金产业向产业链下游精深加工发展，远期应逐步淘汰冶金产业，向先进装备制造等高附加值产业转变。可门组团应利用可门港深水港资源，加强散杂货运输码头建设，完善基础设施，大力发展港口物流产业，适当发展能源产业。大官坂组团应逐步退出海水围垦养殖，逐步向先进装备制造和污染相对较轻的石化中下游精深加工产业转变，加强自然山体与基本农田保护。马透组团应积极发展滨海商务休闲及商务会展业，配套建设城镇居住功能组团，加强环境保护。牛坑湾组团应积极发展物流业，控制修（造）船规模和对岸线资源的占用，重点发展高附加值特种船舶，控制围垦面积；鉴江组团、濂澳组团应限制发展冶金、石化等重污染排放产业，加强自然生态维护。

石板材矿区应控制石板材开采范围，加强水土流失治理。罗源湾应控制养殖规模总量，养殖业应随工业和港口建设发展逐步择机清退，维持湾区海域环境质量；罗源湾口及陆域范围的生态用地应明确生态廊道及重要生态节点，严格开发控制要求，加强自然环境维护。

第 10 章　城市环境总体规划的政策与实施机制

10.1　城市环境总体规划关键政策

城市环境总体规划强调空间、承载等环境保护约束性内容，生态保护红线、环境管控空间、资源环境承载约束等要求均是城市资源开发、项目建设的基本依据。我们认为，通过创新一系列环境管理制度，将环境保护的约束性、底线性内容固化下来，对促进城市环境保护具有重要意义。

10.1.1　生态保护红线制度

生态保护红线一级管控区实行最严格的管控措施，严禁一切形式的开发建设活动；二级管控区以生态保护为重点，实行差别化的管控措施，严禁有损主导生态功能的开发建设活动。

建立生态保护红线监察管理体系，对生态保护红线划定的范围、主要生态服务功能以及人类干扰活动进行动态监测。建立红线管控责任制，开展生态保护红线考核，对突破红线管控要求造成资源浪费和生态环境破坏的行为人严格追究民事、行政、刑事等相关责任。

10.1.2 环境资源承载监测与资源利用上线管控制度

1. 探索建立环境资源承载力监测预警制度

分区（县）开展水资源、土地资源和大气环境容量、水环境容量测算评估，分析不同区域环境资源承载压力状况与变化趋势，建立环境资源承载力的监测、评估、调度、预警等"一条龙"的处置处理机制。将污染物总量控制、环境质量评估与资源环境承载力监测预警结合起来，自上而下，严格落实国家和省域主要污染物排放总量控制政策。将主要污染物减排与城市产业结构调整结合起来，主要工业产业规模和结构调整与主要污染物排放总量控制相结合，各区（县）产业发展和项目建设要将排污总量指标作为前提。自下而上，基于各流域、区域环境资源承载力，建立特征性污染物排放总量控制及小流域等控制单元的污染物排放总量控制制度。

2. 明确资源利用红线，提高资源利用效率

加强水资源利用红线管理，严格控制城市用水总量。实行水资源利用总量控制，用水总量达到或超过控制指标时，暂停审批建设项目新增取水；用水总量接近控制指标时，限制审批建设项目新增取水。严格地下水许可，严格地下水禁采、限采和地面沉降区管理。推行适用农田的节水灌溉技术，重点开展化工、钢铁、石化等企业节水改造，推广高效节水器具，全面提高用水效率。制定规范的用水节约与超标奖罚制度，建立节水产品市场准入制度和节水型器具财政补贴制度。

10.1.3 基于环境质量的总量动态管理制度

1. 基于环境质量目标，进行污染物排放总量控制

基于环境质量目标考核的总量动态调控，根据环境质量监测和全口径污染源核算清单，建立排放总量和环境质量的动态响应关系，实施总量指标动态管理。对满足环境质量的达标区域，可适当提高区域总量分配指标，新增项目按照准入要求准入，但不得超过容量总量；对基本满足环境质量的区域，总量分配指标保持不变，新增项目实行排放总量等量替代管理；对于环境质量超标的区域，严格执行总量减排目标考核。

以区（县）和小流域为单元，重点分配管理固定源总量指标。大气环境方面

重点控制 SO_2、NO_x、一次 $PM_{2.5}$ 和 VOCs。水环境方面重点控制 COD、$NH_3\text{-}N$，并适时试点开展入海河流总氮控制。建立总量指标与排污许可、排污收费、排放权交易等制度的衔接。

2．全面推行排污许可制度，深化排污权交易试点

完善污染物排放许可证制度，将排污许可建设成为固定点源环境管理的核心制度，实行排污许可"一证式"管理。根据总量控制要求、产业布局和污染物排放现状完成现有排污单位排污权的初次核定，优先完成国控重点污染源、电力、石化、钢铁等行业及重点园区的排污许可证核发工作。

推进排污权有偿使用，深化排污权交易试点范围。针对 COD、$NH_3\text{-}N$、SO_2、NO_x 等实行排污权有偿使用。在区域内全面实行大气污染物排污权交易，继续推进分流域的水污染物排污权交易，探索建立碳交易制度。

10.1.4　差别化的环境准入制度

探索实施基于空间单元的负面清单管理模式，设立禁止、限制准入门槛。凡列入负面清单的行业，在规定区域内不得建设，投资主管部门不予立项，金融机构不得发放贷款，土地、规划、住建、环保、安监、质监、消防、海关、工商等部门不得办理相关手续；现有企业逐渐退出。

建立健全环境准入制度考核机制，把环境准入要求的执行情况纳入各级领导干部政绩考核。建立责任追究制度，对盲目决策、把关不严并造成严重后果的，依法实行严格问责。

10.2　参与"多规合一"的实施路径

"多规合一"指在一级政府一级事权下，强化国民经济和社会发展规划、城乡规划、土地利用规划、环境保护、文物保护、林地与耕地保护、综合交通、水资源、文化与生态旅游资源、社会事业规划等各类规划的衔接，确保"多规"确定的保护性空间、开发边界、城市规模等重要空间参数一致，并在统一的空间信息平台上建立控制线体系，以实现优化空间布局、有效配置土地资源、提高政府空间管控水平和治理能力的目标。

10.2.1 "多规合一"的技术思路

通过主体功能区划定位、经济社会发展规划定目标、土地利用总体规划定指标、城市总体规划定坐标、环境总体规划定底线的协调模式，构建统一的空间体系。基于上述考虑，设计市（县）"多规合一"和省级空间性规划"多规合一"的技术思路为：以"发展定位、目标指标、空间协调、信息系统"四个方面的协调为主线，各规划分工合作、协同反馈，环境规划重点以环境功能定位、生态保护红线、大气环境空间管控分区、水环境空间管控分区、环境承载力、环境准入要求等内容，系统参与到上述四个方面的协调过程中，达成"一个规划、一张图"的"多规合一"成果，如图 10-1 所示。

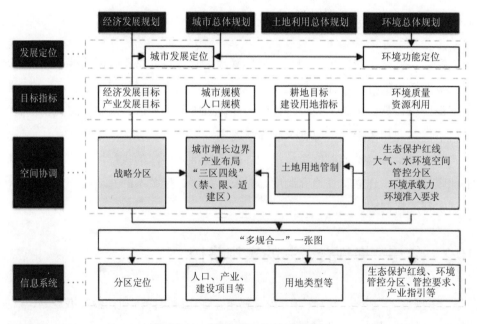

图 10-1 "多规合一"技术路线

在"多规合一"技术路线下，各规划需要提前界定好系统化参与"多规合一"的内容体系。环境规划方面，需要对生态环境系统进行统筹考虑，并转化为环境功能分区、生态保护红线、大气环境空间管控分区、水环境空间管控分区、资源环境承载力、环境准入要求等成果，才能推进环境保护系统化地内化为"多规合一"的"一分子"，才能在以空间融合为主线的"多规合一"过程中拥有立足之地。

10.2.2　以生态环境功能定位优化发展功能定位

2008 年，环境保护部和中国科学院联合印发了《全国生态功能区划》，2015年进行了修编。《全国生态功能区划》将全国国土空间依据不同主导生态系统服务功能，划分为不同生态功能区，提出生态系统服务功能保护战略与对策。最主要的生态服务功能包括生态调节功能、生态供养功能和人居环境维护功能，与生态空间、农业空间和城镇空间具有较好的匹配性。生态系统具有空间尺度特征，不同尺度的生态系统具有不同的生态系统服务功能，而且微观尺度的生态系统服务功能定位遵从宏观尺度的生态系统服务功能。因此，国家、省、市、区（县）、乡镇都可以开展生态功能区划，以生态功能区划为体系构建起空间功能划分的基础框架。

10.2.3　以生态环境控制性指标调控规划目标

"多规合一"确定的国土空间布局与国土空间、环境资源能源开发强度，以及基于生态环境健康与可持续发展需求提出的生态保护红线、环境资源能源开发上线、环境质量底线等控制线指标，应纳入规划控制性指标。

10.2.4　以生态保护红线维护生态空间

将生态空间的核心区域、农业和城镇发展区中对维护生态安全格局至关重要的区域纳入生态保护红线，生态保护红线应统筹衔接各类生态保护区域和重要生态系统，实现"一张图""一个表""一个清单""一个平台"统筹管理，确保生态空间的主导功能得到有效维护。在生态空间、农业空间和城镇空间划定不同比例的生态保护红线，在维护生态安全与生态系统服务功能的前提下，引导农业生产和城镇建设合理布局。在城镇建设区，生态保护红线应纳入城市建设绿线区域。

10.2.5 以大气环境、水环境、土壤环境空间管控优化支撑城镇和农业空间

在城镇建设和农业生产空间，除了维持一定比例的生态保护红线外，还需要重点维护大气环境质量、水环境质量、土壤环境质量，确保环境资源合理利用。在全国水环境控制单元划分的基础上，省、市、区（县）等各级政府可基于产汇流关系、主要污染物来源与类型、水环境保护主导功能等因素，进一步细分水环境控制分区，将三类空间分解到各控制区；基于水源保护、水源涵养、农业面源污染治理、城镇生活与工业污染防治等主导功能，对水环境控制分区实施分类管理，明确不同单元的城镇、农业生态保护主要目标与底线型要求。基于国家、区域和城市大气环流、污染物传输以及重要敏感目标分布关系，将区域划分为不同控制区。在省域层面，依据相互影响，将城市群、城市、工业集中区划分为联防联控区、城市达标区和工业污染排放控制区等不同类型。在城市层面，进一步基于精细化的空气网格模拟手段，识别划分源头敏感区、聚集脆弱区和受体重要区，优化城市发展布局和废气产业布局。依据基本农田、城市场地分布与污染状况、质量维护要求等因素，划分土壤环境控制区。以大气控制区和控制网格、水环境控制分区以及土壤环境分区，对城镇空间、农业空间和生态空间实施环境精细化管理，引导、优化、调控城镇、农业发展布局、发展方式以及开发强度。

10.2.6 以生态环境网格化管理平台强化规划实施机制

在"多规合一"体系中，生态环境规划重点建立以生态功能定位、生态保护红线、环境空间管控为基础的生态环境空间管控体系，这套管控体系在规划坐标、规划底图和规划要求上，全面纳入"多规合一"系统。同时，基于生态环境空间管控体系，拟合行政区，建立生态环境网格化管理平台，明确边界范围、各类环境要素在各网格单元中的要求，在此基础上，进一步整合实施管理政策，强化规划应用。一是将污染源普查、环境调查、工业源达标排放清单、"阳光排污口"等落实到生态环境空间管控体系，摸清基数，建立源清单。二是依据不同区域、不同单元和网格的生态环境状况、生态环境承载状况以及主导功能，对排污许可证实施差异化的发放、交易、发放政策。三是基于生态环境网格体系，建立完善的

生态环境监测预警体系，优化环境管理体系。四是基于生态功能定位、生态保护红线及环境空间管控，为规划会商、项目选址、环境影响评价审批提供系统性依据。

10.3　规划组织实施机制

制订规划组织实施机制，是为了理顺规划关系、完善规划管理、强化政策协同，以便在空间协同规划中，做到既共同保护生态环境，打造高品质的生活宜居地，又能划定与自然资源禀赋高度匹配的功能分区、建设开放型现代化产业生态圈。

10.3.1　规划衔接与融合机制

完善部门沟通与协作机制。建立环境总体规划与相关规划相互衔接的沟通协作机制。各规划编制与管理部门在规划编制、实施、修编等关键阶段应就规划资料配合、规划任务设置、规划实施等方面充分衔接，建立环境总体规划与国民经济社会发展规划、城市总体规划、土地利用总体规划等规划的衔接机制，对规划目标、空间管控、管控机制等内容进行融合，促进多规融合。

加强规划衔接。环境总体规划与经济发展规划、城市总体规划、土地利用总体规划、资源开发保护规划等在环境功能区划、空间布局、分级管制等方面内容进行衔接；环境总体规划与环境保护相关专项规划在功能区划、规划指引等方面进行衔接；基础数据底图、空间数据库规范与其他规划进行衔接，将规划要求落实到空间单元上，搭建与规划协调的技术平台。

10.3.2　规划实施机制

建议规划由市级人民代表大会常务委员会审议通过后，由市政府颁布实施，提高规划的执行力与法律地位。

规划批复作为城市协调经济发展与环境保护的基础性文件之一，经过批复实施的环境总体规划，是城市编制环境保护规划、污染防治规划、环境整治规划等专项规划的依据，重点区域应编制环境控制性规划，落实上位规划要求。

建议规划一经批准，任何单位和个人未经法定程序无权变更。有下列情形之一的，市级人民政府方可按照规定的权限和程序修改本规划：①上级人民政府制定的环境规划发生变更，提出修改规划要求。②行政区划发生调整确需修改规划的。③经评估确需修改规划的。④市人民代表大会、人民政府认为应当修改规划的其他情形。

建议规划确定的约束性指标及生态保护红线体系方案等内容作为城市环境保护的依据，相关规划、资源开发和项目建设活动应充分遵从规划要求。规划确定的生态保护红线区域是城市永久性生态保护空间，应实施永久性严格保护，更改需经过市人民代表大会或市人民代表大会常务委员会审议同意。规划划定的生态保护红线、环境分级管控、环境资源上线等是区域资源开发、项目建设的基本依据，相关规划、资源开发和项目建设等活动在政策制定、规划环境影响评价和项目环境影响评价阶段要重点论证空间布局、规模、产业类型等是否符合规划控制的要求。此外，加强生态保护红线保护空间的评估与政策衔接，构建以生态保护红线、环境资源承载力为基础的城市环境资源综合管控体系。

10.3.3 规划监督与评估

市人民政府是规划实施的责任主体，要把规划目标、任务、措施纳入本地区国民经济和社会发展总体规划，各有关部门要各司其职，密切配合，推进规划实施。完善规划实施管理机制，形成政府负责、环境保护部门统一监督管理、有关部门协调配合、全社会共同参与的规划实施管理体系。加大投入力度，将规划实施经费列入财政年度预算并逐步增加投入，增加环境保护能力建设经费安排。严格执法监管，加强能力建设，提高执法效率。构建全民环境保护自我行动体系，优化公众参与规划实施评估途径，加强对政府、企业的监督，共同推进规划实施。

建议规划实施由市人民代表大会负责监督。市人民政府每隔 5 年对规划实施情况进行评估。根据评估情况，由市人民政府组织对规划进行修编，市人民代表大会听取规划修编内容。规划评估内容纳入政府绩效考评体系，主要评估区、市（管委）、各市直部门在改善环境质量、保障生态安全格局、提供基本公共服务、加强生态环境综合管理与整治、增强可持续发展能力等方面的绩效。按照不同区域的主导功能定位实行差异性绩效评价。

10.4　规划实施制度保障

充分认识城市环境总体规划实施的重大意义，切实加强对规划实施的组织领导，通过建立规划编制实施基础信息系统、确立规划的强制约束力并将规划纳入政府决策审批系统，完善规划实施机制，保障规划顺利实施。

10.4.1　建立规划编制实施基础信息系统

整合污染源普查、环境功能区划、保护区规划、环境监测体系、重点源监测、环境应急预警等生态环境数据系统，搭建统一共享的规划管理信息平台，在生态保护红线、环境空间管控、重要园区布局、城市增长边界、永久性基本农田等方面，统一底图、统一规划分区方案。在此基础上，进一步衔接总量控制与排污许可证管理，衔接战略环境影响评价、规划环境影响评价与项目环境影响评价审批，衔接生态环境监测与应急预警体系，推进生态环境有序管理。

10.4.2　确立规划的强制约束力

生态环境规划同国民经济和社会发展规划、经济产业发展规划、城市总体规划、土地利用总体规划、资源开发保护规划等发展规划在空间管控、环境承载力、环境质量目标等方面相互融合，实现"多规合一"。生态环境确定的生态保护红线、环境管控区、环境风险管控区，是城市总体规划、土地利用总体规划划分禁止建设区和限制建设区的基本依据之一。生态环境规划在基础数据底图、空间数据库规范方面与其他规划进行衔接，建立城市环境总体规划实施信息平台，将规划要求落实到空间单元，搭建与规划协调的技术平台。生态环境规划划定的生态保护红线、环境空间管控、环境质量目标管理和环境风险防范要求是区域资源开发、城市开发和产业准入的基本依据，是城市总体规划、土地利用总体规划等规划环境影响评价的评价依据。相关规划和项目活动，在政策制定阶段，要预先论证空间布局、规模、产业类型等是否符合生态环境规划要求。

10.4.3　纳入政府决策审批系统

将生态环境规划确定的空间布局、用地管制、总量控制、准入负面清单等限制性要求纳入政府规划决策与项目审批系统，实施联动审批。

第 11 章　城市环境总体规划图件制作

11.1　概述

城市环境总体规划不同于环境专项规划与五年环境保护规划，规划内容的空间表达是一项重要内容。由于环境总体规划起步较晚，内容体系尚不完善，环境基础数据量大、来源广，缺乏统一的数据标准，原始数据的准确性不高，影响了制图工作的科学性和规范化。城市环境总体规划具有较强的空间属性，迫切需要制定图件制作规范，规范环境总体规划图件表达。

11.1.1　技术体系不完善，缺乏技术规范指引

城市环境总体规划的编制现处于探索阶段，编制思路、内容框架等尚未统一。规划图纸作为一种直观的表现方式，应根据规划内容确定图纸的表达内容和表现形式。由于城市环境总体规划尚未全面编制，技术体系有待完善，地方在规划编制过程中缺乏规划技术指引，直接影响制图体系构建和图纸内容表达。

11.1.2　环境基础数据庞杂，数据标准不统一

城市环境总体规划属于综合规划，涉及大气环境、水环境、生态环境、声环境、电磁辐射、固体废物、资源环境等诸多方面。制图涉及的数据种类多、来源广，需要通过多部门协同。同时，随着"多规合一"试点的开展和国土空间规划体系的改革，城市环境总体规划需要与其他类型的空间型规划共用一套底图数据。环境监测、污染源普查等环境系统自身的数据往往分散于各个要素部门，缺乏系

统性加工和应用，在时效性和统计口径上不统一，需要在规划制图前进行大量基础数据处理工作。此外，环境基础数据缺少国家标准规范指导，原始数据质量准确性、权威性不高，进而影响规划及制图工作的科学性。

11.1.3　环境基础数据多为动态数据，空间时效性较差

城市环境总体规划属于空间型规划，环境要素的空间表达主要依赖国土、城市规划等其他部门的地理基础底图。城市总体规划、土地利用规划等国土类空间规划的规划对象主要围绕土地利用展开，在空间上有很强的固定性，在性质上有很强的稳定性。主管部门掌握长期的现状空间数据，特别是在编制土地利用规划过程中，国家完成了覆盖全国城乡的第三次土地利用调查，为全国土地利用总体规划的编制提供了统一的基础数据资料，极大地方便了数据库成果建设和图纸绘制工作。与城市规划等部门的数据相比，生态环境部门掌握的空间数据绝大多数为动态监测数据，具有变化幅度大、时效参考性较差等特点。近几年，国家加大环境质量改善投入，开展了多次环境污染源普查，环境规划面对的污染企业处于动态变化之中，污染源排放底数不清，加大了环境质量模拟难度。不同空间尺度下面临的环境问题也不相同，导致城市环境总体规划内容尚未确定之前，难以确定市域范围和重点区范围各种环境因子的制图重点。

11.2　制图原则与步骤

11.2.1　制图原则

1．协调性原则

规划制图表达需要做到图集与文本协调统一，图集作为规划成果的诠释和展现，从体系和内容上要与规划文本保持协调。图集内部环境信息表达方式应统一，图示符号做到前后一致，并且与基础地理底图相协调。图集与其他规划图件应协调，由于城市环境总体规划与城市总体规划、土地利用规划、国土空间规划等有密不可分的联系，且均有空间性图纸表达需求和方式，图纸内容应与这些同位规划的图件保持协调统一。

2．系统性原则

规划制图需体现系统性，图纸表达应体现完整的内容结构体系。图纸表达应从环境要素、环境质量现状、污染预测与评价、规划情景管控等，系统完整地体现环境要素在规划期内的变化和发展。如区域环境污染或环境质量状况的图纸表达，既要交代该区域的环境污染现状、变化和发展趋势，还要体现污染防治对策，并保证相应内容能够可视化，最终形成比较系统和完整的图集。

3．可比性原则

污染排放与环境质量状况因时而异，因域而异。不同污染物、不同时期的环境质量状况应具有可比性。依据不同的区域环境本底、污染排放特征，建立区域环境基准和参照。污染物排放图纸应形象地表达环境质量现状与污染排放之间的关系。同时，图件表达应考虑不同区域、年份、季节和气象条件等对污染物浓度的影响，如北方地区采暖期和非采暖期 SO_2 浓度、不同气象条件下的 PM_{10} 浓度。

4．动态性原则

规划图集要展现出近期、远期及规划实施前后环境要素和环境质量状况的动态变化趋势。城市环境总体规划期限一般为 15～20 年，具有长期性、综合性等特点，规划实施后，区域环境质量状况和环境污染排放特征将处于动态变化中，图集应体现规划实施前后的环境质量状况、污染物排放空间特征、污染物浓度、环境基础设施等内容的动态变化。

11.2.2　制图步骤

1．确定图件内容

图件是以系统论的观点分析、区域环境变化，从环境角度围绕人类活动建立的空间可视化规则。图件是规划体系的组成部分，图件由若干图组构成，每一图组是整个体系的子系统，既是整体的一部分，又有其相对的独立性。按图组内容逻辑顺序，层层展开，形成从现在到未来，从自然环境到社会环境的一个全面、系统反映环境质量状况的内容结构体系。

图纸按照性质可分为环境现状图、技术评价图与环境规划图三种类型。技术图纸按类型可分为基础信息类、环境要素类两个类型。其中，基础信息类涉及地理信息、地形、水系、植被、土壤类型等自然地理图纸，环境要素类主要包括水、大气、生态、土壤、风险等方面，细分为环境信息现状分布图、技术评价图以及环境要素空间管控图等类型。在具体实践中，根据需要可增加固体废物、电磁辐射、噪声分区、产业布局等图纸内容。

2．制图资料的收集、分析评价与加工

城市环境总体规划制图需要的基础数据包括基础地理信息数据、高清遥感影像数据、数字高程数据、行政区划数据、地貌数据、土地利用现状数据等空间信息数据，因环境保护部门不掌握地理信息空间数据，城市尺度 1：1 基础地理数据或数字线划图的获取是建立环境规划空间底图的数据关键。城市环境总体规划需开展水源涵养、水土保持、生物多样性维护、防风固沙等生态系统服务功能重要性评价，水土流失、土地沙化等生态系统敏感性评价，大气环境聚集敏感性评价、布局敏感性评价，水环境敏感性和重要性评价，需收集自然保护区、风景名胜区、饮用水水源保护区、水产种质资源保护区等敏感区域矢量数据以及各种污染源、风险源、监测数据，并进行空间配准和数据加工。制图过程中需对空间数据及文字资料进行加工，规划文本中的预测数据、规划方案与各种地形图和有关的专题地图、航空相片及卫星相片是绘制图集的主要信息源。

3．图件绘制

图件以展示规划文本为核心，以图形符号客观地体现文字的内涵。可以采用图文并茂的形式，图件和文字说明及表格相互对应。城市环境总体规划专题制图已不只是单纯处理实测数据或文字资料，而是具有较强空间属性的表现。因此，应系统研究城市与环境的关系，把研究自然、社会经济、环境的系统方法应用于城市环境规划制图，体现环境规划图件绘制的科学性、系统性和规范化，将环境制图提高到一个新的发展阶段。

11.3　制图体系及图集目录

根据城市环境总体规划的内容，在福州、大连、长春、广州、威海等城市环境总体规划实践探索的基础上，城市环境总体规划图件由现状类、评价类和规划类图纸组成，其中现状图纸 29 张，评价图纸 17 张，规划图纸 28 张。按照图纸的必要性，分为基础图纸和推荐图纸两种。其中基础图纸 22 张，推荐图纸 52 张。按照图纸表达范围不同，可从市域、中心城区、重点区域等不同层次进行图纸表达。按照图纸表达内容与环境要素，可分为基础地理类、大气环境类、水环境类、生态环境类、声环境类、固体废物类、电磁辐射类、产业布局类、环境监测类等。

11.3.1　现状图纸

现状图纸分为基础图纸、大气环境类现状图纸、水环境类现状图纸、生态环境类现状图纸、声环境类现状图纸、固体废物类现状图纸、电磁辐射类现状图纸、产业布局类现状图纸和环境监测网络现状类图纸 9 类图纸，共 29 张，其中 12 张为基础图纸，17 张为推荐图纸，具体见表 11-1。

表 11-1　现状图纸目录

编号	图纸类别	图纸名称	图纸属性	表达内容
1-1-1		区域位置图	基础	表达城市所在位置和周边交通状况
1-1-2		行政区划图（规划范围图）	基础	表达城市内部按照各级行政机构划分的辖区界线和行政中心，以行政管辖范围分区设置颜色，可适量表示水系、交通道路和居民点等，以反映各行政区域间的联系
1-1-3		重点区范围图	基础	根据城市环境总体规划内容需求确定的重点区范围边界及分区情况，同时应表达重点区域和市域的边界
1-1-4	基础图纸	遥感影像图	推荐	通过遥感影像，表达区域范围内森林、城镇、水体、农田、盐碱地、水田、滩涂、海洋等生态环境要素分布
1-1-5		地面高程图	推荐	表达规划范围的海拔
1-1-6		地貌类型图	推荐	表达规划范围地势起伏程度、地标组成物质分布
1-1-7		水系分布图	推荐	表达规划范围内所有河流、湖泊、水库等水体组成的水网系统（需标注水源地）
1-1-8		土地利用现状图	推荐	表达规划范围内土地资源的利用现状、地域差异和分类
1-1-9		人口密度分布图	推荐	表达规划范围内的人口密集程度
1-1-10		经济密度分布图	推荐	表达规划范围内的经济发展程度

编号	图纸类别	图纸名称	图纸属性	表达内容
1-2-1	大气环境类图纸	重点大气污染源分布图	基础	表达规划范围内主要燃煤设施、国家重点监控企业、污染普查工业、企业等固定点源空间布局
1-2-2		大气环境质量状况图	基础	表达规划范围内 SO_2、NO_2、PM_{10}、$PM_{2.5}$、O_3 等主要大气污染物的排放量空间格局
1-2-3		大气流场特征图	推荐	表达规划范围内不同季节气流运动的空间分布（内容可包括指定月主导风场特征、全年主导风场空间分布、全年风速空间分布）
1-2-4		空气污染指数（API）现状图	推荐	通过将常规检测的几种空气污染物浓度简化成为单一的概念性指数，分级表达规划范围内空气污染程度和空气质量状况［计算要求及级别划分参照《环境空气质量标准》（GB 3095—2012）］
1-3-1	水环境类图纸	重点水污染源分布图	基础	表达规划范围内重点排污企业、污水处理厂、排污口等固定点源空间布局
1-3-2		水污染物空间格局图	基础	河流、湖泊、水库等水质污染物 COD、NH_3-N 排放量空间格局现状图（可标注监测断面位置）
1-3-3		地表水水质现状图	基础	表达规划范围内地表水 TP、NH_3-N 等主要污染物浓度现状［分类参照《地表水环境质量标准》（GB 3838—2002）］
1-3-4		地下水水质现状图	基础	表达规划范围内地下水中 NH_3-N、氯化物、总大肠菌群浓度等主要污染物现状［分类参照《地下水水质标准》（GB/T 14848—2017）］
1-4-1	生态环境类图纸	保护区分布图	基础	表达规划范围内自然保护区（包含湿地、野生动物保护区）、地质公园、饮用水水源保护区、湿地公园、风景名胜区、国家森林公园以及世界自然与文化遗产、生态公益林等空间布局
1-4-2		植被指数（NDVI）图	推荐	用归一化植被指数表达规划范围内植被生长状态、植被覆盖度等
1-4-3		土壤侵蚀现状图	推荐	用土壤侵蚀强度表达规划范围内不同类型的土壤侵蚀特征及其区域分异规律［分级参照《土壤侵蚀分类分级标准》（SL 190—2007）］
1-5-1	声环境类图纸	特殊敏感点位噪声影响现状图	推荐	表达中心城区特殊敏感点位（如学校、医院、疗养院等）受噪声影响程度
1-5-2		区域噪声现状图	基础	使用噪声等值线图表达中心城区不同分贝等级（通常以 5 dB 为分级标准）噪声曲线特性现状

编号	图纸类别	图纸名称	图纸属性	表达内容
1-6-1	固体废物类图纸	固体废物处置设施布局现状图	推荐	表达规划范围内固体废物处置设施布局现状（包括生活垃圾、建筑垃圾、餐厨、粪便、医疗废弃物、危险废物等）
1-7-1	电磁辐射类图纸	放射源分布现状图	推荐	表达规划范围内已经编号及注册的放射源分布
1-7-2		功能密度现状图	推荐	表达中心城区不同时段辐射功率密度
1-7-3		高压设备危险源分布图	推荐	表达中心城区内变电站、发电站、变压器等高压设备危险源的位置
1-8-1	产业布局类图纸	产业布局现状图	推荐	表达规划范围内主要产业区、开发区、重点企业分布局现状
1-9-1	环境监测类图纸	环境监断面（点位）现状图	基础	表达规划范围内的环境空气、降尘降水、河流、饮用水水源、噪声、电磁辐射、土壤环境等监测点位布局现状

11.3.2　评价图纸

评价图纸分为基础分析类图纸、大气环境类图纸、水环境类图纸、生态资源类图纸和声环境类图纸 5 类图纸，共 17 张，全部为推荐图纸，具体见表 11-2。

表 11-2　评价图纸目录

编号	图纸类别	图纸名称	图纸属性	表达内容
2-1-1	基础分析类图纸	城市扩张解析图	推荐	表达城市空间扩张过程
2-1-2		城市热岛分布图	推荐	表达城市地表温度分布
2-1-3		土壤侵蚀敏感性评价图	推荐	表达规划范围内土壤侵蚀敏感性程度，可划分为不敏感、轻度敏感、敏感和高度敏感四类
2-1-4		黑土地退化评价图	推荐	表达规划范围内黑土层厚度、侵蚀速率、抗蚀年限
2-1-5		水源涵养重要性评价图	推荐	表达规划范围内水源涵养重要性程度，主要包括水源涵养功能和水源涵养需求，可分为不重要、中等重要和极重要 3 类
2-1-6		地质环境敏感性评价图	推荐	表达规划范围内地质环境敏感性，反映受滑坡、泥石流等地质灾害、高陡山地等对功能用地规划的影响

编号	图纸类别	图纸名称	图纸属性	表达内容
2-1-7	基础分析类图纸	酸雨敏感性评价图	推荐	表达规划范围内酸雨敏感性程度，可划分为不敏感、轻度敏感、敏感和高度敏感 4 类
2-1-8		土地建设适宜性评价	推荐	表达规划范围内土地建设的适宜程度及其限制状况等，可分为适宜、较适宜、可建设、不宜建设和不可建设 5 类
2-2-1	大气环境类图纸	大气环境敏感性分区图	推荐	按照基于功能和大气流场两种评价方式绘制，同时可标注大气国控监测点位
2-2-2		大气污染物浓度分布预测图	推荐	表达规划范围内 SO_2、NO_2、PM_{10} 浓度空间分布预测
2-2-3		大气污染物环境容量分析图	推荐	表达规划范围内 SO_2、NO_2、PM_{10} 环境容量空间分布
2-3-1	水环境类图纸	水环境综合评价图	推荐	表达规划范围内饮用水水源地及其敏感区（可分级）、内河水系及其脆弱区、海岸线及其脆弱区等
2-3-2		重点水源汇水区功能调节图	推荐	表达规划范围内汇水区、一级保护区、二级保护区，重要汇水区土地利用，包括农田、林地、草地、水体、城镇用地和未利用地
2-3-3		水污染物排放量空间分布预测图（水污染排放强度分布图）	推荐	表达规划范围内水环境中 COD、$NH_3\text{-}N$ 排放量空间分布预测
2-3-4		水污染物环境容量分析图	推荐	表达规划范围内水环境中 COD、$NH_3\text{-}N$ 环境容量负荷，可按照水环境单元表达(可同时标注超载区、一般区、富裕区)
2-4-1	生态资源类图纸	生物多样性保护重要性评价图	推荐	表达规划范围内生物多样性保护的重要程度（主要考虑优先生态系统、保护物种的级别、物种数量比例 3 个指标因子）
2-5-1	声环境类图纸	不同等级噪声影响人口分布图	推荐	表达噪声影响范围内，受不同等级噪声影响的人口数量分布情况

11.3.3 规划图纸

规划图纸分为大气环境类图纸、水环境类图纸、产业布局类图纸、生态资源类图纸、农村环境保护类图纸、环境风险防范类图纸、环境监测网络类图纸、声环境类图纸、固体废物类图纸和综合类图纸 10 类图纸，共 28 张，其中 10 张为基础图纸，18 张为推荐图纸，具体见表 11-3。

表 11-3　规划图纸目录

编号	图纸类别	图纸名称	图纸属性	表达内容
3-1-1	大气环境类图纸	环境空气质量功能区划图	基础	按照《环境空气质量标准》（GB 3095—2012）划分为两类，一类区为自然保护区、风景名胜区和其他需要特殊保护的区域；二类区为居住区、商业交通居民混合区、文化区、工业区和农村地区
3-1-2		大气环境分级控制区	推荐	表达规划范围内大气环境分级控制区域（包括布局、聚集和受体三种红线区，同时划定黄线区和蓝线区）
3-1-3		大气环境治理设施建设规划图	推荐	表达规划范围内主要脱硫设施、除尘设施等建设规划布局
3-2-1	水环境类图纸	水环境功能区划图	基础	表达规划范围内水环境功能区规划分布，可分为自然保护区、饮用水水源保护区、渔业用水区、工业用水区、农业用水区和景观娱乐用水区等，同时可标注监测断面
3-2-2		水环境分级控制区	推荐	表达规划范围内的水环境分级控制区域（包括红线、黄线和绿线三种区域，近海城市应绘制海洋环境分级控制图）
3-2-3		水环境控制单元图	基础	表达规划范围内水环境控制单元分布
3-2-4		集中污水处理设施规划图	推荐	表达规划范围内规划集中污水处理设施布局（可标注监测断面）
3-2-5		排污口规划图	推荐	表达规划范围内排污口规划方案及其布局
3-3-1	产业布局类图纸	产业布局规划图	推荐	表达规划范围内产业园区、重点企业规划布局
3-4-1	生态资源类图纸	生态功能分区图	基础	表达规划范围内区域生态环境分区管理的空间布局，可依据《全国生态功能区划》中的相关要求及标准
3-4-2		生态环境质量分级控制图	推荐	表达规划范围内的生物丰度指数、植被覆盖指数、水网密度指数、土地退化指数、污染负荷指数
3-4-3		生态功能保护区规划图	基础	表达规划范围内生态功能区划
3-4-4		景观生态学景观空间结构图	推荐	表达规划范围内不同生态系统的空间结构、空间作用、协调功能及动态变化
3-5-1	农村环境保护类图纸	畜禽养殖污染控制规划图	推荐	表达规划范围内畜禽养殖污染产生及排放情况、区域划分、污染防治计划

编号	图纸类别	图纸名称	图纸属性	表达内容
3-6-1	环境风险防范类图纸	环境安全与风险综合防范图	推荐	表达规划范围内大气环境、水环境、生态环境、核与电磁辐射环境等要素的环境安全与风险防范方案
3-7-1	环境监测网络类图纸	环境监测网规划图	推荐	表达规划范围内空气质量、重点流域、地下水等重点监测点位和自动检测网络空间布局
3-7-2		环境空气监测点位规划图	推荐	表达规划范围内环境空气监测点位的空间布局规划
3-7-3		降尘降水监测点位规划图	推荐	表达规划范围内降尘降水监测点位的空间布局规划
3-7-4		河流、饮用水水源监测点位规划图	推荐	表达规划范围内河流、饮用水水源监测点位的空间布局规划
3-7-5		噪声监测网规划图	推荐	表达中心城区噪声监测网的空间布局规划
3-7-6		电磁辐射监测点位规划图	推荐	表达规划范围内电磁辐射监测点位的空间布局规划
3-7-7		土壤环境监测点位规划图	推荐	表达规划范围内土壤环境监测点位的空间布局规划
3-8-1	声环境类图纸	区域噪声环境区划图	基础	表达区域范围内噪声环境区划情况［分级参考《城市区域环境噪声标准》（GB 3096—1993）］
3-8-2		声环境功能区	基础	按照《声环境质量标准》（GB 3096—2008）将规划范围划分为0～4类声环境功能区。具体划分方法按照《城市区域环境噪声适用区划分技术规范》（GB/T 15190）
3-9-1	固体废物类图纸	固体废物处置规划图	基础	表达规划范围内现状及规划固体废物处理设施布局（包括生活垃圾、建筑垃圾、餐厨、粪便、医疗废物、危险废物等）
3-10-1	综合类图纸	环境风险分级控制图	推荐	表达规划范围内各环境要素综合评析后划分的环境风险分级控制（可按照红线、黄线、绿线区分）
3-10-2		生态保护红线图	基础	表达规划范围内生态保护红线划定情况，可按照水、大气、生态等不同环境要素表示，如需要，可按照规划范围内不同区域分别表达
3-10-3		环境功能综合分区图	基础	表达规划范围内大气环境、水环境、生态环境等各环境要素综合分析后的环境功能综合分区空间布局

11.4　城市环境总体规划制图标准

11.4.1　图纸布局

1．总体要求

城市环境总体规划图纸应有图题、图面、图界、指北针、比例尺、图例、署名、编制日期、图号等要素。根据各类规划的相关要求，在相应规划图纸中还应有其他要素。城市环境总体规划图纸的布局应清晰、美观。城市环境总体规划图纸的内容应完整、准确、可辨。

2．图幅布局

图幅可分为规格幅面和特型幅面两类。直接使用国际标准（ISO 216）中 A 系列的 A0~A3 纸张尺寸绘制的图纸为规格幅面图纸；不直接使用国际标准（ISO 216）的图纸为特型幅面图纸，特型幅面图纸中的一对边长宜与规格幅面图纸中的一对边长一致。一般情况下，同一规划的图幅宜一致。

3．图面和图界布局

城市环境总体规划的图面应涵盖市级规划的全部范围、周邻地市的直接关联范围。当一幅图面完整标出全部范围的内容有困难时，可在同张图纸、本图面的外部增加需要补充内容的图面，或在其他图纸增加需要补充内容的图面并以索引图的方式表达不同图面之间的空间关系。同张图纸不同图面的方向应一致，比例不一致的需标注比例尺。同一规划、同一空间层次的各张图纸，图面的图界应相同。图面应加绘经纬网，采用"度、分、秒"或"度、分"的形式显示。

必要时，可绘制一张缩小比例的位置关系图，体现市界范围与周边大区域的行政关系。周邻地市的直接关联范围应有明确的界线，并将名称采用注记的形式表达在图纸上。

4．图纸要素布局

图纸各要素不宜相互重叠或覆盖。其中图题、署名、编制日期、图标、图号等要素宜在图面之外。图题横写时位置宜在图纸上方，竖写时位置宜在图纸右方。指北针的位置宜在图纸的上方左侧或右侧。如标绘风向玫瑰图，应与指北针组合标绘。比例尺的位置宜在图框的下方，并标注比例的数值。图例宜集中布局于图框内左下角或右下角，并以图例框界定，并且图例不得覆盖图面的重要规划信息。

5．图名

图名是图件的标题，书写应规范。图名字体：图名汉字采用宋体，数字和英文采用 Times New Roman。主题名称的字号大小宜大于或等于规划名称的字号。图名宜位于图廓外上方。主题名称位于图廓外正上方，规划名称宜位于主题名称的正上方、右上方或左上方。

6．指北针与风向玫瑰图

指北针与风向玫瑰图可绘制在图幅内右上角或左上角。有风向资料的地区采用 16 方向或 8 方向风向玫瑰图；其他地区可采用指北针式样，如图 11-1 所示。

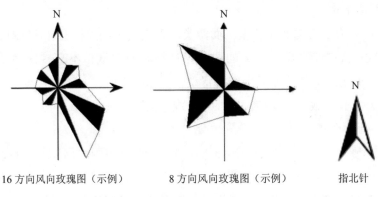

16 方向风向玫瑰图（示例）　　　8 方向风向玫瑰图（示例）　　　指北针

图 11-1　风向玫瑰图及指北针示例

7．比例尺

图件宜采用数字比例尺或数字比例尺+直线比例尺的形式，绘于图廓外图幅正下方。数字比例尺形式如"1∶50 000"。直线比例尺总长度宜为 10 cm，尺头长为 2 cm。城市环境总体规划所涉及的制图范围分为省域、市域、重点区等层级，由于我国地域辽阔，不同城市之间面积差异较大，而且不同尺度下的图纸内容表达重点不同，特别是水、大气等环境要素在不同尺度下的研究内容差异较大，因此，应当根据图幅大小、版面和制图范围确定合适的制图比例尺。

8．图例

图件配置图例，图例由图形（线条、色块或符号）与文字组成，图例绘制在图幅内左下角或右下角，也可在图框右侧或下侧单独绘制，绘制在图幅内时不应遮挡图纸内容，图例文字优先选用宋体或黑体，文字大小选用 12～16 磅。

9．署名和制图日期

图件应署城市环境总体规划编制单位、制图单位的正式名称和规划编制日期。规划编制日期为全套成果的完成日期，编制日期形式为××年××月。规划编制单位和时间注于图廓外左下方，制图单位注于图框外右下方。

10．图号

城市环境总体规划图件的图号应根据所绘制的图纸类型，顺序宜按基础图、评价图、成果图的顺序依次排序，图件按照生态环境、水环境、大气环境、土壤环境等要素编排。某要素图号缺省时，图纸编排顺序不空缺，后续图纸应依次顺序编排。图号宜采用自然序数编号法依次编号，图号应标注于图框外右下方。

11．位置示意图

位置示意图采用小比例尺行政区划图显示本级行政区在上一级行政区域内的位置，一般位于图框内左上方或右上方，也可根据图幅情况进行调整。

11.4.2　图纸要素绘制

1．总体要求

城市环境总体规划图纸的要素应规范、清晰。城市环境总体规划图纸的文字、数字、代码，应字体易认、文字规范、编排整齐。标点符号的运用应准确、清楚。

2．基础地理要素绘制研究

（1）政府驻地与行政界线

制图区域内的行政界线，应尽量表达到乡（镇）界。制图区域行政界线外围的行政界线至少体现到县级界，并标注四周相邻行政单位名称，制图区域内政府驻地，应尽量表达到乡级政府驻地，具体绘制要求可参考表 11-4。

表 11-4　基础地理要素表达图式

基础地理要素		图示符号	颜色	宽度/mm
行政界线	国界	3.0　4.0　0.6　1.5	RGB（0，0，0）	1.5

基础地理要素		图示符号	颜色	宽度/mm
行政界线	未定国界		RGB（0，0，0）	1.5
	省、自治区、直辖市界		RGB（0，0，0）	0.5
	地区、州、地级市、盟界		RGB（0，0，0）	0.4
	县、区、县级市、旗界		RGB（0，0，0）	0.3
	乡、镇、街道界		RGB（0，0，0）	0.3
政府驻地	省级政府驻地		RGB（0，0，0）	7.0
	市级政府驻地		RGB（0，0，0）	6.0
政府驻地	县级政府驻地		RGB（0，0，0）	5.0
	乡级政府驻地		RGB（0，0，0）	4.0
其他	水系		RGB（45，180，255）	河流宽度根据图纸比例自定
	海域		RGB（151，219，242）	
	铁路		RGB（0，0，0）	1.2～2.0
	高速公路、国道		RGB（250，150，50）	0.8～1.2
	一般公路		RGB（180，150，110）或 RGB（130，130，130）	0.2～0.8

注：当两级以上境界重合时，按高一级境界绘出。各地根据实际情况，可适当调整符号大小。

（2）河流水系

图件内的河流水系，宜表达到五级支流，将三级支流以上河流的名称在图上标注。制图区域行政界线外围的河流水系至少体现到三级支流。主要湖泊、水库宜在图上注明名称。

（3）交通要素

图件内宜体现铁路、高速公路、国道等交通要素，可适当体现一般公路（省道、县道）。主要铁路、高速公路、国道等宜延伸至制图区域外围，交通要素的名称可在图上标注。

（4）等值线

城市环境总体规划制图涉及环境监测数据空间分布时可添加等值线，包括：大气污染物浓度值等值线、水体污染物浓度等值线、高程值等值线、地下水水位等深线等，等值线间隔单位需根据不同数据类型选择，等值线可根据所描述的数值类型确定其颜色，同一类型的等值线可选择渐变色系确定其颜色。

（5）其他地物

根据区域情况，可将制图区域内的主要山脉、山峰、高地等高程特征点进行标注，也可表达其他重要地物，图式可参考地形图相关规范（GB/T 33180—2016）等予以表达。

3．注记

（1）注记内容

注记内容主要包括：县（区）、乡（镇）政府驻地名称，高速公路、铁路、国道、机场、港口等名称，主要河流、湖泊、水库、岛屿名称，自然保护区、风景名胜区等自然保护地名称，山体等高程特征点名称，高程值及其他重要地物名称。

（2）注记方式

同一图形文件内注记字体以不超过四种为宜，汉字注记的汉字应使用简化字。汉字可使用宋体、黑体、楷体、仿宋、隶书等，优先采用宋体，西文可使用 Times New Roman、Arial Black，优先考虑 Times New Roman。居民点名称、自然地理要素名称、说明注记及字母、数字注记的字向一般为正向，河流水系、山体地物等一般用斜向，注记方式可参考表 11-5。

表 11-5　注记表达图式

注记	图式符号	RGB	说明
省、自治区、直辖市	**甲省**	RGB（0，0，0）	14 磅黑体，注记在符号右侧或合适的位置
地区、州、地级市、盟	乙市	RGB（0，0，0）	12 磅黑体，注记在符号右侧或合适的位置
县、区、县级市、旗	丙县	RGB（0，0，0）	10 磅宋体，注记在符号右侧或合适的位置
乡、镇、街道	丁乡	RGB（0，0，0）	8 磅宋体，注记在符号右侧或合适的位置
路名	高速公路	RGB（0，0，0）	14 磅宋体，铁路、高速公路、国道必须在图上注记
域外地名	**甲省**	RGB（0，0，0）	指相邻行政单位的名称。16 磅黑体，注记位置在境界邻接制图区域行政单位一侧
	乙市	RGB（0，0，0）	指相邻行政单位的名称。14 磅黑体，注记位置在境界邻接制图区域行政单位一侧
水域	*鄱阳湖*	RGB（0，95，230）	指海、海湾、海港、江、河、湖、沟渠、水库等名称。根据水域大小、宽度，用 28～14 磅斜宋体，字体间距根据图幅比例自定。名称标注字体颜色可选加描边效果
其他	*太行山*	RGB（0，0，0）	指山体、丘陵、风景名胜区、森林公园等名称，根据山体大小，用 28～14 磅斜黑体，字体间距根据图幅比例自定

注：1. 域外地名根据制图范围确定，省级图纸显示省级行政单位，市级图纸显示市级行政单位。

2. 注记是读图的依据，包括地理名称注记、说明注记和字母、数字注记。各地根据实际情况，可适当调整注记大小。注记中未规定的类型可根据需要自行设定。

（3）注记排列

注记可按实际情况分别采用水平字列、垂直字列、雁行字列和屈曲字列排序。水平字列由左至右各字中心的连线成一直线，且平行于南图廓；垂直字列由上至下各字中心的连线成一直线，且垂直于南图廓；雁行字列各字中心的连线成一直线，且斜交于南图廓。当与南图廓成 45°和 45°以下倾斜时，由左至右注记；成 45°以上倾斜时，由上至下注记。屈曲字列各字侧边垂直或平行于线状地物，依线状的弯曲排成字列。

（4）注记字隔

注记的字隔是一列注记各字之间的距离，按间隔的大小分为接近字符、普通字符和隔离字符三种。接近字符字隔 0.0～0.5 mm，普通字符字隔 1.0～3.0 mm，隔离字符字隔为字大的 1～5 倍。

11.4.3　主要图纸表达

1．基础底图表达

基础底图由地理信息和背景图层组成，地理信息主要包含行政界线、政府驻地、主要交通要素、主要水系等地理要素，根据图纸效果，可对地理信息数据进行单色显示和概化，选取主要信息进行绘制。背景图层一般以淡色系数字高程加绘透明图层组成，根据图面效果可选用浅灰或雅黄图式，基础底图应简单、素雅，基础底图绘制可参考表 11-6。

表 11-6　背景图层表达图式

图层	表达图式	
	图式符号	几何特征
山体阴影（Hillshade）		RGB（0，0，0） RGB（255，255，255）
DEM		RGB（255，255，255） RGB（211，255，191）
浅灰层		RGB（225，225，225）
雅黄层		RGB（248，245，234）

注：DEM 一般设置 30%的透明度，根据图纸表达内容，可基于行政区划图层加绘白色图框（或灰色图框）（图界范围外、图界范围内）调整图面整体效果，白框一般设置 10%～30%的透明度。

2．重要水体类图纸表达

重要水体类包含主要河流、湖库、水源地等图纸。图式以蓝色渐变色系线条区分不同等级河流，同时以蓝色渐变色系线框区分不同等级水源地，具体图式可参考表 11-7。制图要素采用分层的方式组织绘制，图层压盖从上至下的顺序依次是：注记、行政界线、重要水体类专题图层、基础地理要素，具体表达内容参见表 11-8。

表 11-7 重要水体类图纸表达图式

图层	图示符号	几何特征
江、河流		线粗 0.12 mm，线色 0/169/230
		边线粗 0.12 mm，边线色 0/169/230 填充色 210/232/255
湖泊、水库		边线粗 0.12 mm，边线色 0/169/230 填充色 130/115/240
海洋		边线粗 0.12 mm，边线色 0/25/175 填充色 0/25/175
饮用水水源保护区	一级	边线色 245/30/40 填充色 0/140/185
	二级	边线色 245/30/40 填充色 0/45/185
	准保护区	RGB（45，150，255）

表 11-8 重要水体类图纸表达内容

图层序号	图层分类	图层名称	图层与属性内容	数据类型
1	地理图层	基础地理数据	河流（到五级支流）、主要湖泊、水库、海湾及其标注；市级及以上行政界线与政府驻地；国道、高速公路等交通线路	线图层、面图层
2	背景图层	地形高程	DEM 数据	栅格图层
		山体阴影	山体阴影数据	栅格图层
3	专业图层	水域	农用地优先保护区、其他区域	面图层
		饮用水水源保护区	一级管控区、二级管控区、准保护区	面图层

3．土地利用类图纸表达

土地利用类图纸包含农用地、建设用地、未利用地三大部分，根据图纸表达，土地利用类型可细分为 14 中类 7 大类，永久基本农田可单独制图，参考土地利用相关制图规范确定各类用地颜色，具体图式可参考表 11-9。制图要素采用分层的方式组织和绘制，图层压盖从上至下的顺序依次是：注记、行政界线、土地利用类专题制图要素及其他基础地理要素，具体表达内容参见表 11-10。

表 11-9　土地利用类图纸表达内容

用地类型			表达图式	
			图式符号	几何特征
农用地		耕地		RGB（245，255，125）
		园地		RGB（175，255，150）
		林地		RGB（120，220，120）
		牧草地		RGB（210，255，115）
	其他农用地	设施农用地		RGB（65，225，210）
		农村道路		
		坑塘水面		
		农田水利用地		
		田坎		
建设用地	城乡建设用地	城镇用地		RGB（220，100，120）
		农村居民点用地		RGB（245，140，140）
		采矿用地（含其他独立建设用地）		RGB（210，160，120）
	交通用地	铁路用地		RGB（250，150，50）
		公路用地		
		民用机场用地		
		港口码头用地		
		管道运输用地		

用地类型			表达图式	
			图式符号	几何特征
建设用地	水利用地	水库水面		RGB（115，225，255）
		水工建设用地		RGB（225，115，255）
	其他建设用地	风景名胜用地		RGB（220，110，150）
		特殊用地		
		盐田		
其他土地	水域	河流、湖泊		RGB（45，150，255）
		滩涂		
	自然保留地	裸地、沙地等		RGB（180，180，180）
永久基本农田				填充色 240/235/50

注：参照土地利用总体规划制图规范对土地利用分类进行归类，土地利用现状图建议明确耕地、园地、林地、牧草地、其他农用地、城镇用地、农村居民点用地、采矿用地、交通用地、水库水面、水工建筑用地、其他建设用地、水域、自然保留地 14 类用地，并至少划分耕地、园地、林地、牧草地、建设用地、水域、其他 7 类用地。

表 11-10　土地利用类图纸表达图式

图层序号	图层分类	图层名称	图层与属性内容	数据类型
1	地理图层	基础地理数据	河流（到五级支流）、主要湖泊、水库、海湾及其标注；市级及以上行政界线与政府驻地；国道、高速公路等交通线路	线图层、面图层
2	背景图层	地形高程	DEM 数据	栅格图层
		山体阴影	山体阴影数据	栅格图层
3	专业图层	土地利用现状图	耕地、园地、林地、牧草地、建设用地、水域、其他	面图层
		基本农田保护区	永久基本农田	面图层

4. 土壤环境类图纸表达

土壤环境类图纸可分为土壤环境污染源、土壤环境分区管控等，根据不同土壤污染源分为农业污染源、重金属污染源、工业污染源，确定不同类型土壤污染

源图式几何特征；土壤环境风险管控分为优先保护区和重点管控区，以线框填充
线方向区分不同土壤污染类型，对农用地和建设用地重点管控区进行空间管控。
具体图式可参考表 11-11、表 11-12。制图要素采用分层的方式组织绘制，图层压
盖从上至下的顺序依次是：注记、行政界线、土壤类专题制图要素及其他基础地
理要素，具体表达内容参见表 11-13。根据实际情况，可对土壤环境管控分区统一
编排序号，并标注在图面上，序号与土壤环境管控分区代码对应。

表 11-11　土壤风险源分布表达图式

土壤环境污染源（类型）	表达图式		
	图式符号	几何特征	大小/mm
农业污染源	●	RGB（255，128，0）	8～12
重金属污染源	✿	RGB（197，0，255）	8～12
工业污染源	✿	RGB（255，0，0）	8～12

注：土壤环境污染源按照数据掌握情况，可选用污染类型表示，用图式符号大小表示污染程度。各地根据
实际情况，可调整图式符号表示的污染源类型。

表 11-12　土壤污染风险环境管控分区表达图式

土壤污染风险环境管控类型		表达图式	
		图式符号	几何特征
优先保护区		■	RGB（200，85，30）
细类	农用地优先保护区	■	RGB（200，85，30）
	其他区域	■	RGB（255，120，120）
重点管控区		■	RGB（230，152，0）
细类	农用地污染风险重点管控区	■	RGB（255，255，0）
	建设用地污染风险重点管控区	■	RGB（230，152，0）

土壤污染风险环境管控类型		表达图式	
		图式符号	几何特征
细类	其他区域		RGB（210，255，115）
一般管控区（其他）			RGB（115，180，115）

表 11-13　土壤环境类图纸表达内容

图层序号	图层分类	图层名称	图层与属性内容	数据类型
1	地理图层	基础地理数据	河流（到五级支流）、主要湖泊、水库、海湾及其标注；市级及以上行政界线与政府驻地；国道、高速公路等交通线路	线图层、面图层
2	背景图层	地形高程	DEM 数据	栅格图层
		山体阴影	山体阴影数据	栅格图层
3	专业图层	土壤风险源	农业污染源、重金属污染源、工业污染源	点图层
		优先保护区	农用地优先保护区、其他区域	面图层
		重点管控区	农用地污染风险重点管控区、建设用地污染风险重点管控区、其他区域	面图层
		一般管控区	土壤一般管控区	面图层

5．大气环境类图纸表达

大气环境类图纸包括大气污染物排放源分布、大气污染物允许排放量、大气环境分区管控等内容。大气污染物排放源可采用点状表达，根据污染物排放量设定不同的点位大小，具体图式可参考表 11-14。大气污染物排放量图层主要表达 SO_2、NO_x、$PM_{2.5}$ 等主要污染物的最大允许排放量，污染物排放量数值可分开表达，也可采用柱状图的形式在一张图上表达。分开表达时宜采用自然间断法对最大允许排放量进行分级，一般分为 5 级，排放量数值差距不明显时也可分为 3 级，大气污染物允许排放量图的图式可参考表 11-15。大气环境分区管控包括大气环境优先保护区、大气环境重点管控区和大气环境一般管控区。根据实际情况，对大气环境空间管控分区统一编排序号，并标注在图面上，序号与大气环境空间管控分区代码对应，大气环境分区管控图式可参考表 11-16。根据需要，可增设环境空气质量表达内容，具体图式可参考表 11-17。制图要素采用分层的方式组织绘制，图层压盖从上至下的顺序依次是：注记、行政界线、大气环境类专题制图要素及其他基础地理要素，具体表达内容参见表 11-18。

表 11-14　大气环境污染源排放及分布表达图式

大气环境污染源（排放量）		表达图式		
		图式符号	几何特征	大小/mm
一级	一般源	•	RGB（69，117，181）	2～4
二级	较重要源	◆	RGB（162，180，189）	4～6
三级	中等重要源		RGB（255，255，0）	6～8
四级	高度重要源	●	RGB（255，128，0）	8～10
五级	极重要源	●	RGB（255，0，0）	10～12

注：选取本区域具有代表性特征污染物，按照污染排放量采用自然间断法（Natural Breaks）进行分类，按污染物排放量大小分为 5 级，在此基础上手动取整，例如：32 500.8，可取整表示为 33 000。对于极重要源，要求按照特征污染物排放量大小进行排序，序号可在图中显示。极重要源的名称、废气排放量、特征污染物的排放量（至少有 SO_2、NO_x 等常规污染物）等属性可采用插入表格的形式在图中合适位置显示。

表 11-15　大气污染物允许排放量表达图式

类型	表达图式	
	图式符号	几何特征
允许排放量（极高）		RGB（200，85，30）
允许排放量（高）		RGB（230，152，0）
允许排放量（中等）		RGB（255，255，0）
允许排放量（较低）		RGB（210，255，115）
允许排放量（低）		RGB（115，180，115）

注：按照不同污染物分开表达，各地根据实际情况，对允许排放量按照数值大小采用自然间断法分为 5 级（极高、高、中等、较低、低）或 3 级（极高、中等、低）进行分类。

表 11-16　大气环境分区管控表达图式

大气环境分区类型		表达图式		
		图式符号	几何特征	描边宽度/mm
优先保护区			RGB（200，85，30） RGB（255，255，255）	1
	其他区域		RGB（255，120，120） RGB（255，255，255）	1
重点管控区			RGB（230，152，0） RGB（255，255，255）	1
细类	大气环境高排放 重点管控区		RGB（230，152，0） RGB（255，255，255）	1
	大气环境布局敏 感重点管控区		RGB（222，158，102） RGB（255，255，255）	1
	大气环境弱扩散 重点管控区		RGB（255，255，0） RGB（255，255，255）	1
	大气环境受体敏 感重点管控区		RGB（222，212，0） RGB（255，255，255）	1
	其他区域		RGB（210，255，115） RGB（255，255，255）	1
一般管控区			RGB（115，180，115）	0

注：图中显示编码序号（需要根据管控单元数量汇总编写），注记字体为黑体，12～16 磅，根据显示效果可对标注字体适当描边。编码序号与大气环境空间管控分区成果数据样表中的分区编码对应一致。

表 11-17　环境空气功能区划表达图式

环境空气功能区划类型	表达图式	
	图式符号	几何特征
一类区		RGB（163，255，115）
二类区		RGB（56，168，0）

表 11-18　大气环境类图纸表达内容

图层序号	图层分类	图层名称		图层与属性内容	数据类型
1	地理图层	基础地理数据		河流（到五级支流）、主要湖泊、水库、海湾及其标注；市级及以上行政界线与政府驻地；国道、高速公路等交通线路	线图层、面图层
2	背景图层	地形高程		DEM 数据	栅格图层
		山体阴影		山体阴影数据	栅格图层
3	专业图层	大气环境污染源		一般源、较重要源、中等重要源、高度重要源、极重要源	点图层
		大气污染物排放量		SO_2、NO_x、$PM_{2.5}$ 等主要污染物的最大允许排放量	面图层
		大气环境分区管控	优先保护区	大气环境优先保护区	面图层
			重点管控区	大气环境高排放重点管控区、大气环境布局敏感重点管控区、大气环境弱扩散重点管控区、大气环境受体敏感重点管控区、其他区域	面图层
			一般管控区	大气环境一般管控区	面图层
		环境空气功能区划		一类区、二类区	面图层

6. 水环境类图纸表达

水环境类图纸包括水污染物排放源分布、水污染物允许排放量、水环境分区管控等内容。水污染物排放源可采用点状表达，根据污染物排放量设定不同的点位大小，具体图式可参考表 11-19。水污染物排放量图层主要包括 NH_3-N、COD、TP 等主要污染物的最大允许排放量，污染物排放量数值可分开表达，也可采用柱状图的形式在一张图上表达。分开表达时宜采用自然间断法对最大允许排放量进行分级，一般分为 5 级，排放量数值差距不明显时也可分为 3 级，水污染物允许排放量的图式可参考表 11-20。水环境分区管控包括水环境优先保护区、水环境重点管控区和水环境一般管控区。根据实际情况，对水环境空间管控分区统一编排序号，并标注在图面上，序号与水环境空间管控分区代码对应，水环境分区管控图式可参考表 11-21。根据需要，可增设水环境功能区划表达内容，具体图式可参考表 11-22。制图要素采用分层的方式组织绘制，图层压盖从上至下的顺序依次是：注记、行政界线、水环境类专题制图要素及其他基础地理要素，具体表达内容参见表 11-23。

表 11-19　水环境污染物排放表达图式

水环境污染源（排放量）		表达图式		
		图式符号	几何特征	大小/mm
一级	一般源	·	RGB（56，168，0）	2～4
二级	较重要源	◆	RGB（139，209，0）	4～6
三级	中等重要源	●	RGB（255，255，0）	6～8
四级	高度重要源	●	RGB（255，128，0）	8～10
五级	极重要源	⬣	RGB（255，0，0）	10～12

注：选取本区域具有代表性特征污染物，按照污染排放量采用自然间断法（Natural Breaks）进行分类，按污染物排放量大小分为 5 级，在此基础上手动取整，例如：1 250.8，可取整表示为 1 300。对于极重要源，按照特征污染物排放量大小进行排序，序号可在图中显示。极重要源的名称、废水排放量、特征污染物的排放量（至少包括 COD、NH$_3$-N 等常规污染物）等属性可采用插入表格的形式在图中合适位置显示。

表 11-20　水污染物允许排放量表达图式

类型		表达图式		
		图式符号	填充颜色	描边宽度/mm
允许排放量（极高）			RGB（200，85，30） RGB（255，255，255）	1
允许排放量（高）			RGB（230，152，0） RGB（255，255，255）	1
允许排放量（中等）			RGB（255，255，0） RGB（255，255，255）	1
允许排放量（较低）			RGB（210，255，115） RGB（255，255，255）	1
允许排放量（低）			RGB（115，180，115） RGB（255，255，255）	1

注：按照不同污染物分开表达，根据实际情况，对允许排放量按照数值大小采用自然间断法分为 5 级（极高、高、中等、较低、低）或 3 级（极高、中等、低）进行分类。

表 11-21　水环境空间管控分区表达图式

水环境分区类型		表达图式		
		图式符号	几何特征	描边宽度/mm
优先保护区			RGB（200，85，30） RGB（255，255，255）	1
	其他区域		RGB（255，120，120） RGB（255，255，255）	1
重点管控区			RGB（230，152，0） RGB（255，255，255）	1
细类	水环境工业污染 重点管控区		RGB（222，158，102） RGB（255，255，255）	1
	水环境城镇生活 污染重点管控区		RGB（230，152，0） RGB（255，255，255）	1
	水环境农业污染 重点管控区		RGB（255，255，0） RGB（255，255，255）	1
	其他区域		RGB（210，255，115） RGB（255，255，255）	1
一般管控区（其他）			RGB（115，180，115）	0

注：图中显示编码序号（需要根据管控单元数量汇总编写），注记字体为黑体，12～16 磅，根据显示效果可对标注字体适当描边。编码序号与大气环境空间管控分区成果数据样表中的分区编码对应一致。

表 11-22　水环境功能区划表达图式

地表水环境功能区划类型	表达图式	
	图式符号	几何特征
Ⅰ类		RGB（0，255，255）
Ⅱ类		RGB（0，42，128）
Ⅲ类		RGB（0，148，25）
Ⅳ类		RGB（255，255，0）
Ⅴ类		RGB（237，43，143）

地表水环境功能区划类型	表达图式	
	图式符号	几何特征
I 类	▬▬▬	RGB（0，255，255）
II 类	▬▬▬	RGB（0，42，128）
III 类	▬▬▬	RGB（0，148，25）
IV 类	▬▬▬	RGB（255，255，0）
V 类	▬▬▬	RGB（237，43，143）

表 11-23　水环境类图纸表达内容

图层序号	图层分类	图层名称		图层与属性内容	数据类型
1	地理图层	基础地理数据		河流（到五级支流）、主要湖泊、水库、海湾及其标注；市级及以上行政界线与政府驻地；国道、高速公路等交通线路	线图层、面图层
2	背景图层	地形高程		DEM 数据	栅格图层
		山体阴影		山体阴影数据	栅格图层
3	专业图层	水环境污染源		一般源、较重要源、中等重要源、高度重要源、极重要源	点图层
		水污染物允许排放量		NH$_3$-N、COD、TP 等主要污染物的最大允许排放量	面图层
		水环境分区管控	水环境优先保护区	水环境优先保护区	面图层
			水环境重点管控区	工业污染重点管控区、城镇生活污染重点管控区、农业污染重点管控区、其他区域	面图层
			水环境一般管控区	水环境一般管控区	面图层
		水境功能区划		I 类、II 类、III 类、IV 类、V 类	面图层、线图层

7. 环境功能区类图纸表达

环境功能区类图纸包括自然生态保育区、生态功能保留区、食物环境安全保障区、聚居环境维护区、资源开发环境保护区等内容。参考相关制图标准，以不同色系区分各类环境功能区，具体图式可参考表 11-24。制图要素采用分层的方式组织绘制，图层压盖从上至下的顺序依次是：注记、行政界线、环境功能区类专题要素及其他基础地理要素，具体表达内容参见表 11-25。

表 11-24 环境功能区类表达内容

分类代码	名称	图示	几何特征
自然生态保留区	自然文化资源保护区		边线色 245/30/40 填充色 85/200/35
	保留引导区		边线色 245/30/40 填充色 0/255/0
生态功能调节区	水源涵养区		边线色 245/30/40 填充色 0/140/185
	水土保持区		边线色 245/30/40 填充色 0/45/185
	防风固沙区		边线色 245/30/40 填充色 75/110/150
	生物多样性维护区		边线色 245/30/40 填充色 25/55/95
食物安全保障区	粮食环境安全保障区		边线色 245/30/40 填充色 190/125/255
	畜产品环境安全保障区		边线色 245/30/40 填充色 140/90/185
	近海水产环境安全保障区		边线色 245/30/40 填充色 85/55/115

分类代码	名称	图示	几何特征
聚居发展维护区	聚居环境优化区		边线色 245/30/40 填充色 255/222/125
	聚居环境维持区		边线色 245/30/40 填充色 255/255/0
	聚居环境治理区		边线色 245/30/40 填充色 185/185/0
资源开发引导区	资源开发引导区		边线色 245/30/40 填充色 255/160/125

表 11-25　环境功能区划类图纸表达内容

图层序号	图层分类	图层名称	图层与属性内容	数据类型
1	地理图层	基础地理数据	河流（到五级支流）、主要湖泊、水库、海湾及其标注；市级及以上行政界线与政府驻地；国道、高速公路等交通线路	线图层、面图层
2	背景图层	地形高程	DEM 数据	栅格图层
		山体阴影	山体阴影数据	栅格图层
3	专业图层	自然生态保留区	自然文化资源保护区、保留引导区	面图层
		生态功能调节区	水源涵养区、水土保持区、防风固沙区、生物多样性维护区	面图层
		食物安全保障区	粮食环境安全保障区、畜产品环境安全保障区、近海水产环境安全保障区	面图层
		聚居发展维护区	聚居环境优化区、聚居环境维持区、聚居环境治理区	面图层
		资源开发引导区	资源开发引导区	面图层

8．生态保护红线类图纸表达

生态保护红线类图纸包括生态保护红线评估区、自然保护地核心区、重要保护地等内容。生态保护红线表达内容可采用总图和分图两种表示方式，体现生态功能极重要区、生态功能极敏感区等属性，可根据图纸表达需求，表达水源涵养、生物多样性维护等生态功能类型分布情况，具体图式可参考表 11-26、表 11-27。制图要素采用分层方式组织绘制，图层压盖从上至下的顺序依次是：注记、行政界线、生态保护红线专题要素及其他基础地理要素，具体表达内容参见表 11-28。

表 11-26　生态保护红线分图表达图式

生态保护红线类型		表达图式	
		图式符号	几何特征
评估区	生态功能极重要区		RGB（115，180，115） RGB（255，0，0）
	生态功能极敏感区		RGB（175，255，150） RGB（255，0，0）
自然保护地	国家公园、自然保护区等纳入生态保护红线的核心区域		RGB（20，230，0） RGB（255，0，0）
重要保护地	生态公益林等其他纳入红线的区域		RGB（210，255，115） RGB（255，0，0）

注：生态保护红线图式符号中的外边框，根据图面效果可不显示。

表 11-27　生态保护红线总图表达图式

生态保护红线类型		表达图式	
		图式符号	几何特征
生态保护红线			RGB（200，85，30）
分类	生态保护红线—生态功能极重要区		RGB（200，85，30）
	生态保护红线—生态功能极敏感区		RGB（255，120，120）

注：生态保护红线总图分为极重要区和极敏感区两个类型，根据图面效果可设置 10%的透明度。

表 11-28   生态保护红线类图纸图表达内容

图层序号	图层分类	图层名称	图层与属性内容	数据类型
1	地理图层	基础地理数据	河流（到五级支流）、主要湖泊、水库、海湾及其标注；市级及以上行政界线与政府驻地；国道、高速公路等交通线路、自然保护地及标注	线图层、面图层
2	背景图层	地形高程	DEM 数据	栅格图层
		山体阴影	山体阴影数据	栅格图层
		行政区划	省级行政区划	面图层
3	专业图层	生态保护红线	生态保护红线矢量文件（评估区、自然保护地、重要保护地）	面图层
		生态保护红线	生态保护红线—生态功能极重要区、生态保护红线—生态功能极敏感区	面图层

9.生态环境管控类图纸表达

生态环境管控类图纸包括生态空间、生态保护红线、优先保护区等内容。生态环境管控表达内容可采用总图和分图两种表示方式，生态空间图层需要明确评估区、自然保护地、重要保护地及其他各类保护地，可根据实际情况，对生态空间进行细分，具体图式可参考表 11-29、表 11-30、表 11-31。制图要素采用分层方式组织绘制，图层压盖从上至下的顺序依次是：注记、行政界线、生态环境管控要素及其他基础地理要素，具体表达内容参见表 11-32。

表 11-29   生态环境管控分图表达图式

生态空间类型		表达图式	
		图式符号	几何特征
评估区	生态功能重要区		RGB（115，180，115）
	生态功能敏感区		RGB（175，255，150）
自然保护地	国家公园		RGB（40，110，25）
	自然保护区		RGB（20，230，20）

生态空间类型			表达图式	
			图式符号	几何特征
自然保护地		森林公园		RGB（120，220，120）
		风景名胜区		RGB（220，110，150）
		地质公园		RGB（210，160，120）
		世界文化和自然遗产地		RGB（200，140，150）
		湿地公园		RGB（115，225，255）
		饮用水水源地		RGB（0，112，255） RGB（0，38，115）
		水产种质资源保护区		RGB（45，150，255）
		海洋特别保护区		RGB（0，55，195）
重要保护地	受保护林地	天然林		RGB（215，255，190）
		生态公益林		
		重要林地		
	受保护水体岸线	自然岸线		RGB（65，225，210）
		河湖缓冲带		
		海岸带		
		湿地滩涂		
		重要湖库		
		富营养化水域		
	重要生境	珍稀濒危野生动植物天然集中分布区		RGB（230，190，255）
		极小种群分布栖息地		
		重要水生生物的自然产卵场、索饵场、越冬场和洄游通道		

生态空间类型			表达图式	
			图式符号	几何特征
重要保护地	重要海滨区	无居民海岛		RGB（150，40，255）
		特别保护海岛		
		重要滨海旅游区		
		重要海域		
其他各类保护地				RGB（210，255，115）

注：根据图面表达需要，图例中的描边边线可不显示。

表 11-30　生态环境管控总图表达图式（一）

生态空间类型		表达图式	
		图式符号	几何特征
评估区	生态功能重要区		RGB（115，180，115）
	生态功能敏感区		RGB（175，255，150）
自然保护地	国家公园、自然保护区等		RGB（20，230，20）
重要保护地	受保护林地、水体岸线、重要生境、重要海滨区		RGB（65，225，210）
其他各类保护地			RGB（210，255，115）

表 11-31　生态环境管控总图表达图式（二）

生态空间类型		表达图式	
		图式符号	几何特征
优先保护区			RGB（200，85，30）
细类	生态保护红线		RGB（255，120，120）
	其他生态空间		RGB（115，180，115）

表 11-32　生态环境管控类图纸表达内容

图层序号	图层分类	图层名称	图层与属性内容	数据类型
1	地理图层	基础地理数据	河流（到五级支流）、主要湖泊、水库、海湾及其标注；市级及以上行政界线与政府驻地；国道、高速公路等交通线路、自然保护地及标注	线图层、面图层
2	背景图层	地形高程	DEM 数据	栅格图层
		山体阴影	山体阴影数据	栅格图层
3	专业图层	生态空间	生态空间矢量文件（评估区、自然保护地、重要保护地、其他各类保护地）及细类属性	面图层
		优先保护区	生态保护红线、其他生态空间	面图层

10．其他管控类图纸表达

根据环境总体规划内容，对固体废物、声环境、电磁环境、资源环境等内容进行图纸表达。固体废物专题图式需要表达生活垃圾处理设施、危险废物处理设施、医疗废物处理设施等内容；声环境专题图式需要表达噪声源、声音环境及噪声影响分区等内容；电磁环境专题图式需要表达电磁辐射源、各级电磁卫生环境分区、危险辐射区等内容；资源环境专题图式需要表达生态用水补给区、地下水开采重点管控区、土地资源重点管控区、高污染燃料禁燃区、自然资源重点管控区等内容。固体废物、声环境、电磁环境可根据需要自行设置，资源环境类专题图式表达参见表 11-33。

表 11-33　资源环境类专题表达图式

自然资源管控类型		表达图式	
		图式符号	几何特征
重点管控区			RGB（230，152，0）
细类	生态用水补给区		RGB（0，112，255）
	地下水开采重点管控区		RGB（0，42，128）

自然资源管控类型		表达图式	
		图式符号	几何特征
细类	土地资源重点管控区		RGB（255，255，0）
	高污染燃料禁燃区		RGB（255，120，120）
	自然资源重点管控区		RGB（230，152，0）
	其他区域		RGB（210，255，115）
一般管控区（其他）			RGB（115，180，115）

第 12 章　城市环境总体规划信息管理与应用系统

城市环境总体规划是城市环境管理的重要抓手，通过城市环境总体规划有利于充分发挥生态环境部门参与综合决策作用，同时为发展改革、自然资源等部门在城市建设、产业布局、结构调整、人口聚集、重大项目建设等方面提供环境依据。因此，利用信息化技术，构建城市环境总体规划信息管理与应用系统平台，实现各种专业和行业、不同部门的协作管理，是真正做到规划落地的重要技术手段，有助于发挥城市环境总体规划的约束性、引导性、基础性和长期性作用。基于此，本章以宜昌市城市环境总体规划信息管理与应用系统的开发与设计为例，剖析城市环境总体规划信息管理与应用系统设计的整体思路和成果展示。

12.1　系统设计目标

12.1.1　总体目标

在宜昌市政府信息办地理信息平台基础上实现城市环境总体规划的生态功能红线、环境质量红线（包括水环境质量与大气环境质量）、资源利用上线（包含水环境承载、大气环境承载、土地资源承载、水资源承载）（以下简称"三条红线"）分级空间调控信息的数字化管理与应用。

12.1.2 具体目标

实现与现有建设项目环境影响评价、重点监控企业污染源在线监控等信息系统的兼容；实现城市环境总体规划"三条红线"的地图展示、空间与逻辑快速查询、县（市、区）红线分区面积等指标的可视化统计分析；实现宜昌市城市环境总体规划文本图集上传、下载等应用功能；实现新建项目红线范围识别、已有建设项目现场及位置信息等方式的红线范围筛查。

12.2 系统需求分析

12.2.1 用户类别分析

系统用户主要可分为政务专网和互联网两类用户，生态环境局、自然资源局等其他单位用户可通过政务专网访问系统，用户级别分为市、区（县）两个管理层级，用户可对系统进行数据统计分析及规划会商等操作。企业等公众用户通过互联网访问系统，获取相关信息。系统拥有良好的角色访问控制权限，为不同用户角色授予不同的功能权限。

12.2.2 功能需求分析

系统应为用户提供可查询、可分析、可决策的网络化管理信息平台。需要实现的功能主要包括：基础数据的实时上报、查询、共享及更新并提供属性数据空间专题展示；生态功能红线、环境质量红线和资源利用上线成果的查询分析；空间管控及重点战略分区的环保规划指引；环境监测、总量减排、项目审批、规划会商等应用决策等功能。能够提供数据属性参数设置、状态监控、权限管理、事务管理、日志管理、异常处理、安全控制等应用支撑功能保障。

12.2.3 系统衔接分析

本系统开发前，技术开发组对宜昌政府信息办管理的政务信息平台、地理信息空间数据库、云平台计算中心以及生态环境局信息中心运行维护的重点源在线监控和拟开发的宜昌市环境综合监控平台、机动车监控等现有计算机软硬件系统进行了调查评价；通过对与城市环境总体规划密切相关的生态环境、经济社会发展、城市建设、自然资源等部门进行访谈（或发问卷）等方式，明确城市环境总体规划红线与现有规划及信息系统在空间数据、检索功能及系统的软硬件等方面的要求。

宜昌市生态环境局已建和在用的业务系统共有 17 个，其中部分系统与本系统关系密切，如本系统与审批系统的对接方式为：要求环境影响评价项目申报材料提供项目位置的四至经纬度坐标，将项目位置与城市环境总体规划"红线图"叠加生成专题图，专题图作为审批依据之一，对不符合宜昌市城市环境总体规划的建设项目不予以审批。同时，系统提供专题图的导出功能，将专题图导出为图片保存；该图片作为审批结果的附件返回给申报者；在项目竣工后，需采集项目实际位置的四至经纬度坐标，与城市环境总体规划"红线图"进行叠加分析，对项目进行复核。

12.2.4 数据需求分析

从数据需求方面考虑，系统涉及数据可分为空间数据和属性数据两类，其中空间数据及高分辨率遥感影像应用来源于城市环境总体规划前期资料收集过程中的数据储备，包括行政区划图（shp 文件）、城镇体系分布（shp 文件）、高程状况（TIFF 等栅格文件）、水系分布（shp 文件）、土地利用状况（shp 文件）、工业园区分布（shp 文件）、矿产资源分布（shp 文件）、遥感影像（TIFF 等栅格文件）、交通设施分布（公路、铁路）（shp 文件）、生态用地分布（自然保护区、风景名胜区、森林公园、水源保护区、重要城市绿地等）（shp 文件）、工业等污染源分布（shp 文件）、环境风险源分布（shp 文件）、环境基础设施分布（污水处理设施、垃圾处理设施）（shp 文件）、大气监测点位、水监测断面（shp 文件）、水环境功能区（shp 文件）、大气环境功能区（shp 文件）等数据。属性数据包括经济社会发展与环境质量监测历年基础数据，来源于城市环境统计年鉴和历年环境质量报告书及相关资料。

12.3 系统设计方案

12.3.1 建设原则

本书收录宜昌市城市环境总体规划各类成果数据，实现红线数据、规划成果管理信息化，实现规划成果在环境影响评价评估以及污染源、重点风险源和重点流域断面辅助管控的业务化应用，使之成为宜昌市城市环境总体规划综合业务应用体系建设信息化的重要基础性平台资源。

系统在建设实施过程中，应遵循基础性、安全性、可靠性、易扩展性、可维护性等原则，同时吸取其他系统建设和运行中的成功经验。

1. 兼容性原则

城市环境总体规划信息管理与应用系统作为宜昌市现有云计算硬件和政府信息办地理信息平台体系下的一个组成部分，应保持与现有平台的同构与兼容，并具有移动终端 App 现场位置采集与点读功能。

2. 扩展性原则

宜昌市人民代表大会常务委员会通过的城市环境总体规划作为环境保护的基础性、战略性规划，指导与优化污染源总量控制、环境风险防范、环境质量达标、工业园区发展规划、环境影响评价等方方面面的区域生态环境保护工作，在城市环境总体规划"三条红线"核心信息加以数字化系统管理后具有较大的应用空间，在总体设计上应留有余地，方便扩展开发。

3. 实用性原则

在保证兼容性与可扩展性的前提下，充分实现城市环境总体规划核心内容"三条红线"数字化、可视化、查询检索的快速准确，建设项目红线范围的及时筛选等辅助决策功能，成为简单、高效、实用的管理与应用工具。

12.3.2 建设任务和内容

①建立城市环境总体综合数据库，实现"三条红线"数据、规划成果数据和规划应用数据的管理。

　　数据库总体设计：宜昌市城市环境总体规划综合数据库中基础空间数据、专题业务数据、非结构化数据、系统配置数据 4 类数据以数据集的方式进行分类组织。

　　数据库逻辑设计：对空间数据库的坐标系统、数据库的维护和权限设计及数据库之间的关系进行定义。

　　②建立城市环境总体规划信息管理分系统，实现生态环境红线（目标）数据、城市环境总体规划基础数据的查询和展示，实现对"三条红线"数据的统计，具体包括：生态环境红线（目标）信息管理与查询子系统、城市环境总体规划基础数据查询与展示子系统、城市环境总体规划成果库查询与展示子系统。

　　③建立城市环境总体规划应用分系统，实现规划成果在建设项目环境影响评价、重点污染源、重点流域断面监测和集中式饮用水水源地的辅助支持和辅助管控作用，具体包括建设项目环境影响评价辅助支持子系统、污染源辅助管控子系统、重点风险源辅助管控子系统和重点流域断面监测辅助管控子系统。

　　④建设系统管理分系统，实现用户、角色、菜单的添加、删除、修改和查询等功能，具体包括基础地图操作、用户管理、角色管理。

　　⑤建立城市环境总体规划 App 应用分系统，实现基于移动设备（手机、平板电脑等）的红线数据和图集成果的浏览、查询，环境影响评价项目野外核查等，具体包括基础地图操作、"三条红线"简要查询、规划成果库展示、环境影响评价项目野外核查、用户及权限管理。

12.3.3　系统架构

　　宜昌市城市环境总体规划信息管理与应用系统的总体架构如图 12-1 所示：基础设施层是整个系统运行的基础设施平台，它包括存储设备、服务器、防火墙、网络设备等，是系统运行的基础。数据层包含基础空间数据、专题业务数据、非结构化数据以及系统配置数据。基于主流 GIS 平台搭建宜昌市环境总体规划信息管理与应用系统，平台建设采用面向服务架构（SOA），面向环保业务提供统一的数据管理服务、数据分析服务和数据发布服务。应用层主要基于平台层实现应用之间的整合、交互，将不同应用集成在一起，形成应用群集服务。表现层完成系统层与用户的交互。用户可分为四类：决策人员、业务人员、公众用户和维护人员。

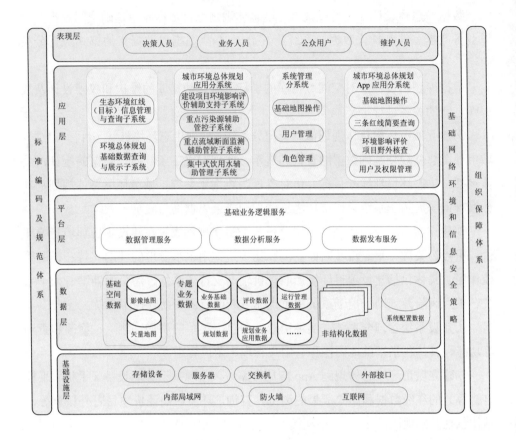

图 12-1   总体架构

12.3.4   系统组成

宜昌市城市环境总体规划信息管理与应用系统由环境总体规划信息管理分系统、环境总体规划应用分系统、系统管理分系统和环境总体规划 App 应用分系统组成。宜昌市环境总体规划信息管理与应用系统的组成如图 12-2 所示。

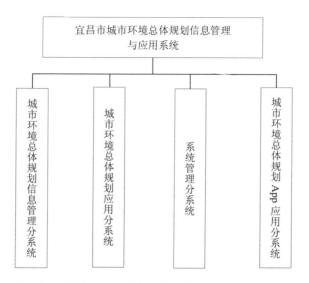

图 12-2 城市环境总体规划信息管理与应用系统组成

12.3.5 系统接口

宜昌市城市环境总体规划信息管理与应用系统的系统接口分为四大类：一是与生态环境部环境影响评价等相关科室之间的信息共享、业务协同的接口；二是与生态环境部环境统计业务系统、生态环境部污染源监测数据管理系统等已建业务系统的数据导入，由宜昌市政务中心对基础地理信息数据提供数据服务；三是其他政府部门的成果浏览，为决策部门提供支持，对区（县）生态环境部门、社会公众和相关单位等提供信息发布之间的接口；四是与已建的省生态环境厅行政审批系统的项目环境影响评价审批业务之间信息交互的接口。

12.3.6 技术指标

本系统应满足如下技术指标：

①可靠性：系统需提供 7×24 h 的不间断服务；

②查询响应：一般数据查询响应时间<5 s；

③制表速度：一般固定表格制表不超过 30 s，复杂统计汇集表格不超过 5 min；

④数据库并发：数据库支持超过 100 个用户的并发访问能力；

⑤访问并发：系统具备不少于 1 000 个用户访问并发的能力。

12.3.7　关键技术

本系统综合利用地理信息系统、海量空间数据管理、SOA、瓦片地图图片分发、移动 GIS 等技术，建立一个直观、形象、信息全面、便于查询、精确管理分析的系统。

1．地理信息系统

地理信息系统以地理空间为基础，采用地理模型分析方法，提供多种空间和动态的地理信息，是一种为地理研究和地理决策服务的计算机技术。其基本功能是将表格型数据转换为地理图形显示，然后对显示结果进行浏览、操作和分析。

2．海量空间数据管理

宜昌市城市环境总体规划成果数据和业务应用数据体系种类繁多，数据量也相当大，如何使这些海量数据得到有效的管理和应用，是空间数据库设计的关键因素。本系统以空间数据库引擎为核心进行空间数据管理、通过元数据管理有效组织空间数据和影像数据压缩管理实现矢量空间数据和影像数据的无缝连接，使用户可以在浏览器中方便地对各种 GIS 信息进行查询分析。

3．SOA

系统建设严格按照标准，实现 SOA，基于 B/S 四层结构，使得系统和平台具备良好的运行架构，同时系统的升级和维护非常方便，具有良好的可扩展性，而且由于客户端只能通过 Web 服务器浏览信息而不能直接访问数据库，这将大大提高系统的安全性。

4．瓦片地图图片分发

传统的 Web 地理信息系统呈现给用户的地图图片通过地图渲染引擎实时渲染生成。在应对大量并发用户访问时，服务器的压力过大，也无法满足浏览器端平滑的用户体验要求。因此，可以采用将地图图片分成小切片预先渲染进行处理。其核心思想是将原来"根据用户请求在服务器实时生成地图图片"的方式改进为"通过 Web 浏览器或其他客户端判断需要的地图切片，从预先生成的地图切片库中获取"。

5．移动 GIS

移动 GIS 是一种应用服务系统，其定义有狭义与广义之分。狭义的移动 GIS

是指运行于移动终端（如 PDA）并具有桌面 GIS 功能，它不存在与服务器的交互，是一种离线运行模式。广义的移动 GIS 是一种集成系统，是 GIS、GPS（全球定位系统）、移动通信、互联网服务、多媒体技术等的集成。移动 GIS 的关键技术主要有移动终端和嵌入式软件。

12.3.8　运行环境

1．网络设备配置

硬件设备配置建议如表 12-1 所示。

表 12-1　硬件设备配置统计

序号	设备名称	参数	数量	单位
1	数据库服务器	CPU 主频≥2.13GHz CPU 数量≥4 路 8 核 CPU 类型 x86-64 位处理器 内存大小≥16GB DDR III 内存 内置硬盘容量≥500GB 10 000 转 千兆网卡数量≥2 操作系统支持 64 位企业级 Windows 操作系统 电源冗余电源	2	台
2	地图服务器	CPU 主频≥2.13GHz CPU 数量≥4 路 8 核 CPU 类型 x86-64 位处理器 内存大小≥32GB DDR III 内存 内置硬盘容量≥500GB 10 000 转 千兆网卡数量≥2 操作系统支持 64 位企业级 Windows 操作系统 电源冗余电源	4	台
3	应用服务器	CPU 主频≥2.13GHz CPU 数量≥4 路 8 核 CPU 类型 x86-64 位处理器 内存大小≥8GB DDR III 内存 内置硬盘容量≥250GB 10 000 转 千兆网卡数量≥2 操作系统支持 64 位企业级 Windows/Linux 操作系统 电源冗余电源	2	台

序号	设备名称	参数	数量	单位
4	核心交换机	24 口 10/100/1 000Base-T 三层交换机	1	台
5	防火墙	企业级防火墙，统一安全网关；Dos，DDoS 入侵检测；提供 2 个固定 GEcom 接口和 8 个固定百兆 LAN 接口	1	台
6	KVM	8 端口 KVM 多电脑切换器，含显示器、键盘鼠标一套	1	套

注：内网环境上下行带宽≥100M，外网环境上下行带宽≥50M。

2．软件选型建议

（1）服务器操作系统

网络系统的操作系统平台主要包括 Windows NT/2000/XP/2003/2008 服务器、UNIX、Linux。

UNIX 稳定可靠，适用于大型网络应用。但 UNIX 也存在一些明显的缺点，一是用户界面不友好，这种不友好的用户界面不仅使开发人员效率降低，而且也不便于培训新用户；二是 UNIX 管理复杂，往往需要很专业的人员进行网络和日常管理和维护；三是 UNIX 系统以及 UNIX 支持下的各种应用软件通常比较昂贵，性能价格比低，用户负担较重。

Windows 存在一些 UNIX 系统所没有的优点：一是 Windows 实际上在桌面应用环境中占据了统治地位，这些桌面系统很容易与 Windows 服务器实现沟通；二是用户界面友好，易于使用；三是管理费用低，利用各种 GUI 工具，即使很不熟悉 Windows 服务器的人员也能够很快地学会使用。

目前，系统建设任务重，技术人员对 UNIX 不熟悉，当前的系统建设应使用 Windows 服务器，当系统积累到后期变得相当庞大和复杂，安全性和稳定性上升为主要因素时，再采用高性能的 UNIX 系统。

对于客户端，一般选用 Windows 2007/2010，浏览器则一般使用 Internet Explorer。

基于上述讨论，结合本系统的基本情况，在系统建设阶段，服务器操作系统主要考虑 Windows 2007/2008 Server，客户端操作系统选用 Windows7 及以上。

（2）数据库平台选型

目前，大中型关系数据库系统有 Oracle、Informix、Microsoft 的 SQL Server 和 DB2，其中，Oracle、DB2 和 Informix 比较适合大型应用，但使用和管理比较复杂，SQL Server 在 Windows 环境下使用和管理比较方便，但对于大数据量的应用要求，性能不如 Oracle。

经过多年的发展，Oracle 已经具有能够提供强大的结构化和非结构化数据管理能力，不但能够对关系型的非图形数据提供高效的管理，而且也能够对海量图形数据和文件型的非结构化数据提供有效的管理和访问机制。

基于上述分析，考虑系统运行涉及大量矢量、栅格地图，为有效管理海量空间信息及其属性信息，系统数据库平台选择 Oracle。有关 Oracle 的主要特点如下：

①能够有效消除可伸缩性障碍。由于 Oracle 数据库采用一种称为实时应用集群（Oracle Real Application Clusters）的新技术产品，具有较好的集群功能，使集群中的多个服务器管理和运行起来如同单一的服务器一样简单，特别是，用户在增加新的服务器时，不需要改变原有的应用。此外，即使在一个或多个服务器停机的情况下，应用程序仍能够正常运行。

②能够帮助用户充分利用已有的计算能力。Oracle 数据库的集群能力能够确保用户不会因为服务器空闲或利用率低而浪费计算能力。过去，企业为了应对突发性的互联网通信流量，往往会根据最大的网络负荷来购买计算能力。事实上，这种通信流量也许是数月闲置不用，大量的计算能力仅仅为数月不遇的通信流量而准备，无疑制造巨大的计算能力闲置。利用实时应用集群，用户可以在起步时购买价格相对低廉的服务器，然后根据不断增长的应用需要逐步添加服务器的功能，有效地节省资金。

③提供了高可靠的安全性。Oracle 数据库集成了目前市场上唯一完整的数据保护解决方案 Data Guard，具有快速故障切换、简易管理和零数据丢失、灾难保护功能，可以有效提高数据的可用性，最大限度地减小由于天灾、人为操作错误或正常维护等各种原因导致停机现象所带来的风险。Oracle 数据库能够有效保护用户的重要信息资产和隐私权，保障业务应用的正常运行。Oracle 是唯一一家集成了完整的、涉及其所有互联网基础架构产品安全性的数据库供应商，提供了各种各样的高级别安全保护。

④能够自我调整、自我纠正和自我管理。Oracle 数据库由向导引导的管理方式可以轻而易举地进行复杂的数据操作管理，缩短 IT 培训时间；自动的日常备份和恢复能够减少 IT 操作时间；自我纠正功能对初始设置提供最有效的保护；自我

管理功能、发布警告可以动态地调整数据大小；资源配置功能可以规划和处理高峰时期的任务；由向导引导的过程可协助从 Oracle7、Oracle8 和 Oracle8i 到 Oracle10g 的升级以及从其他供应商的数据库（包括 SQL Server、Sybase 和 Informix）到 Oracle 的迁移过程。

⑤高级的数据仓储功能。Oracle 数据库内置了高级 OLAP、数据挖掘和数据仓储功能，使用户在建立商业智能应用时，无须再像过去那样，先从数据仓库中采集数据，然后在专门的分析服务器中进行处理，从而能够以更简单的技术、更少的投资实现准确、及时的商业智能管理。

⑥对 Internet 的良好支持。借助世界领先的 Internet 文件管理系统，Oracle 数据库能够轻松高效地管理互联网的内容和文件，对 140 多种类型的文档进行存储、搜索、保护和编制索引，允许用户根据颜色、材质、色调和结构搜索和抽取图像，并对不同信息仓库提供统一的搜索，支持流媒体，能够发送动态内容。

（3）系统开发平台

目前，常见的开发平台主要有 .Net、Java 等，这些平台都有各自的特点，从软件开发平台的发展趋势来看，.Net 和 Java 已经成为主流的软件开发平台，结合多方面因素的考虑，此次系统建设平台选择基于 Java 平台开发。

（4）移动客户端开发平台

安卓客户端作为国内目前的智能手机主流软件系统，是一种开放性手机平台，技术先进，具有丰富的硬件选择、不受任何限制的开发商等特点。结合多方面因素的考虑，此次系统建设选择安卓平台。

（5）GIS 平台

目前，采用关系数据库管理空间数据的商业 GIS 软件有很多种，如 ESRI 的 ArcSDE、Oracle 的 Oracle Spatial 等。WebGIS 技术是 GIS 技术和 Intenet 技术结合的产物。国内外主要 GIS 厂商基本都有自己的 WebGIS 产品，如 ESRI 公司的 ArcIMS、MapInfo 公司的 MapXtreme、AutoDesk 公司的 MapGuide 等。考虑产品的稳定可靠性和良好的性能价格比，本系统采用 ESRI 的系统产品，包括 ArcSDE、ArcGISServer。

12.4　系统体系设计——以宜昌市为例

12.4.1　城市环境总体规划数据库设计

1．数据库平台选择

宜昌市城市环境总体规划信息管理与应用系统采用 Oracle 作为数据库平台，ArcSDE 作为数据库引擎，存储和管理空间数据及非空间的专题数据。

ArcSDE 是美国 ERSI 推出的空间数据库引擎，安装在服务器端。它介于客户端和服务器数据库之间，主要用于加速客户端对服务器端的矢量数据（图形）和栅格数据（影像）等空间数据的访问，真正实现对空间数据库以 C/S 模式的存取，解决了空间数据多用户并发访问、编辑、锁定等一系列关键问题。

2．数据库总体设计

宜昌市城市环境总体规划综合数据库中的基础空间数据、专题业务数据、非结构化数据、系统配置数据 4 类数据以数据集的方式进行分类组织，其中基础空间数据由宜昌市电子政务中心提供，部署在宜昌市政务中心；专题业务数据、非结构化数据、系统配置数据分别存放在 4 个不同的数据集中，3 个数据集对隶属于自己的数据表进行统一管理，结构如图 12-3 所示。

3．数据库逻辑设计

（1）空间定位

各比例尺地形图均采用 WGS84 坐标系。采用 1985 年国家高程坐标系。

（2）数据库的维护和权限设计

通过数据库管理员授予权限的特殊用户对系统进行访问、编辑、修改。不同人员可能用到不同的应用系统，访问不同的数据库，这些都以授权的方式来实现。

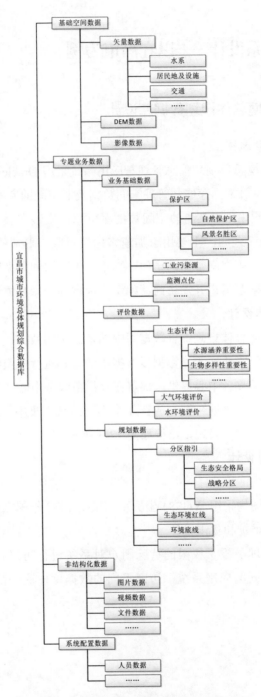

图 12-3　宜昌市城市环境总体规划综合数据库

（3）数据库之间的关系

在数据库的空间数据中，仅保存空间坐标信息，它与属性数据通过唯一的关键字进行关联。各数据库之间的相互关系为：基础空间数据库为各专题数据库提供空间数据支持；专题空间数据库中存放行业管理机构和管理对象的空间坐标信息，供空间业务数据调用；基础空间数据库、专题空间数据库之间是并列关系，相互之间的调用很少。每个专题业务数据库都可以调用基础数据库中的空间数据，都是分块调用。

12.4.2　城市环境总体规划信息管理分系统

1．分系统概述

将城市环境总体规划涉及的各种数据、图形、表格，包括与地理位置有关的空间数据、人文属性数据、地理底图、评价图、规划图、其他专题图、报表等数据进行管理、展示和查询，可为应用系统提供全面的专业数据支持。

2．分系统组成

城市环境总体规划信息管理分系统主要由生态环境红线（目标）信息管理与查询子系统、环境总体规划基础数据查询与展示子系统、环境总体规划成果库查询与展示子系统组成，具体组成如图 12-4 所示。

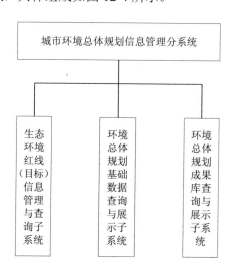

图 12-4　城市环境总体规划信息管理分系统组成

（1）生态环境红线（目标）信息管理与查询子系统

实现对区位图数据、城市五大环境功能数据、战略分区数据、生态功能红线数据、环境质量红线数据、资源利用红线数据、环境风险防范数据、环境公共服务数据、环境总体规划政策数据的查询与展示功能。实现对生态功能红线数据、环境质量红线数据、资源利用红线数据的统计功能。

1）区位图数据的查询与展示

①数据展示：实现区位图数据在地图上的叠加展示功能。

②数据查询展示：实现根据输入区位图的名称、行政区划名称或其他属性进行区位图的查询；实现在地图上选择某点对区位图数据进行查询；实现查询结果以列表、地图高亮等形式展示；实现查询结果的详细信息显示。

2）城市五大环境功能数据的查询与展示

①数据展示：实现城市五大环境功能数据在地图上的叠加展示功能。

②数据查询：关键字查询，选择查询的图层，输入查询的关键字，在数据库中进行查询。点查询，选择查询的图层名称，并选择要查询的点。模糊匹配查询，选择查询的图层，并输入部分关键字，即可在数据库中进行查询。查询显示方式，以列表显示或在地图上高亮显示。实现查询结果的详细信息显示。

3）战略分区数据的查询与展示

①数据展示：实现战略分区数据在地图上的叠加展示功能。

②数据查询：关键字查询，选择查询的图层，输入查询的关键字，在数据库中进行查询。点查询，选择查询的图层名称，并选择要查询的点。模糊匹配查询，选择查询的图层，并输入部分关键字，即可在数据库中进行查询。查询显示方式，以列表显示或在地图上高亮显示。实现查询结果的详细信息显示。

4）生态功能红线数据的查询与展示

实现对生态功能红线区、生态功能黄线区、生态功能绿线区等数据进行展示、查询和统计。

①数据展示：实现生态功能红线区、生态功能黄线区、生态功能绿线区等数据在地图上的叠加展示功能。

②数据查询：关键字查询，选择查询的图层，输入查询的关键字，在数据库中进行查询。点查询，选择查询的图层名称，并选择要查询的点。模糊匹配查询，

选择查询的图层，并输入部分关键字，即可在数据库中进行查询。查询显示方式，以列表显示或在地图上高亮显示。实现查询结果的详细信息显示，如图 12-5 所示。

图 12-5　生态功能红线查阅

③数据统计：按行政区划统计，实现分区（县）统计生态功能红线各控制级（红、黄、绿）的面积。统计结果以统计图表的形式展现，包括统计表格、饼状图、柱状图等。按类型统计，实现分类别统计生态功能红线的面积。统计类别包括自然保护区，森林公园，风景名胜区，永久性保护的绿地、山体和水体，生态公益林，地质公园，珍稀物种分布区，蓄滞洪区，国家级湿地公园，生态极重要/极敏感/脆弱区，共 10 类。统计结果以统计图表的形式展现，包括统计表格、饼状图、柱状图等。

5）环境质量红线的查询与展示

水环境质量红线，实现对水环境质量红线区、水环境质量黄线区、水环境质量绿线区等数据进行展示、查询和统计。

①数据展示：实现水环境质量红线区、水环境质量黄线区、水环境质量绿线区等数据在地图上的叠加展示功能。

②数据查询：关键字查询，选择查询的图层，输入查询的关键字，在数据库中进行查询。点查询，选择查询的图层名称，并选择要查询的点。模糊匹配查询，

选择查询的图层，并输入部分关键字，即可在数据库中进行查询。查询显示方式，以列表显示或在地图上高亮显示。实现查询结果的详细信息显示。

③数据统计：按行政区划统计，实现分区（县）统计水环境质量红线各控制级（红、黄、绿）的面积。统计结果以统计图表的形式展现，包括统计表格、饼状图、柱状图等。

大气环境质量红线，实现对大气环境质量红线区、大气环境质量黄线区、大气环境质量绿线区等数据进行展示、查询和统计。

①数据展示：实现大气环境质量红线区、大气环境质量黄线区、大气环境质量绿线区等数据在地图上的叠加展示功能。

②数据查询：关键字查询，选择查询的图层，输入查询的关键字，在数据库中进行查询。点查询，选择查询的图层名称，并选择要查询的点。模糊匹配查询，选择查询的图层，并输入部分关键字，即可在数据库中进行查询。查询显示方式，以列表显示或在地图上高亮显示。实现查询结果的详细信息显示。

③数据统计：按行政区划统计，实现分区（县）统计大气环境质量红线各控制级（红、黄、绿）的面积。统计结果以统计图表的形式展现，包括统计表格、饼状图、柱状图等。

6）资源利用红线的查询与展示

水环境承载力，实现对水环境承载力数据进行展示、查询和统计。

①数据展示：实现水环境承载力数据在地图上的叠加展示功能。

②数据查询：关键字查询，选择查询的图层，输入查询的关键字，在数据库中进行查询。点查询，选择查询的图层名称，并选择要查询的点。模糊匹配查询，选择查询的图层，并输入部分关键字，即可在数据库中进行查询。查询显示方式，以列表显示或在地图上高亮显示。实现查询结果的详细信息显示。

③数据统计：按行政区划统计，实现分区（县）统计水环境对主要污染物（COD、NH_3-N 和 TP）的承载度。统计结果以统计图表的形式展现，包括统计表格、饼状图、柱状图等。超标区域以红色显示。

大气承载力，实现对大气环境承载力数据进行展示、查询和统计。

①数据展示：实现大气环境承载力数据在地图上的叠加展示功能。

②数据查询：关键字查询，选择查询的图层，输入查询的关键字，在数据库

中进行查询。点查询，选择查询的图层名称，并选择要查询的点。模糊匹配查询，选择查询的图层，并输入部分关键字，即可在数据库中进行查询。查询显示方式，以列表显示或在地图上高亮显示。实现查询结果的详细信息显示。

③数据统计：按行政区划统计，实现分区（县）统计大气环境对主要污染物（NO_x、SO_2 及 PM_{10}）的承载度。统计结果以统计图表的形式展现，包括统计表格、饼状图、柱状图等。超标区域以红色显示。

土地开发强度，实现对县（市、区）城镇建设用地总量、经济性建设用地、土地开发强度及承载人口限值数据进行展示、查询和统计。

①数据展示：实现县（市、区）城镇建设用地总量、经济性建设用地、土地开发强度及承载人口限值数据在地图上的叠加展示功能。

②数据查询：关键字查询，选择查询的图层，输入查询的关键字，在数据库中进行查询。点查询，选择查询的图层名称，并选择要查询的点。模糊匹配查询，选择查询的图层，并输入部分关键字，即可在数据库中进行查询。查询显示方式，以列表显示或在地图上高亮显示。实现查询结果的详细信息显示。

③数据统计：按行政区划统计。

④实现分区（县）统计土地开发强度、用地总量的承载度。统计结果以统计图表的形式展现，包括统计表格、饼状图、柱状图等。

水资源承载力，实现对水资源承载力数据进行展示、查询和统计。

①数据展示：实现水资源承载力数据在地图上的叠加展示功能。

②数据查询：关键字查询，选择查询的图层，输入查询的关键字，在数据库中进行查询。点查询，选择查询的图层名称，并选择要查询的点。模糊匹配查询，选择查询的图层，并输入部分关键字，即可在数据库中进行查询。查询显示方式，以列表显示或在地图上高亮显示。实现查询结果的详细信息显示。

③数据统计：按行政区划统计，实现分区（县）统计水资源极限承载人口数。统计结果以统计图表的形式展现，包括统计表格、饼状图、柱状图等。

7）环境风险防范数据的查询与展示

①数据展示：实现高危风险源数据在地图上的叠加展示功能。

②数据查询：关键字查询：选择查询的图层，输入查询的关键字，在数据库中进行查询。点查询，选择查询的图层名称，并选择要查询的点。模糊匹配查询，

选择查询的图层，并输入部分关键字，即可在数据库中进行查询。查询显示方式，以列表显示或在地图上高亮显示。实现查询结果的详细信息显示。

8）环境公共服务数据的查询与展示

①数据展示：实现环境公共服务数据列表展示功能。实现环境公共服务数据详细信息显示功能。

②数据查询：关键字查询，选择查询的图层，输入查询的关键字，在数据库中进行查询。模糊匹配查询，选择查询的图层，并输入部分关键字，即可在数据库中进行查询。查询显示方式，以列表显示或在地图上高亮显示。实现查询结果的详细信息显示。

9）环境总体规划政策数据查询与展示

①数据展示：实现环境总体规划政策列表展示功能。实现环境总体规划政策详细信息的显示功能。

②数据查询：关键字查询，选择查询的图层，输入查询的关键字，在数据库中进行查询。模糊匹配查询，选择查询的图层，并输入部分关键字，即可在数据库中进行查询。查询显示方式，以列表显示或在地图上高亮显示。实现查询结果的详细信息显示。

（2）环境总体规划基础数据查询与展示子系统

为了使规划成果得到妥善的管理及应用，需要建立环境总体规划基础数据查询与展示子系统，实现生态环境评价数据、生态环境空间基础数据的展示与查询。

1）生态环境评价数据查询与展示

①生态评价数据的查询与展示：实现生态评价数据在地图上的叠加展示功能和生态评价数据的查询功能。

②大气环境评价数据的查询与展示：实现大气环境评价数据在地图上的叠加展示功能和大气环境评价数据的查询功能。

③水环境评价数据的查询与展示：实现水环境评价数据在地图上的叠加展示功能和水环境评价数据的查询功能。

2）生态环境空间基础数据查询与展示

①保护区数据的查询与展示：实现自然保护区、风景名胜区、森林公园、水源保护区、保护湖泊、永久性保护绿地数据在地图上的叠加展示功能。实现自然

保护区、风景名胜区、森林公园、水源保护区、保护湖泊、永久性保护绿地数据的查询功能。

②工业污染源数据的查询与展示：实现工业污染源数据在地图上的叠加展示功能和工业污染源数据的查询功能。

③饮用水水源地数据的查询与展示：实现饮用水水源地数据在地图上的叠加展示功能和饮用水水源数据的查询功能。

④监测点位数据的查询与展示：实现大气监测点位、水监测断面数据在地图上的叠加展示功能和大气监测点位、水监测断面数据的查询功能。

⑤环境设施数据的查询与展示：实现环境基础设施、污水处理设施、垃圾处理设施数据在地图上的叠加展示功能和环境基础设施、污水处理设施、垃圾处理设施数据的查询功能。

（3）环境总体规划成果库查询与展示子系统

为了使规划成果得到妥善管理及应用，需要建立环境总体规划成果库查询与展示子系统，实现环境总体规划成果图集数据和电子文档的展示与查询。

①图集的查询与展示：实现对图集数据分类的树状列表展示功能；实现对各类图纸数据进行输入查询、分类选择查询；实现对查询到的各类图纸数据以树状列表展示功能；实现对某一图纸的详细描述信息展示功能。

②电子文档的查询与展示：实现对电子文档数据分类的树状列表展示功能；实现对各类电子文档进行输入查询、分类选择查询；实现对查询到的各类电子文档数据以树状列表展示功能；实现对某一电子文档的详细描述信息展示功能。

12.4.3　城市环境总体规划应用分系统

1. 分系统概述

城市环境总体规划应用分系统主要实现城市环境总体规划成果在建设项目环境影响评价、重点污染源管控、重点风险源管控、重点流域断面监测、集中式饮用水水源地辅助管控、中心城区生态环境总体规划的辅助支持和辅助管控作用。

2. 分系统组成

城市环境总体规划应用分系统主要由建设项目环境影响评价辅助支持子系

统、重点污染源辅助管控子系统、重点流域断面监测辅助管控子系统和集中式饮用水水源地辅助管控子系统组成，具体组成如图 12-6 所示。

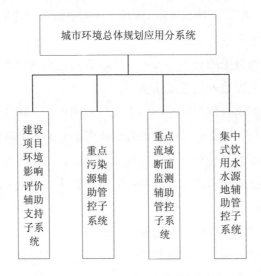

图 12-6　城市环境总体规划应用分系统组成

（1）建设项目环境影响评价辅助支持子系统

①项目空间位置信息采集。企业在建设项目审批申报时提交的环境影响评价项目申报材料必须包含项目空间位置信息。系统提供的采集方式分为三种：申报单位提供空间范围数据；在地图上直接标注；输入拐点坐标。在建设项目施工期和复核时，实现导入移动端采集的建设项目空间范围标注图层，并在地图上展示。

②项目建设位置与"三线红线"的叠加分析。生态环境审批部门对位于红线区（禁止区）的新建、扩建工业项目和矿山开采等生态环境破坏较严重的项目不予审批。占用面积分析：分析出建设项目空间位置在"三条红线"内的面积，并在地图上予以标示。距离分析：分析出建设项目空间位置距保护区（水源保护区）的距离，并在地图上予以标示。缓冲区分析：分析出建设项目空间位置内某范围内（如 500 m 范围内）是否有水源地等生态环境要素。分析结果导出：将分析结果作为环境影响评价预审的参考数据，可以导出成图片进行保存。环境影响评价预审报告管理：将分析结果按环境影响评价预审报告的模板输出或打印。

③建设项目专题图的展示与导出。生态环境审批部门结合宜昌市基础地理数据和"三条红线"数据对建设项目在地图上的范围进行展示,并生成建设项目的专题图,并将其导出生成图片进行保存,作为建设项目审批与复核的依据。

④建设项目的全流程规划辅助监管。生态环境审批部门在建设项目的审批、施工期和环保"三同时"验收管理的过程中,通过不断更新建设项目的空间位置信息确保建设过程的合规。实现建设项目审批、施工期和验收时的空间范围在地图上的叠加分析。

(2)重点污染源辅助管控子系统

重点污染源辅助管控子系统主要可实现以下五个方面的功能。

①重点污染源信息导入:导入重点源在线监控平台的国(省)控重点污染源(包括工业源和污水处理厂)信息。

②重点污染源数据动态更新:实现对污染源空间位置信息的动态更新,并显示其在"三条红线"的分级关系(红线、黄线、绿线)。

③红线内重点污染源数据展示:实现重点污染源(含污水处理厂)列表形式展示功能。实现重点污染源数据的空间点位与"三条红线"叠加地图展示。

④重点污染源监控数据查询:实现输入行政区划、重点污染源名称、地址和污水处理厂名称进行查询;实现输入污水处理厂名称、地址进行查询;实现输入地图点选方式查询污染源;实现以地图高亮显示或列表的形式展示红线内筛选的重点污染源;实现对查询到的重点污染源详细信息的显示功能。

⑤污染源专题图管理:实现对专题数据的制作和管理,并按照行业、行政区划、区域(人工选择区域和特定区域)、污染源类型等分类对数据进行专题展示;实现红线内污染源分类分级专题图的生成,并将其导出为图片格式。

(3)重点流域断面监测辅助管控子系统

重点流域断面监测辅助管控子系统可以实现对 35 个重点流域断面监测数据在红线区内的展示、查询和统计。

①重点流域断面监测数据导入:实现重点流域断面监测数据的导入。

②重点流域断面监测数据展示:实现重点流域断面监测列表展示;实现对红线区内重点流域断面监测的展示和监管。

③重点流域断面监测查询统计:实现按照流域名称生成年、月、旬的重点流

域断面监测数据的统计功能。统计图表的展现形式包括统计表格、饼状图、柱状图、折线图等。

（4）集中式饮用水水源地辅助管理子系统

集中式饮用水水源地辅助管理子系统可以实现对 16 个城镇饮用水水源地、117 个乡镇饮用水水源地在红线区内的展示、查询和统计。实现集中式饮用水水源地监测数据的导入；实现集中式饮用水水源地监测数据的列表展示；实现对红线区内的集中式饮用水水源地的展示和监管；实现按照水质指标、水量信息对集中式饮用水水源地的监测数据分年、月、旬进行统计，并以图表的形式展示，包括统计表格、饼状图、柱状图、折线图等。

12.4.4 系统管理分系统

1. 分系统概述

系统管理分系统为本系统的基础地图操作、业务应用、系统运维提供有效的支撑，用于支撑应用系统，服务业务管理。

2. 分系统组成

系统管理分系统主要由基础地图操作、用户管理、角色管理组成，具体组成如图 12-7 所示。

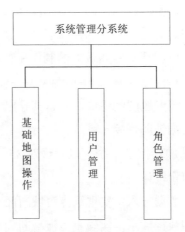

图 12-7 系统管理分系统组成

（1）基础地图操作

①地图浏览。系统提供多种缩放形式，点击"放大"或者"缩小"按钮，可以按一定的缩放倍率进行缩放，在不同的显示比例下自动控制图层的分级显示。用户可以通过鼠标拖动地图，实现海量地图数据的平滑漫游。

②地图展示。用户可以控制地图数据图层的显示状态，可以决定指定的图层是否显示。可以叠加显示影像图。实现图层分类列表中业务图层的可视控制（显示与关闭图层）。通过地图图层控制功能，可以控制每个图层在地图上的显示与否，去除不相干图层信息的干扰，从而配置符合自己需求的地图。

（2）用户管理与角色管理

信息管控与应用系统用户管理界面主要分为组织机构管理，添加组织机构、修改组织机构和查看组织机构；账户管理，包括添加账户、修改密码、用户登录（图 12-8）；角色管理，包括添加角色、后台功能授权、修改角色信息、角色排序和锁定角色等。

图 12-8　用户登录界面

12.4.5　城市环境总体规划 App 应用系统

1．分系统概述

城市环境总体规划 App 应用系统可使用带 3G 功能的手持终端，通过该系统，在电子地图上进行"三条红线"的数据查询、成果浏览，并对实地考察所采集的环境影响评价项目的空间位置信息进行录入。

2．分系统组成

城市环境总体规划 App 应用分系统主要由基础地图操作、"三条红线"简要查询、总体规划成果库展示、环境影响评价项目野外核查、用户及权限管理组成，具体组成如图 12-9 所示。

图 12-9　城市环境总体规划 App 应用分系统组成

（1）基础地图操作

地图基本操作：放大、缩小、漫游、全图、刷新等功能。

（2）"三条红线"简要查询

①数据展示：实现生态功能红线数据、水环境质量红线数据、大气环境质量红线数据在地图上的叠加展示。

②空间数据查询：实现"三条红线"数据的"点查询"。

③属性数据查询：实现基于"关键字"的"三条红线"数据的查询。

（3）总体规划成果库展示

实现总体规划图集的手机端成果展示功能。

（4）环境影响评价项目野外核查

通过移动设备可以采集 GPS 坐标信息，并且将地理位置转化成系统的数据格式并输入系统中，用于环境影响评价的复核。

①GPS 定位：提供 GPS 定位功能，手持终端可自动识别自己的定位信息，能记录移动数据上传的位置，更好地对采集入库的移动数据进行维护管理。

②建设项目空间范围标注：可用手持终端对项目空间范围进行标注，并记录建设项目的名称、地址描述、录入时间等详细信息。

③数据上传：将采集到的项目空间范围通过 3G 上传到服务器，并存入到环境总体规划综合数据库中。

（5）用户及权限管理

①实现手机端用户登录认证（图 12-10）。

②手机端用户不具备注册功能。

③终端用户不具备数据下载功能。

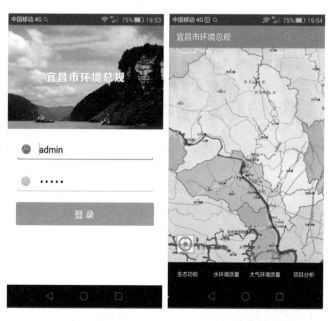

图 12-10　城市环境总体规划 App 系统登录认证界面

参考文献

[1] 徐立红，陈成广，胡保卫，等. 基于流域降雨强度的氮磷输出系数模型改进及应用[J]. 农业工程学报，2015（16）：159-166.

[2] 任玮，代超，郭怀成. 基于改进输出系数模型的云南宝象河流域非点源污染负荷估算[J]. 中国环境科学，2015，35（8）：2400-2408.

[3] 刘桂丽. 典型县域水环境综合整治规划研究[M]. 郑州：黄河水利出版社，2010.

[4] 袁彩凤. 水资源与水环境综合管理规划编制技术[M]. 北京：中国环境科学出版社，2015.

[5] 中国环境规划院. 全国水环境容量核定技术指南［R］. 北京，2003.

[6] 张洪波，李俊，黎小东，等. 缺资料地区农村面源污染评估方法研究[J]. 四川大学学报：工程科学版，2013，45（6）：58-66.

[7] 周欣梅. 吉林省城镇居民生活污水排放系数研究[J]. 中国科技信息，2013，18：43.

[8] 王素娜. 曹娥江支流水质评价与河流水系环境容量分析[D]. 杭州：浙江大学，2005.

[9] 姚雨霖，任周宇，陈忠正，等. 城市给水排水[M]. 北京：中国建筑工业出版社，1986.

[10] 国务院第一次全国污染源普查领导小组办公室. 第一次全国污染源普查城镇生活源产排污系数手册[Z]. 2008-03.

[11] 南哲. 北京小流域非点源污染风险评价及 BMPs 选择研究[D]. 北京：首都师范大学，2013.

[12] 赵庆良. 开封市河流水质变化趋势与水环境容量研究[D]. 开封：河南大学，2003.

[13] 仝伟，张文志. 水环境容量计算一维模型中设计条件和参数影响分析[J]. 广东水利水电，2006（3）：9-11.

[14] 祁超征. 有排污口存在河段估算污染物衰减系数 K 值方法[J]. 山东水利，2002（3）：38-44.

[15] 郑丙辉，王丽婧，龚斌. 三峡水库上游河流入库面源污染负荷研究[J]. 环境科学研究，2009，22（2）：125-131.

[16] 郭春霞. 平原河网地区农村面源污染重点源和区的识别筛选——以上海青浦区为例[J]. 农

业环境科学学报，2011，30（8）：1652-1659.

[17] 陈洪波，王业耀．国外最佳管理措施在农业非点源污染防治中的应用[J]．环境污染与防治，2006，28（4）：279-282.

[18] 夏霆．城市河流水环境综合评价与诊断方法研究[D]．南京：河海大学，2008.

[19] 杜勇．我国城市河流水环境综合评价方法的研究[J]．安徽农业科学，2013（26）：10799-10800.

[20] 王成新，万军，于雷，等．浅谈 GIS 在城市环境总体规划中的应用与探索[C]//2016 全国环境信息技术与应用交流大会暨中国环境科学学会环境信息化分会年会论文集，2016.

[21] 曾维华．城市环境总体规划实践中的难题及建议分析[J]．环境保护，2013，41（19）.

[22] 刘婷婷．金沙江上游流域生态承载力及人与生态系统关系研究[D]．成都：成都理工大学，2012.

[23] 王开运，等．生态承载力复合模型系统与应用[M]．北京：科学出版社，2007.

[24] 祝秀芝．土地综合承载力评价及预测研究[D]．泰安：山东农业大学，2013.

[25] 吕红迪，万军，王成新，等．环境规划参与"多规合一"多种模式的思考与建议[J]．环境保护科学，2016，42（3）：24-27.